天然气净化操作工培训教材

《天然气净化操作工培训教材》编写组　编

石 油 工 业 出 版 社

内 容 提 要

本书主要包括天然气处理、污水处理、自动化控制及计量仪表、辅助生产单元、其他设备操作及维护、安全应急等内容。本书可作为天然气净化操作工的培训教材。

图书在版编目（CIP）数据

天然气净化操作工培训教材/《天然气净化操作工培训教材》编写组编. —北京：石油工业出版社，2019.11

ISBN 978-7-5183-3723-1

Ⅰ.①天… Ⅱ.①天… Ⅲ.①天然气净化-技术培训-教材 Ⅳ.①TE665.3

中国版本图书馆 CIP 数据核字（2019）第 237427 号

出版发行：石油工业出版社
（北京安定门外安华里 2 区 1 号 100011）
网 址：www.petropub.com
编辑部：（010）64269289
图书营销中心：（010）64523633
经 销：全国新华书店
印 刷：北京中石油彩色印刷有限责任公司

2019 年 11 月第 1 版 2019 年 11 月第 1 次印刷
710×1000 毫米 开本：1/16 印张：28.25
字数：550 千字

定价：55.00 元

《天然气净化操作工培训教材》
编写组

主 编： 朱浩平　牛天军

副主编： 刘帮华　杨 毅　杨承孝　张建军　解永刚

杜志文　彭 磊　周 阳

成 员： 顾继明　胡凤琴　罗小妮　段明霞　张衍梅

王军妮　李 群　赵彦女　王西龙　赵丽丽

刘利娜　王 娜　蒲慧江　宋秀丽　赵晓妮

田喜军　季长亮　龚浩研　毛先荣　魏 超

张 昆　薛刚计　赵宝利　何顺安　马春稳

马国华　曹 旋　景 元　刘 昂　刘 杰

管晓东　张向京　杨 斌　南 春　赵轩刚

徐智昆　张海曦　王 婷　王执强　宋 婧

前　言

近几年来，随着我国天然气工业的迅速发展，中国石油长庆油田分公司第二采气厂天然气处理能力和工艺水平有了很大改进和提高，设备、工艺技术不断更新，新的天然气处理厂不断建成，为适应这一新形势，满足员工培训需求，我们特编写本书，以供所有从事天然气净化生产管理和操作的人员全面系统了解相关工艺和原理。

本书共六部分，包括天然气处理、污水处理、自动化控制及计量仪表、辅助生产单元、其他设备操作及维护、安全应急。

本书在编写过程中受到了第二采气厂厂领导的高度重视，厂领导多次亲临指导，培训部门组织具有丰富生产经验的培训师、技师（高级技师）、技能专家集中力量进行编写。第二采气厂榆林天然气处理厂、米脂天然气处理厂、神木天然气处理厂、作业一区、作业七区、职业技能鉴定站、采气工艺研究所等单位对本书的编写也给予了很大的支持和帮助，并提出了修改意见，在此表示衷心感谢！

由于编者水平有限，书中难免存在疏漏及不妥之处，敬请广大读者提出宝贵意见。

目　录

第一部分　天然气处理

第一章　天然气基础知识 ·· 3
第一节　天然气的概念 ·· 3
第二节　天然气的处理 ·· 5
第三节　商品天然气的质量要求 ··· 6
第二章　集配气工艺设备 ··· 10
第一节　集配气工艺 ··· 10
第二节　分离设备 ··· 12
第三节　发电机 ··· 16
第四节　清管收球 ··· 22
第五节　气田防腐 ··· 31
第三章　天然气处理工艺及设备 ··· 42
第一节　脱水脱烃工艺 ··· 42
第二节　分离设备 ··· 45
第三节　换热设备 ··· 49
第四节　天然气注醇工艺 ··· 51
第五节　丙烷压缩机组 ··· 55
第六节　天然气压缩机组 ··· 64
第七节　凝析油稳定装置 ··· 80
第八节　放空火炬装置 ··· 84

第二部分　污水处理

第一章　含醇污水预处理 ··· 93
第一节　概述 ··· 93

第二节　含醇污水混凝 ·························· 95

第三节　混凝剂性能简介 ·························· 98

第四节　气田采出水预处理工艺 ·················· 100

第五节　气田采出水预处理设备 ·················· 101

第二章　甲醇回收工艺 ·························· 104

第一节　甲醇精馏工艺 ·························· 104

第二节　换热设备 ·························· 109

第三节　甲醇精馏装置操作与常见问题分析 ·········· 112

第三章　生产污水处理及回注 ·················· 122

第一节　废水概论 ·························· 122

第二节　污水处理基本概念 ·························· 123

第三节　污水处理方法介绍 ·························· 124

第四节　回注污水杀菌处理方法 ·················· 126

第五节　生产污水处理及回注工艺 ·················· 129

第六节　生产污水处理及回注主要设备 ·············· 132

第三部分　自动化控制及计量仪表

第一章　计量基础知识及常用计量装置 ·············· 147

第一节　计量基础知识 ·························· 147

第二节　流量测量基础知识 ·························· 149

第三节　压力测量基础知识 ·························· 165

第四节　温度测量基础知识 ·························· 175

第五节　液位测量基础知识 ·························· 183

第二章　自动化控制系统 ·························· 189

第一节　自控仪表概述 ·························· 189

第二节　PCS 系统 ·························· 191

第三节　ESD 系统 ·························· 193

第四节　FGS 系统 ·························· 195

第五节　计算机监控系统操作界面介绍 ·············· 197

第六节　视频监控系统 ·························· 220

第七节　防爆扩音对讲系统介绍 ·················· 233

第四部分　辅助生产单元

第一章　供水供热单元……………………………………………………… 241
　第一节　锅炉的相关知识………………………………………………… 241
　第二节　燃料与燃烧……………………………………………………… 243
　第三节　锅炉的分类与构成……………………………………………… 244
　第四节　锅炉水循环……………………………………………………… 246
　第五节　锅炉安全附件…………………………………………………… 247
　第六节　锅炉水基本知识………………………………………………… 251
　第七节　锅炉给水处理…………………………………………………… 255
　第八节　低压锅炉腐蚀结垢机理………………………………………… 258
　第九节　锅炉排污………………………………………………………… 261
　第十节　锅炉炉内加药水质调整………………………………………… 264
　第十一节　锅炉给水处理设备…………………………………………… 265
　第十二节　凝结水回收装置（榆林天然气处理厂）…………………… 272
　第十三节　WNS6-1.25-Q 蒸汽锅炉……………………………………… 275
　第十四节　导热油………………………………………………………… 279
　第十五节　SC-RMW-800-Q 导热油炉…………………………………… 283
　第十六节　供水供热工艺………………………………………………… 288
第二章　空氮供风、消防供水工艺………………………………………… 291
　第一节　空氮供风系统工艺概述………………………………………… 291
　第二节　制氮知识………………………………………………………… 292
　第三节　空氮供风系统主要设备………………………………………… 295
　第四节　消防供水系统工艺概述………………………………………… 306
　第五节　消防供水系统主要设备………………………………………… 307

第五部分　其他设备操作及维护

第一章　常用机泵……………………………………………………………… 323
　第一节　离心泵…………………………………………………………… 323
　第二节　往复泵…………………………………………………………… 333
第二章　常用阀门……………………………………………………………… 340

第一节　常用手动阀门……………………………………… 340

第二节　常用气动阀门……………………………………… 365

第三节　常用电动阀门……………………………………… 377

第四节　气液联动阀………………………………………… 386

第五节　气田阀门维护……………………………………… 392

第六部分　安全应急

第一章　火灾、爆炸及消防知识……………………………… 397

第一节　火灾、爆炸基础知识……………………………… 397

第二节　灭火常识及消防器具的使用……………………… 406

第二章　防毒知识……………………………………………… 416

第一节　防毒基础知识……………………………………… 416

第二节　天然气生产中常见的毒物………………………… 419

第三节　气体检测仪器……………………………………… 429

第四节　MSA 空气呼吸器…………………………………… 436

参考文献………………………………………………………… 440

第一部分
天然气处理

第一章 天然气基础知识

第一节 天然气的概念

　　广义的天然气泛指自然界存在的一切气体，它包括大气圈、水圈、生物圈、岩石圈及地幔和地核中所有自然过程形成的气体。狭义的天然气是从资源利用角度出发，专指岩石圈、特定的水圈中蕴藏的，以气态烃为主的可燃气体，以及对人类生产、生活有重要经济价值的非烃气体。例如，有较高商业品位的 CO_2、H_2S、He 等气体。目前世界上大规模开发并为人们广泛利用的天然气是成因与原油相同、与原油共生或单独存在的可燃气体。本书以下提及的天然气主要是指这种狭义的可燃气体。

　　天然气是指天然存在，以烃类为主的可燃气体。大多数天然气的主要成分是烃类，此外含有少量非烃类。天然气中的烃类基本上是烷烃，通常以甲烷为主，还有乙烷、丙烷、丁烷、戊烷以及少量的己烷以上烃类（C_{6+}）。有时还含有极少量的环烷烃（如甲基环戊烷、环己烷）及芳香烃（如苯、甲苯）。天然气中的非烃类气体，一般为少量的氮气、氢气、氧气、二氧化碳、硫化氢、水蒸气以及微量的惰性气体（如氦、氩、氙）等。

　　天然气分类方法目前尚不统一，各国有自己的习惯分法，常见的分类方法如下。

一、按产状分类

　　可分为游离气和溶解气。游离气即气藏气，溶解气即油溶气和气溶气、固态水合物气以及致密岩石中的气等。

二、按经济价值分类

　　可分为常规天然气和非常规天然气。常规天然气指在目前技术经济条件下可以进行工业开采的天然气，主要指油田伴生气（也称油田气、油藏气）、气藏气和凝析气。非常规天然气指煤层气（煤层甲烷气）、页岩气、水溶气、致密岩石中的气及固态水合物气等。其中，除煤层气和页岩气外，其他非常规天然气由于目前技术经济条件的限制尚未投入工业开采。

三、按来源分类

可分为与油有关的气（包括油田伴生气、气顶气）和与煤有关的气；天然沼气，即由微生物作用产生的气；深源气，即来自地幔挥发性物质的气；化合物气，即指地球形成时残留于地壳中的气，如陆上冻土带和深海海底等的固态水合物气等。

四、按烃类组成分类

按烃类组成分类可分为干气和湿气、贫气和富气。

（一）干气

干气是指在储层中呈气态，采出后一般在地面设备和管线的温度、压力下不析出液态烃的天然气。按 C_5 界定法是指每立方米天然气中丙烷及以上烃类（C_{3+}）含量按液态计小于 $100cm^3$ 的天然气。

（二）湿气

湿气是指在储层中呈气态，采出后一般在地面设备和管线的温度、压力下有液态烃析出的天然气。按 C_5 界定法是指每立方米天然气中丙烷及以上烃类（C_{3+}）含量按液态计大于 $100cm^3$ 的天然气。

（三）贫气

贫气是指每立方米天然气中丙烷及以上烃类（C_{3+}）含量按液态计小于 $100cm^3$ 的天然气。

（四）富气

富气是指每立方米天然气中丙烷及以上烃类（C_{3+}）含量按液态计大于 $100cm^3$ 的天然气。

通常，人们还习惯将脱水前的天然气称为湿气，脱水后水露点降低的天然气称为干气。

五、按矿藏特点分类

（一）纯气藏天然气（气藏气）

在开采的任何阶段，储层流体均呈气态，但随组成不同，采到地面后在分离器或管线中则可能有少量液态烃析出。这样的气体称为纯气藏天然气（气藏气）。

（二）凝析气藏天然气（凝析气）

储层流体在原始状态下呈气态，但开采到一定阶段，随储层压力下降，液体状态进入露点线内的反凝析区，部分烃类在储层及井筒中呈液态（凝析油）析出。这样的气体称为凝析气藏天然气（凝析气）。

（三）油田伴生气（伴生气）

油田伴生气（伴生气）是指在储层中与原油共存，采油过程中与原油同时被采出，经油气分离后所得的天然气。

六、按硫化氢、二氧化碳含量分类

（一）净气（洁气）

净气是指硫化氢和二氧化碳等含量甚微或为零，无须脱除即可符合管输要求或达到商品气质量要求的天然气。

（二）酸气

酸气是指硫化氢和二氧化碳等含量超过有关质量要求，需经脱除才能管输或成为商品气的天然气。

第二节　天然气的处理

天然气处理是从油、气井矿场分离出的天然气在进入输配管道或用户之前必不可少的工艺过程，因而是天然气工业中一个非常重要的组成部分。以往，人们根据工艺处理过程的目的不同，又将其区分为天然气处理与加工两部分。

天然气处理是指为使天然气符合商品质量指标或管道输送要求而采用的工艺，例如脱除酸性气体、脱水、脱凝液和脱除固体颗粒等杂质，以及发热量调整、硫黄回收和尾气处理等过程。

天然气加工是指从天然气中回收某些组分，并使之成为商品的工艺过程，例如天然气凝液回收、天然气液化以及提氦等过程。

因此，两者的区别在于其目的不同。例如，同样是脱除凝液过程，根据其目的既可能划归为天然气处理范畴，也可能划归为天然气加工范畴。

但是，随着天然气工业的迅速发展，上述一些工艺过程的处理或加工目的兼而有之，因而就无法区分属于哪种范畴，而且也没有必要。因此，目前国内除了一些以天然气脱酸性气体、硫黄和尾气回收为主体的工厂仍沿称天然气净化厂外，其他一些包括脱凝液、脱水等在内的工厂都称为天然气处理厂。

第三节 商品天然气的质量要求

目前，天然气气质标准一般包括发热量、硫化氢含量、总硫含量、二氧化碳含量和水露点 5 项技术指标。在这些指标中，除发热量外，其他 4 项均为健康、安全和环境保护方面的指标。因此，商品天然气的气质标准是根据健康、安全、环境保护和经济效益等要求综合制定的。不同国家，甚至同一国家不同地区、不同用途的商品天然气质量要求均不相同，因此，不可能以一个标准来统一。此外，由于商品天然气多通过管道输往用户，又因用户不同，对气体的质量要求也不同。通常，商品天然气的质量指标主要有以下几项。

一、发热量（热值）

发热量是表示燃气（即燃料气）质量的重要指标之一，可分为高位发热量（高热值）与低位发热量（低热值），单位为 kJ/m^3（气体燃料）或 kJ/kg（液体和固体燃料），也可为 MJ/m^3 或 MJ/kg。不同种类的燃料气，其发热量差别很大。常用燃料低发热量如表 1-1-1 和表 1-1-2 所示。

表 1-1-1　常用固体、液体燃料的低位发热量（概略值）

燃料	标准煤	烟煤	无烟煤	焦炭	重油	汽油	柴油	煤油
发热量（kJ/kg）	29260	25080~27170	20900~25080	25080~28400	41800	43890	42600	43050

表 1-1-2　常用气体燃料的低位发热量（概略值）

燃气	液化石油气（MJ/kg）	天然气（MJ/m³）	催化油制气（MJ/m³）	炼焦煤气（MJ/m³）	混合人工气（MJ/m³）	矿井气（MJ/m³）
发热量	41.9	35.6	18.9	17.6	14.7	13.4

目前国内外天然气气质标准多采用高位发热量。天然气高位发热量值直接反映天然气的使用价值（经济效益），该值可以采用气相色谱分析数据计算，或用燃烧法直接测定。同一天然气的发热量值还与其体积参比条件有关，选用该值时务必注意。

二、水露点

此项要求是用来防止在输配气管道中有液态水（游离水）析出。液态水的存在会加速天然气中酸性组分（H_2S、CO_2）对钢材的腐蚀，还会形成固态天然气水合物，堵塞管道和设备。此外，液态水聚集在管道低洼处，也会减少管道的流通截面。冬季水会结冰，也会堵塞管道和设备。

水露点一般也是根据各国具体情况而定的。在我国，要求商品天然气在交接点的压力和温度条件下，其水露点应比最低环境温度低5℃。有的国家则是规定商品天然气中的水含量。

三、烃露点

此项要求是用来防止在输气或配气管道中有液态烃析出。析出的液态烃聚集在管道低洼处，会减少管道流通截面。只要在管道中不析出游离液态烃，或游离液态烃不滞留在管道中，烃露点要求就不十分重要。烃露点一般根据各国具体情况而定，有些国家规定了在一定压力下允许的天然气最高烃露点。一些组织和国家的烃露点控制要求见表1-1-3。

表1-1-3　一些组织和国家对烃露点的要求

国家或组织	烃露点的要求
ISO	在交接温度压力下，不存在液相水和烃
EASSE-Gas （欧洲气体能量交换合理化协会）	在0.1~0.7MPa下，烃露点为-2℃
加拿大	在5.4MPa下，-10℃
意大利	在6MPa下，-10℃
荷兰	压力高达7MPa时，-3℃
俄罗斯	湿带地区：0℃；寒带地区：夏-5℃，冬-10℃
英国	夏：6.9MPa，10℃；冬：6.9MPa，-1℃

四、硫含量

此项要求主要是用来控制天然气中硫化物的腐蚀性和对大气的污染，常用H_2S含量和总硫含量表示。

天然气中硫化物分为无机硫和有机硫。无机硫是指硫化氢（H_2S），有机硫是指二硫化碳（CS_2）、一硫化碳（CS）、硫醇（CH_3SH、C_2H_5SH）、噻吩（C_4H_4S）、硫醚（CH_3SCH_3）等。天然气中的大部分硫化物为无机硫。

硫化氢及其燃烧产物为二氧化硫，具有强烈的刺鼻气味，对眼黏膜和呼吸道有损坏作用。空气中的硫化氢阈限值为15mg/m³，安全临界浓度为30mg/m³，危险临界浓度为150mg/m³。SO_2的阈限值为5.4mg/m³。

硫化氢又是一种活性腐蚀剂。在高压、高温以及有液态水存在时，腐蚀作用会更加剧烈。硫化氢燃烧后生成二氧化硫和水，也会对燃具或燃烧设备造成腐蚀。因此，一般要求民用天然气中的硫化氢含量不高于20mg/m³。除此之外，对天然气中的总硫含量也有一定要求，我国要求总硫含量小于350mg/m³或更低。

五、二氧化碳含量

二氧化碳也是天然气中的酸性组分，在有液态水存在时，对管道和设备也有腐蚀性。尤其当硫化氢、二氧化碳与水同时存在时，对钢材的腐蚀更加严重。此外，二氧化碳还是天然气中的不可燃组分。因此，一些国家规定了天然气中二氧化碳的含量不高于3%（体积分数）。

六、机械杂质（固体颗粒）

在我国国家标准《天然气》（GB 17820—2012）中虽未规定商品天然气中机械杂质的具体指标，但明确指出"天然气中固体颗粒含量应不影响天然气的输送和利用"，这与国际标准化组织天然气技术委员会（ISO/TC193）1998年发布的《天然气质量指标》（ISO 13686）是一致的。应该说明的是，固体颗粒指标不仅应规定其含量，也应说明其粒径。因此，中国石油天然气集团公司的企业标准《天然气长输管道气质要求》（Q/SY 30—2002）对固体颗粒的粒径明确规定应小于5μm，俄罗斯国家标准规定固体颗粒≤1mg/m³。

七、其他

关于氧含量，从我国西南油气田分公司天然气研究院10多年来对国内各油气田所产天然气的分析数据看，从未发现过天然气井中含有氧。但四川、大庆等地区的用户均曾发现商品天然气中含有氧（短期内），有时其含量还超过2%（体积分数）。这部分氧的来源尚不清楚，估计是在集输、处理等过程中混入天然气中的。由于氧会与天然气形成爆炸性气体混合物，而且在输配系统中氧也可能氧化天然气中的含硫加臭剂而形成腐蚀性更强的产物，因此无论从安全或防腐角度，应对此问题引起足够重视，及时开展调查研究。

中国石油天然气集团公司企业标准《天然气长输管道气质要求》（Q/SY 30—2002）则规定输气管道中天然气中的氧含量应小于0.5%（体积分数）。

我国商品天然气质量指标见表1-1-4。

表 1-1-4　我国商品天然气质量指标（GB 17820—2018）

项　　目	一类	二类	三类
高位发热量（MJ/m^3）	≥36.0	≥31.4	≥31.4
总硫（以硫计）（mg/m^3）	≤60	≤200	≤350
硫化氢（mg/m^3）	≤6	≤20	≤350
二氧化碳（%，体积分数）	≤2.0	≤3.0	—
水露点	在交接压力下，水露点应比输送条件下最低环境温度低5℃		

注：（1）本标准中气体体积的标准参比条件是101.325kPa，20℃。
　　（2）当输送条件下，管道管顶的埋地温度为0℃时，水露点应不高于−5℃。
　　（3）进入输气管道的天然气，水露点的压力应是最高输送压力。

　　我国《输气管道工程设计规范》（GB 50251—2015）对管输天然气的质量要求如下：

（1）进入输气管道的气体必须清除机械杂质。

（2）水露点应比输送条件下最低环境温度低5℃。

（3）烃露点应低于最低环境温度。

（4）气体中的硫化氢含量不应大于20mg/m^3。

第二章　集配气工艺设备

第一节　集配气工艺

来自各集气站的原料天然气通过集气干线进入天然气处理厂，首先进入集配气单元，汇集、缓冲、分离、计量后，再输往天然气处理单元进行集中脱水、脱烃处理，在天然气处理单元经过低温分离脱水脱烃处理后，合格的净化天然气返回集配气单元配气区计量外输，如图 1-2-1 所示。由于神木气田采用了井下节流工艺，来气压力较低，所以在脱水脱烃单元前设置了天然气增压单元。

图 1-2-1　天然气集配气工艺总流程示意图

一、工艺概况

集配气单元主要分为清管区、集气区和配气外输区。主要设备有汇管、收球筒、发球筒、除尘器、预分离器、段塞流捕集器等设备；超声波流量计、丹尼尔孔板阀等计量装置。

（一）清管区

设有清管接收筒，除汇集各集气干线的原料天然气外，还可以定期对各集气干线进行清管收球作业。

（二）集气区

设有多管干式除尘器、孔板计量装置，对清管区来气分别进行分离、计量后输往天然气处理单元。正常输气时，除尘器并联运行。清管作业时，两台除尘器串联，对高含杂质气流进行二次分离。

（三）配气外输区

汇集来自天然气处理单元的产品天然气，通过不同的计量管段经计量后分别输往下游用户。在计量管段设置了超声波流量计和调节阀，可以根据需要分配外输流量。

二、各处理厂工艺简介

（一）集配气工艺（榆林）

榆林天然气处理厂集配气单元设计集气规模为 $60×10^8m^3/a$，其中第二净化厂为 $25×10^8m^3/a$，榆林南区为 $20×10^8m^3/a$，子洲—米脂气田为 $22.5×10^8m^3/a$。榆林南区来气通过南一干线、南二干线、东干线、西干线 4 条干线进入处理厂，经集配气单元初步分离后，输往天然气处理单元集中脱水脱烃处理，处理合格的净化天然气与米脂处理厂来气、第二净化厂来气汇集，通过计量输往北京、榆林市区和榆林天然气化工厂。

榆林配气站内的主要设备有 DN1000mm 收球筒 2 具，DN1500mm 旋流分离器 10 台，DN250mm 超声波流量计 12 路，DN300mm 超声波流量计 4 路。苏里格气田和神木气田来气，经除尘、计量后外输至陕—京管道。目前，整体输气能力为 $250×10^8m^3/a$。

（二）集配气工艺（米脂）

子洲—米脂气田的原料天然气通过西干线、西南干线、西二干线 3 条集气管道进入米脂天然气处理厂集输总站汇管 1，天然气在 1 号汇管中混合后，分 3 路分别进入 3 具卧式重力分离器，初步分离出原料天然气中的部分液体和固体杂质，再进入 2 号汇管进行混合，最后输往脱水脱烃装置进行深度分离。自脱水脱烃装置区来的产品天然气经 φ610mm 外输管道输往榆林处理厂集配气单元。在脱水脱烃装置进行检修或发生故障时，也可以通过越站旁通直接将原料天然气输往榆林处理厂集配气单元。输气量为 $22.5×10^8m^3/a$。

（三）集配气工艺（神木）

干线进气方向有 3 个，进厂天然气压力为 2.5MPa，温度为 0~20℃。

（1）北干线来气规模（最大）为 $12.4×10^8m^3/a$，管线起点为北干线首站。

（2）东干线来气规模（最大）为 $10×10^8m^3/a$，管线起点为东干线首站（预留）。

（3）南干线来气规模（最大）为 $6.8×10^8m^3/a$，管线起点为南干线首站（预留）。

干线来气经集配气单元初步分离、天然气压缩机组增压、天然气处理单元脱水脱烃处理后集中输往榆林配气站。处理厂产品天然气外输压力为 5.4MPa，输气量为 $20×10^8m^3/a$。

第二节 分离设备

饱和气体在降温或者加压过程中，一部分可凝气体组分会形成小液滴，随气体一起流动。气液分离器的作用就是处理含有少量凝液的气体，实现凝液回收或者气相净化。

一、重力式分离器

（一）作用

重力式分离器有各种各样的结构形式，但其主要分离作用都是利用生产介质和被分离物质的密度差（即重力场中的重度差）来实现的，因而称为重力式分离器，如图 1-2-2 所示。

图 1-2-2 重力式分离器实物图

（二）分类

重力式分离器根据功能可分为两相分离（气液分离）和三相分离（油气水分离）两种。按形状又可分为立式分离器、卧式分离器。

（三）结构原理

重力式分离器一般就是一个压力容器，内部有相关进气构件、液滴捕集构件，气体由上部出口输出，液相由下部收集，如图 1-2-3 所示。

重力式分离器主要是利用液（固）体和气体之间的密度差分离液（固）体的。气液混合物进入分离器后碰到导向板而改变流向，由于液（固）体的密度比气体大得多，在惯性力作用下大直径液滴被分离下来，挟带较小液滴的气流继续向下运动。由于分离器直径比进口管直径大得多，气流速度下降，在重力作用下较小直径的液滴被分离下来。

气流通过整流板，紊乱的气流被变成直流，更小的液滴与整流板壁接触，聚积成大液滴而沉降。为了提高重力分离器的效率，进口管线多以切线进入，利用离心力对液体作初步分离。

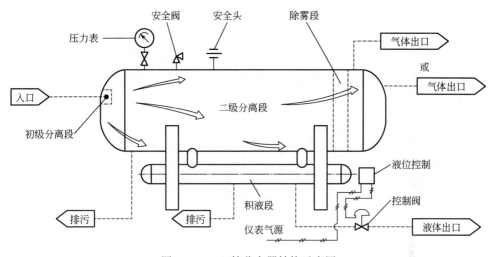

图 1-2-3　双筒分离器结构示意图

在分离器中还安装一些附件（如除雾器等），利用碰撞原理分离微小的雾状液滴。雾状液滴不断碰撞到已润湿的捕丝网表面上并逐渐聚积，当直径增大到其重力大于上升气流的升力和丝网表面的黏着力时，液滴就会沉降下来。

（四）分离方法

1. 重力分离

重力分离主要依靠气液密度不同实现分离。但它只能除去 $100\mu m$ 以上的液滴，必须与其他分离方法配合，它主要适用于沉降段。

2. 离心力分离

离心力分离主要依靠不同密度物质的惯性力不同，当介质流向改变时，密度较大的液滴具有较大的惯性，从而分离出来，它主要适用于初分离段。

3. 碰撞分离

气流遇上障碍改变流向和速度，使气体中的液滴不断在障碍面内聚集，形成大液滴后，靠重力沉降下来，它主要使用于捕雾段。

4. 过滤分离

过滤是利用物质颗粒大小不同而实现分离的一种方法。设计出不同网眼大小的过滤网,可以分离出不同大小的物质,气流遇上过滤网时气体通过,固液体杂质被截留下来。

二、除尘器

(一)作用

除尘器从含尘气体中分离并捕集出粉尘、杂质、雾滴,如图1-2-4所示。

图1-2-4 除尘器实物图

(二)分类

按分离、捕集的作用原理,除尘器可分为机械除尘器、洗涤除尘器、袋式除尘器、声波除尘器、静电除尘器。

利用重力、惯性力、离心力等机械力将尘粒从气体中分离出来的除尘器包括重力除尘器、惯性力除尘器、离心力除尘器、多管式旋风除尘器和高效旋流分离器。

(三)工作原理

1. 重力除尘器

含尘气体通过管道的扩大部分,流速大大降低,较大尘粒即在重力作用下沉降下来。为避免气流旋涡将已沉降尘粒带起,常在沉降室加挡板。通过沉降室的气流速度不得大于3m/s,压力损失一般为10~20mmH$_2$O,能捕集粒径大于50μm的尘粒。重力除尘器有干式和湿式之分,干式除尘效率为40%~60%,湿式除尘效率为60%~80%。重力除尘器适用于含尘气体预净化。为提高除尘效率,可降低沉降室高度或设置多层沉降室。

2. 惯性力除尘器

含尘气流冲击在挡板或滤层上,气流急转,尘粒即在惯性作用下与气流分离,有碰撞型和回转型两类。惯性力除尘器适用于捕集粒径10μm以上的尘粒,因易堵塞，对黏结性和纤维性粉尘不适用，其压力损失因结构而异，一般为30~70mmH$_2$O，除尘效率为50%~70%。

3. 离心力除尘器

它是利用气流在旋涡运动中产生的离心力以清除气流中尘粒的设备。最常用的是旋风除尘器，旋风除尘器是利用旋转气流所产生的离心力将尘粒从含尘气流中分离出来的除尘装置。它具有结构简单、体积较小、不需特殊的附属设备、造价较低、阻力中等、器内无运动部件、操作维修方便等优点。旋风除尘器一般用于捕集5~15μm以上的颗粒，除尘效率可达80%以上。旋风除尘器的缺点是捕集小于5μm微粒的效率不高。

旋风除尘器内气流与尘粒的运动概况：旋转气流的绝大部分沿圆筒体器壁，呈螺旋状由上向下向圆锥体底部运动，形成下降的外旋含尘气流，在强烈旋转过程中所产生的离心力将密度远远大于气体的尘粒甩向器壁，尘粒一旦与器壁接触，便失去惯性力而靠入口速度的动量和自身的重力沿壁面下落进入集灰斗。旋转下降的气流在到达圆锥体底部后，沿除尘器的轴心部位转而向上，形成上升的内旋气流，并由除尘器的排气管排出。

自进气口流入的另一小部分气流，则向旋风除尘器顶盖处流动，然后沿排气管外侧向下流动，当达到排气管下端时，即反转向上随上升的中心气流一同从排气管排出，分散在其中的尘粒也随同被带走。离心力除尘器如图1-2-5所示。

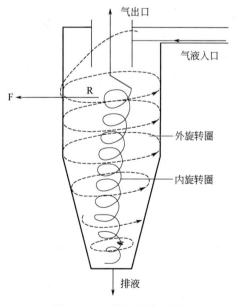

图1-2-5　离心力除尘器

4. 多管式旋风除尘器

它是由若干个单管旋风塑烧板组合起来的。可将若干个直径较小的旋风除尘器并联起来，也可将旋风除尘器串联起来，前级用直径较大的旋风除尘器，后级用直径小的。并联多管除尘器可制成立式、卧式和倾斜式等多种结构。中国定型生产的多管式旋风除尘器筒体直径有 150mm 和 250mm 两种，有 9 管、12 管、16 管等规格。多管式旋风除尘器可去除粒径为 3μm 以上的尘粒，压力损失为 50~200mmH$_2$O，除尘效率为 85%~95%。

5. 高效旋流分离器

高效旋流分离器是将离心分离、过滤分离等技术有机结合而开发出的全新高效分离设备，广泛适用于气/液和气/固混合物的分离，目前已获得国家专利。该分离器采用上下两个旋流分离腔室和多组螺旋道筒体等结构形式，与传统离心分离设备比较，体积缩小，是常规重力分离器的 1/3，但效率远高于常规重力分离器。需净化的气体在旋转直径很小，气体流量较小和气速较低的工况下仍有较强的离心力场。该分离器对液体颗粒与固体颗粒均有较高的分离效率：可分离 3~5μm 的固体颗粒和 8μm 以上的液体颗粒，如在分离器上部加过滤型分离元件则对 1~3μm 的液滴分离效率也很高。允许处理量的弹性波动范围为 40%~120%，具有较强的操作弹性。高效旋流分离器充分考虑了气速和液膜剪断及雾化之间的关系，克服了液体的再挟带现象。

(四) 除尘器排污操作注意事项

(1) 开启排污阀门时，应缓慢操作，阀门开关应适中。

(2) 排污操作时，应注意倾听排污管线过液情况，如果听见气流声，则应即时关闭排污阀，防止将天然气带入下游污水池内。

(3) 排污操作时，操作人员不得离开现场。

第三节　发电机

一、结构原理

奥南发电机功率为 30kW，是采用 10 灯微处理器控制设计的，它上面装有一个错误 (FAILT) 指示灯，发电机在运转过程中如果因高温、低油压、低水位或超速而停机时，该指示灯就会亮。发动机的点火控制由发动机上的分电盘控制，此原理与普通汽油汽车原理一样。发电机的电压与频率分别由调压器、频率板控制，它们分别通过发电机的感应线圈、励磁导线及磁性拾取器传输的信号来控制调整。发电机控制面板各功能如图 1-2-6 所示。发电机各部件示意图如图 1-2-7 所示。

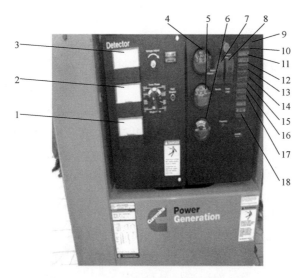

图 1-2-6　发电机控制面板各功能示意图

1—频率表；2—电流表；3—电压表；4—油压表；5—冷却液温度表；6—电瓶电压表；7—故障指示灯
检测按钮；8—启动开关；9—正常运行指示灯；10—发动机机油压力预警指示灯（172kPa）；11—发动
机冷却液高温预警指示灯（104℃）；12—发动机机油压力告警指示灯（138kPa）；13—发动机冷却液高
温告警指示灯（110℃）；14—超速停机指示灯；15—表示在曲柄启动期间，发动机启动失效；
16—表示发动机温度较低时启动，也表示冷却剂加热器不起作用；17—表示供气压力较低；
18—表示发动机不能在自动模式下启动

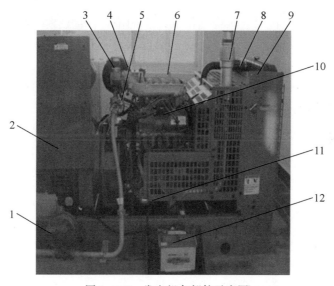

图 1-2-7　发电机各部件示意图

1——级减压阀；2—发电机控制箱；3—风门执行器；4—空气过滤器；5—电磁阀；6—进气管路；
7—排气管路；8—冷却液出水管线；9—水箱；10—分电盘；11—启动电动机；12—电瓶

二、操作步骤

（一）启动前检查

（1）检查气源压力为 1.71~3.14kPa。

（2）检查电瓶的接线是否完好、正确（打铁开关的接线应与电瓶的正极相连，启动电动机的接线应与电瓶的负极相连）；电瓶内的电解液是否在刻度 min~max 的中间位置，若不够补加电解液。

（3）检查冷却液的液位应低于散热器加液口 19~38mm。

（4）检查空气滤子是否清洁、畅通。

（5）检查传动皮带的松紧度。

（6）检查发电机的机油液位应位于 ADD~FULL 的中间位置，而不要超出满刻度。

（7）检查排气系统及各部位连接是否紧固。

（8）检查发电机本体输出电源开关在 OFF 位置。

（9）检查发电机房通风机运行是否正常。

（二）启机

（1）打开发电机供气管线上的气源开关。

（2）闭合电瓶打铁开关，按下灯光测试按钮，测试所有的灯是否能够正常工作。

（3）将启动按钮拨到"运行（RUN）"的位置，直到发电机启动。

（4）发电机启动后继续运行 5min，确保水温上升到 40~50℃，机油压力为 276~414kPa，发电机的频率为 50Hz，电压为 380V。

（5）发电机运行平稳后，按内、外电切换操作卡倒通用电流程。

（三）运行中检查

（1）交流频率为 50Hz，交流电压为 380V，电流表与实际负载相符。

（2）机油压力为 217~416kPa，水温为 80~90℃。

（3）发电机无异响。

（四）停机

（1）将发电机用电切换到外电。

（2）让发电机空载运行 5~10min，使发电机充分降温冷却。

（3）将启动按钮拨到"OFF/RESET"位置，直到发电机完全停下来。

（4）断开电瓶的打铁开关。

（5）切断发电机本体输出总电源开关。

（6）关闭发电机供气管线上的气源开关。

（7）挂设备停运牌。

（五）注意事项

（1）当在 5s 内发电机启动失败时，应将启动开关拨到"STOP"位置重新启动。重新启动时，要等发电机完全停止后再进行。

（2）发电机冷却后再补加冷却液，运行中禁止打开发电机水箱盖。

（3）向发电机电瓶内加电解液或补加蒸馏水时，必须戴劳保手套，戴护目镜。

三、日常维护保养

发电机日常维护保养项目及技术要求见表 1-2-1。

表 1-2-1　发电机日常维护保养项目及技术要求

保养级别	保养周期	保养部位	保养项目	技术要求
例行保养	每星期	设备本体	清理卫生	本体及周围干净，无脏物
		电瓶	打磨电缆连接桩头、检查电瓶连线	接头桩无锈迹，电瓶连线紧固
		备用机组	每周三、周日各运行 8h（冬季执行冬季安全生产措施相关规定）	确保电瓶充电充足
一级保养	运行100h		例行保养全部内容	
		进气系统	吹扫空气滤子	畅通、无堵塞
		传动系统	检查皮带松紧度，盘车	皮带松紧适度，盘车灵活、无卡阻
二级保养	运行400h		一级保养全部内容	
		润滑系统	对润滑油进行检测分析，如不合格应更换机油及机油滤子	机油如变质，按要求热机换油
		电瓶	补充电瓶电解液	高于液位下限
		冷却系统	更换或补加冷却液或防冻液	离加液口 19~38mm

四、发电机机油更换步骤

（一）操作前的准备

（1）在发电机需更换机油时，若发电机在停运状态，应按发电机启动步骤启动发电机，空载运行 0.5h 后停机，使发电机机油充分预热。

（2）准备好接油的盆子。

（二）更换机油

（1）将发电机机油泄放阀打开，泄放机油。

（2）待机油放干净后，拆掉机油滤子。

（3）打开机油加注孔，加入少量机油进行冲洗，待排油口流出的机油目测清洁为止。

（4）关闭发电机机油泄放阀，用干净的抹布或者白布擦干净机油加注孔和机油滤子安装口，取出量油尺擦拭干净后插回原位。

（5）换上新机油滤子，加入规定型号、合格的新机油，并盖好机油加注孔盖子。

（6）按发电机启动步骤启动发电机，空载运行0.5h后停机，以保证各润滑部位都覆盖有保护油膜。

（三）注意事项

（1）在发电机没有冷却之前，严禁添加冷却液。

（2）如果发电机出现故障停车，先检查故障指示灯，再按故障原因排除故障。

（3）发电机在更换机油时必须保证在热机情况下进行更换。

五、常见故障及处理措施

发电机常见故障及处理方法见表1-2-2。

表1-2-2　发电机常见故障及处理方法

故障现象	故障原因	处理方法
发电机组 不能启动	1.电瓶漏电或者坏 2.电瓶的接线不正确 3.启动器或者启动器线圈坏 4.启动或者停车开关坏 5.控制器熔断丝烧断 6.故障停车	1.重新给电瓶充电或者更换电瓶 2.检查电瓶的接线 3.与维修队联系 4.更换坏的开关 5.更换熔断丝 6.排除引起停车的故障并复位控制器
虽然启动 成功，但 不运行	1.燃料气路不通或者燃气压力太低 2.空气过滤器堵塞 3.控制器熔断丝烧断 4.点火系统坏 5.燃料调压阀坏 6.火花塞坏 7.地线连接错误 8.火花塞接头松 9.电瓶漏电或者坏 10.调压器熔断丝烧断（仅适用于RY/4-Lead型） 11.燃料气压力低	1.检查燃料气路，调节燃气压力 2.吹扫或者更换空气过滤器滤芯 3.更换熔断丝 4.与维修队联系 5.与维修队联系 6.更换火花塞，并重新调整火花塞电极之间的间距 7.重新接好地线 8.重新接好火花塞 9.给电瓶充电或者更换电瓶 10.更换熔断丝，如果熔断丝再次烧断，可向维修队求助 11.检查汽化器输出的燃料压力

故障现象	故障原因	处理方法
启动困难	1. 燃料不适合 2. 空气过滤器堵塞 3. 汽化器调节不正确 4. 火花塞坏 5. 点火线圈短路 6. 冷却系统工作不正常 7. 燃料气压力低	1. 更换燃料 2. 吹扫或者更换空气过滤器滤芯 3. 重新调节汽化器 4. 更换火花塞，并重新调整火花塞电极之间的间距 5. 更换点火线圈 6. 检查冷却系统 7. 检查汽化器输出的燃料气压力
突然停车	1. 燃料气中断 2. 空气过滤器堵塞 3. 控制器熔断丝烧断 4. 发动机温度高停车（HET） 5. 火花塞坏 6. 机油压力低停车 7. 启动超时停车 8. 转速超速停车 9. 冷却液液位低停车 10. 燃料调压阀坏 11. 调压器熔断丝烧断（仅适用于 RY/4-Lead 型） 12. 按下紧急停车开关	1. 检查燃料气路 2. 吹扫或者更换空气过滤器滤芯 3. 更换熔断丝 4. 检查发动机冷却系统液位 5. 更换火花塞，并重新调整火花塞电极之间的间距 6. 检查机油油位 7. 与维修队联系 8. 与维修队联系 9. 添加冷却液 10. 与维修队联系 11. 更换熔断丝，如果熔断丝再次烧断，可向维修队求助 12. 按照紧急停车步骤处理
电压不足	1. 空气过滤器堵塞 2. 发电机组负荷过大 3. 燃料气不合适 4. 火花塞坏 5. 汽化器调节不正确 6. 调速器坏或者调节错误 7. 发电机不能够以额定转速运转 8. 冷却系统故障 9. 燃料气管线节流 10. 点火线圈坏 11. 燃料气压力低	1. 吹扫或者更换空气过滤器滤芯 2. 减小负荷 3. 更换燃料气 4. 更换火花塞，并重新调整火花塞电极之间的间距 5. 重新调节汽化器 6. 与维修队联系 7. 与维修队联系 8. 检查冷却系统，排除故障 9. 检查燃料气管线 10. 与服务公司联系 11. 检查汽化器输出的燃料气压力
发电机工作不稳定	1. 空气过滤器堵塞 2. 燃料气不合适 3. 火花塞坏 4. 汽化器调节错误 5. 调速器调节错误	1. 吹扫或者更换空气过滤器滤芯 2. 更换燃料气 3. 更换火花塞，并重新调整火花塞电极之间的间距 4. 重新调节汽化器 5. 与服务公司联系

续表

故障现象	故障原因	处理方法
发电机组过热	1.冷却系统故障 2.空气过滤器堵塞 3.汽化器调节错误	1.检查发动机冷却液液位，检查风扇皮带是否松动，检查散热器是否堵塞 2.吹扫或者更换空气过滤器滤芯 3.重新调节汽化器
没有交流输出	1.负荷开关处于"OFF"位置 2.由于发电机组过载而导致断路器打开 3.调压器保险丝烧断（仅适用于RY/4-Lead型）	1.将负荷开关置于"ON"位置 2.减小负荷 3.更换保险丝，如果保险丝再次烧断，可向维修队求助
输出电压低或者输出电压突然下降	1.发电机故障，例如可能是转子或者其他内部故障 2.发电机转速太低 3.发电机组过载 4.调压器坏	1.与维修队联系 2.与维修队联系 3.减小负荷 4.与维修队联系
没有电瓶充电输出	1.电瓶充电器坏 2.传动皮带松动	1.与维修队联系 2.调整传动皮带松紧度，无法调节时更换皮带
输出电压太高	1.调压器坏或者调压器调节错误 2.调压器电路有接点松动	1.与维修队联系 2.与维修队联系

第四节　清管收球

一、概述

输气管道的输送效率和使用寿命很大程度上取决于管道内壁和输送物质的清洁状况。对气质和管道有害的物质——凝析油、水（游离水和饱和水蒸气）、硫分、机械杂质等，进入输气管道后会引起管道内壁的腐蚀、管壁粗糙度增大、大量水和腐蚀产物聚积，还会局部堵塞或缩小管道的流通截面。在施工过程中大气环境也会使无涂层的管道生锈，并难免有一些焊渣、泥土、石块等有害物品遗落在管道内。管线水试压后，单纯利用管线高差开口排水是很难排净的。为解决以上问题，进行管道内部和内壁的清扫是十分必要的。因此，清管工艺一向是管道施工和生产管理的重要工艺措施。

二、清管的基本目的

（1）保护管道，使它免遭输送介质中有害成分的腐蚀，延长使用寿命。

（2）改善管道内部的表面粗糙度，降低摩阻，提高管道的输送效率。

（3）保证输送介质的纯度。

（4）进行管道内检测等。近年来，脱硫脱水等气体净化技术能够使气体达到相当纯净的程度，输气管道也提出了严格的气质要求，管道积水和内壁腐蚀问题，已经基本解决。清管技术又进入了进行管道内壁涂层和内部探测的新领域。在输气管道上清管器除了它原来清除管内积水和杂物的基本作用外，又增加了许多新的用途：

① 定径：与清管器探测定位仪器配合，查出大于设计、施工或生产规定的管径偏差。

② 测径、测厚和检漏：与测量仪器构成一体或作为这些仪器的牵引工具，通过管道内部，检测和记录管道的情况。

③ 灌注和输送试压水：向管道灌注试压水时，为避免在管道高点留下气泡，以致打压时消耗额外的能量，影响试验压力的稳定，在水柱前面发送一个清管器就可以把管内空气排除干净。为了重复利用试压水，前一段试压完毕后可用两个清管器把水输往下一段，全部试压完毕后，还可将水送到指定的地点排放。

④ 置换管内介质：用天然气置换管内空气、试压水或用空气置换管内天然气时，用清管器分隔两种介质，可防止形成爆炸性混合物，减少可燃气体的排放损失，提高工作效率。

⑤ 涂敷管道内壁缓蚀剂和环氧树脂涂层：液体缓蚀剂可用一个清管器推顶或用两个清管器挟带，在沿线运行过程中涂在管道内壁上。环氧树脂的内涂施工比较复杂，包括管道内壁的清洗、化学处理、环氧树脂涂敷和涂敷质量的控制和检查等内容，这些工序都是利用专门的清管器实现的。

三、清管器的分类

清管器的具体形式很多，从结构特征上可区分为清管球、皮碗清管器、泡沫清管器、钢刷清管器和智能清管器五类，任何清管器都要求具有可靠的通过性能（通过管道弯头、三通和管道变形的能力），足够的机械强度和良好的清管效果。下面分别对清管球、皮碗清管器和泡沫清管器的结构、用途和工作特性加以介绍。

（一）清管球

清管球由橡胶制成，中空，壁厚为 30~50mm，球上有一个可以密封的注水排气孔。为了保证清管球的牢固可靠，用整体成形的方法制造。注水口的金属部分与橡胶的结合必须紧密，确保不致在橡胶受力变形时脱离。注水孔有加压用的单向阀，用以控制打入球内的水量，调节清管球直径对管道内径的过盈量。清管球的制造过盈量为 2%~5%。清管球如图 1-2-8 所示。

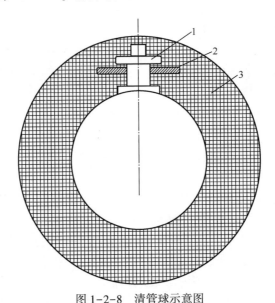

图 1-2-8　清管球示意图
1—气嘴（拖拉机内胎直气嘴）；2—固定岛（黄铜 H62）；3—球体（耐油橡胶）

清管球的变形能力最好，可在管道内做任意方向的转动，很容易越过块状物体的障碍，通过变形管道。清管球和管道的密封接触面窄，在越过直径大于密封接触带宽度的物体或支管三通时，容易失密停滞。清管球的密封条件主要是球体的过盈量，这要求为清管球注水时一定要把其中的空气排净，保证注水口的严密性。否则，清管球进入压力管道后的过盈量是不能保持的。管道温度低于 0℃时，球内应灌注低凝点液体（如甘醇），以防冻结。

清管球在管道中的运行状态，周围阻力均衡时为滑动，不均衡时为滚动，因此表面磨损均匀，磨损量小。只要注水口不漏，壁厚偏差小，它可以多次重复使用。保证注水口的制造质量是延长清管球使用寿命的一个关键。清管球的壁厚偏差应限制在 10% 以内。

清管球的主要用途是清除管道积液和分隔介质，清除块状物体的效果较差。它不能定向携带检测仪器，也不能作为它们的牵引工具。由于形状上的差异，人们往往把清管球与其他清管器在称谓上加以区别，实际上清管球也是一种清管器，它可以称为球形清管器。

（二）皮碗清管器

皮碗清管器由一个刚性骨架和前后两节或多节皮碗构成，如图 1-2-9 所示。

它在管内运行时，保持着固定的方向，所以能够携带各种检测仪器和装置。清管器的皮碗形状是决定清管器性能的一个重要因素，皮碗的形状必须与各类清管器的用途相适应。

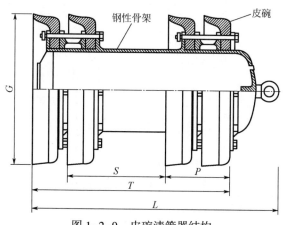

图 1-2-9　皮碗清管器结构

清管器在皮碗不超过允许变形量的状况下，应能够通过管道上曲率最小的弯头和最大的变形管道。为保证清管器通过大口径支管三通，前后两节皮碗的间隔应有一个最短的限度。清管器通过能力的一般技术条件有：管道弯曲的最小半径，三通与分支状况，管道的最大允许变形等。

对于椭圆度大于5%的管道，设计清管器时应当增大清管器皮碗的变形能力。为了通过更小曲率的弯头，清管器各节皮碗之间可用万向节连接，这种情况多用于小口径管道。

为满足上述条件，前后两节皮碗的间距 S 应不小于管道直径 D，清管器长度 T 可按皮碗节数多少和直径大小保持在 $(1.1～1.5)D$ 范围内，直径较小的清管器长度较大。清管器通过变形管道的能力与皮碗夹板直径有关，清管用的平面皮碗清管器的夹板直径 G 在 $(0.75～0.85)D$ 范围。

清管器皮碗，按形状可分为平面、锥面和球面三种，如图 1-2-10 所示。平面皮碗的端部为平面，清除固体杂物的能力最强，但变形较小，磨损较快。锥面皮碗和球面皮碗很能适应管道的变形，并能保持良好的密封。球面皮碗还可以通过变径管。但它们容易被较大的物体垫起而丧失密封。这两种皮碗寿命较长，夹板直径小，也不易直接或间接地损坏管道。

皮碗断面可分为主体和唇部。主体部分起支持清管器体重和体形的作用，唇部起密封作用。主体部分的直径可稍小于管道内径，唇部对管道内径的过盈量取2%～5%。皮碗的唇部有自动密封作用，即在清管器前后压力差的作用下，它能向四周张紧。这种作用即使在唇部磨损、过盈量变小之后仍可保持。因此与清管

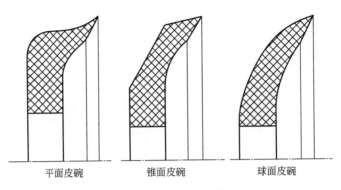

| 平面皮碗 | 锥面皮碗 | 球面皮碗 |

图 1-2-10 皮碗形状

球相比，皮碗在运行中的密封性更为可靠。

按照介质性质（耐酸、耐油等要求）和强度需要，皮碗的材料可采用天然橡胶、丁腈橡胶、氯丁橡胶和聚氨酯类橡胶。

皮碗的磨损速度除取决于皮碗的材质外，还取决于管道的内壁粗糙度、磨蚀物数量、皮碗承压面积和清管器的重量等因素。在皮碗材料一定的条件下，尽量减轻清管器金属骨架的重量和必要时增加皮碗节数是提高清管器工作能力的两个途径。皮碗清管器分为以下主要类型。

1. 定径清管器

定径清管器（图1-2-11）的用途是发现管道上超过允许范围的变形。前端定径夹板的直径按照管道的允许变形量取 $(0.925 \sim 0.95)D$。清管器携带定位信号发射机运行，如遇变形量大于夹板直径的地方（压扁，较大凹陷，折皱等）就被卡住，再用定位探测器从地面上找到它的位置。凡是遇卡的管段都应当切换，所以，定径清管器的遇卡，是它发挥检查作用的正常情况，它同时也可用来置换介质和清扫管内空间。

图 1-2-11 定径清管器

使用定径清管器可能出现的问题是，在寻找较大变形时可能损害（刮伤）较小的允许变形，因而给管道造成新的不安全因素。预定要用定径清管器检查的管道，在设计施工阶段，需规定管道截面的最大允许变形量和施工单位为此应承担的责任。

2. 测径清管器

测径清管器（图1-2-12）采用锥形皮碗，骨架筒体和夹板直径都很小，可以通过35%~45%的管径偏差障碍，最末一节皮碗内侧有一周均布的向后伸出的测杆，皮碗变形时这些测杆就向管道轴向摆动，摆动的位移量反映管道的变形量。测径仪连续记录各方向的半径和运行的里程，作为确定变形大小和其地点的依据。测径清管器也可用来置换管内介质。

图1-2-12 测径清管器

3. 隔离清管器

隔离清管器（图1-2-13）是指只装有皮碗，用来清除管内积水与各种杂物或分隔介质的清管器。这种清管器的皮碗形状可按照用途选择。大直径清管器的头部最好与前夹板构成一体，使清管器前节皮碗能够在遇到障碍时起缓冲作用。

图1-2-13 隔离清管器

清管器前端有一个泄流孔，打开泄流孔运行清管器，遇到阻碍时，泄流孔可以通过5%~10%的管道流量，借以推开聚积在清管器前的障碍物，把它分散到前方气流中去。这样，清管器既可依靠自身的推力，又可利用气流的作用把大密度的物体送到终点。这种效果显然也有利于排除清管器的堵塞。如果管内气体流速很大，这个泄流孔还可用来调节清管器的运行速度。泄流孔没有自动调整的能力，如果污物堆积很多，清管器既不能排开，也不能越过它们，那时就可能发生阻滞，因此在利用泄流孔时，需对管内情况进行实际估计，以选择泄流孔的大小。

4. 带刷清管器

带刷清管器（图1-2-14）的主要作用是清刷管壁，使之达到要求的表面粗糙度，提高管道的输送效率。它适用于干燥和无内涂层的管道，因为在含水管道中它的清刷效果会很快遭到新的腐蚀过程的破坏。

图1-2-14 带刷清管器

清管器前后两节皮碗之间，装有圆周互相交错的不锈钢丝刷。这些钢丝刷用一根U形板簧垫固定在筒体上，它们能够在运动中始终对管壁施加一定压力。筒体上开有若干螺栓孔，可按实际需要控制它们的开启数量，刷下的灰尘经过这些孔落进清管器内腔，有时也可使它经泄流孔分散到前面的气流中去。

5. 双向清管器

双向清管器（图1-2-15）既可前进也可倒退，在水压试验时，作为分段和输水的工具。双向清管器的密封和支撑件为圆柱形橡胶盘。橡胶盘的直径大于管道内径，靠弹性力保持清管器前后的密封，这种密封条件会很快地随磨损而丧失。所以，双向清管器皮盘的寿命比皮碗短。

图1-2-15 双向清管器

（三）泡沫清管器

泡沫清管器（图1-2-16）是表面涂有聚氨酯外壳的圆柱形塑料制品。它是一种经济的清管工具。与刚性清管器相比，它有很好的变形能力和弹性。在压力作用下，它可与管壁形成良好的密封，能够顺利通过各种弯头、阀门和变形管道。它不会对管道造成损伤，尤其适用于清扫带有内壁涂层的管道。泡沫清管器的过盈量一般为1in。

图1-2-16 泡沫清管器

四、清管操作

（一）检查

（1）确认收球筒放空阀、排污阀、平衡阀、注水管线控制阀灵活好用且处于关闭状态，打开收球筒进气阀充压、验漏，如图1-2-17所示。

图1-2-17 收球装置实物照片

（2）打开收球筒球阀和出气阀，关闭主输气阀，通知上游站发球；接到上游发球通知，每10min记录气量、压力，并及时与上游站联系。

（二）收球

清管器接收工艺流程图如图1-2-18所示。

（1）通过计算和分析判断，球到收球筒0.5h前放置好通过指示仪并打开。

（2）球到收球筒后，记录球到时间，打开输气管主输气阀，关闭球筒出气阀和收球筒球阀。

（3）打开平衡阀，打开收球筒放空阀，缓慢进行泄压，待压力降至0.2~0.5MPa，关闭放空阀，测量污水罐液位并记录。

（4）缓慢打开收球筒排污阀排污，待压力为零时关闭收球筒排污阀，测量

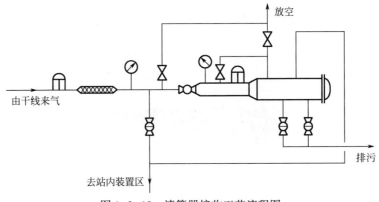

图 1-2-18　清管器接收工艺流程图

污水罐液位并记录。

（5）打开收球筒放空阀、收球筒注水阀，向收球筒内注入收球筒体积一半以上的水，关闭注水阀，打开收球筒排污阀，将水排净后关闭收球筒排污阀。

（6）站在非门轴侧面，卸防松楔块，打开盲板，取出清管器并清理污物，通知上游站及值班室，球已收到。

（三）球筒恢复

（1）装好盲板和防松楔块，关闭收球筒放空阀，打开收球筒出气阀，对收球筒充压验漏。

（2）试压合格后关闭收球筒出气阀，打开放空阀泄压，关闭收球筒放空阀、平衡阀。

（四）清管器描述

对清管器进行描述；保养，取出电池；对清除物进行称量并取样分析。

（五）注意事项

（1）集气干线收球时，提前一天对收球筒验漏，在球到 0.5h 前导通收球流程，进行收球。

（2）若清管过程中，分离器（除尘器）不能将过多液体及时分离，必要时将分离器串联或改用段塞流分离器。

（3）收球前排空段塞流分离器、气体过滤分离器、三相分离器、闪蒸分液罐等设备内积液，卸车池排水至低液位（为清管集中收液做准备）。

（4）停用凝析油稳定装置（避免排液过程天然气窜入低压放空系统，给低压系统带来风险隐患）。

五、清管常见故障及处理方法

（一）清管球（器）与管壁封闭不严漏气而引起清管球（器）不走

（1）最好发第二个球顶走第一个球，两个球一起运行，形成"串联球塞"，使漏气量大大减少而解卡。

（2）上游增大进气量，用上游管线储气升压，然后迅速打开，以突然增大球前压力和流速。

（3）减少下游气源进入输气管线的气量或将下游邻近球前的阀门关闭，该段管线放空引球，以增大压差，使球启动。

（二）清管球（器）破

检查和判断清管球（器）破的原因，排除故障后用第二个球推顶破球。

（三）清管球（器）推力不足

在允许最高工作压力下，增大上游压力或在下游球停段放空引球。

（四）卡球

先增大上游压力，以增大压差，当仍不能解卡时，则可在下游段管线进行放空引球，如用上述方法仍不能解卡时，则只能上游放空，从下游进气，把球反向推回发球站。

第五节　气田防腐

一、概述

腐蚀是金属与周围介质发生化学、电化学反应导致金属破坏的过程。金属腐蚀是一个很普遍很严重的问题，据估计全世界每年开采的金属，有三分之一是由于腐蚀而消耗掉的。在气田开发中，腐蚀会造成油管、套管的破裂，井口装置失灵，输气管线爆破，站场设备锈蚀等，破坏正常生产和平稳供气，影响用户的生产和生活，不仅会给国家造成很大的经济损失，也严重威胁人们的生命安全。

搞好金属防腐工作，可以延长采输设备、管线的使用寿命，节约钢材，减少设备、管线的维修时间，降低操作费用，降低采气成本，保证安全和平稳供气。因此，防腐蚀工作是气田管理的重要组成部分。

二、金属腐蚀类型

金属腐蚀的分类有很多，这里主要按腐蚀破坏的类型，外部介质的不同作用机理，以及按气田生产中常见的腐蚀介质进行分类和介绍。

金属腐蚀按腐蚀作用机理可分为化学腐蚀、电化学腐蚀、电化学和机械作用共同产生的腐蚀及金属的应力腐蚀等。电化学和机械作用共同产生的腐蚀，其腐蚀速度比单纯的电化学腐蚀速度快，因为在一般情况下机械作用力能破坏金属表面的保护层，所以加速了腐蚀的进行。同时由于腐蚀的影响，金属的机械强度、疲劳极限都逐渐降低，从而加速了金属的破坏。金属的应力腐蚀是具有选择性的，一定的金属在一定的介质条件下才能产生应力腐蚀破坏。

（1）化学腐蚀：金属表面与非电解质直接发生纯化学作用而引起的破坏，腐蚀过程中无电流产生。如钢铁暴露在空气中生锈。

（2）电化学失重腐蚀：金属与外部介质发生电化学反应，在反应过程中金属与介质之间有电子转移。如金属在水溶液中的腐蚀。

（3）应力腐蚀破裂：由拉应力与某种介质的电化学腐蚀共同作用所产生的破裂。

（4）硫化物应力腐蚀破裂：由拉应力与硫化氢水溶液的电化学腐蚀同时作用造成的破裂。在含硫气田中是危害最大的一种腐蚀类型。

（5）腐蚀疲劳：材料在交变应力与腐蚀介质共同作用下，其疲劳极限大大降低，使得设备过早地破坏，如某些钻杆的破坏。

（6）冲击腐蚀：腐蚀介质在金属表面上冲击或湍流所造成的腐蚀。由于在机械磨损与腐蚀共同作用下，使腐蚀速度加快。

（7）磨损腐蚀：金属与固体物质间相互滑动时，磨损破坏金属保护膜使腐蚀加速。

（8）气穴腐蚀：高速流体，因流动不规则，使得气泡在金属表面不断产生和消失，当气泡消失时，由于周围高压形成很大的压差，而使靠近气泡的金属表面产生水锤作用，致使金属表面保护层破裂，使腐蚀不断深入。

（9）细菌腐蚀：由于细菌直接或间接促进电化学腐蚀或者破坏金属保护膜造成的金属破坏。如土壤中硫酸盐还原菌、需氧铁菌加速埋地金属设备的腐蚀。

（10）宏观电池腐蚀：在电解液中两种不同的金属接触或同一金属在不同种类或不同浓度的电解液中，由于金属电位差不同，使其中一种或一部分金属腐蚀加速的腐蚀。

（11）缝隙腐蚀：在缝隙中由于腐蚀介质浓度较高而引起宏观电池腐蚀，使缝隙处的腐蚀加速。

（12）土壤腐蚀：当地下金属管线和设备通过不同组成和不同潮湿程度的土壤时，由于含氧量不同而引起氧浓度差宏观电池腐蚀，使含氧量低的部分金属或管线加速腐蚀。

（13）杂散电流腐蚀：由于电流作用引起金属电化学腐蚀。

三、按气田生产中的主要腐蚀介质分类的腐蚀类型

（1）硫化物腐蚀：气井中含硫化氢气体的腐蚀，这些井还有可能含有氧气、二氧化碳和有机酸。

（2）非含硫的酸气腐蚀：由于二氧化碳和各种脂肪酸的存在引起的腐蚀。在这种腐蚀中无硫化铁腐蚀产物生成，也无硫化氢气味。

（3）氧腐蚀：设备暴露在大气中发生的腐蚀。

（4）电腐蚀：腐蚀电流造成的金属腐蚀。

四、原理

（一）金属的电化学腐蚀

在气田生产中遇到的腐蚀问题绝大多数都是属于电化学腐蚀。金属与电解质溶液接触时，由于金属表面的不均匀性，如金属种类、组织、结晶方向、内应力、表面粗糙度、表面处理状况等的差别，或者由于与金属不同部位接触的电解液的种类、浓度、温度、流速等的差别，从而在金属表面出现阳极区和阴极区。阳极区和阴极区通过金属本身互相闭合而形成许多腐蚀微电池和宏观电池。

金属电化学腐蚀就是通过阳极区和阴极区反应过程进行的。阳极反应过程、电子流动、阴极反应过程，这三个过程是相互联系的，其中一个过程受到阻滞或停止，则整个腐蚀过程就受到阻滞或停止。金属电化学腐蚀损坏是集中在金属的局部区域——阳极区。阴极区没有金属损失，因此电化学腐蚀是局部腐蚀。

常见的金属表面和介质是不均一的，如在介质溶液里碳钢和铸铁中的 Fe_3C 或石墨杂质为阴极，而铁是阳极；金属表面有微孔时，孔内金属是阳极，表面膜是阴极；金属受到不均匀的应力时，应力较大（或应力集中）部位为阳极；金属表面温度不均匀时，温度较高区域为阳极；溶液中氧或氧化剂浓度不均匀时，浓度较小的地方为阳极等。阳极与阴极就组成了腐蚀电池。

（二）硫化氢腐蚀

气田开发中经常遇到的腐蚀介质是硫化氢、二氧化硫、有机硫、气田水及氧，其中硫化氢对腐蚀有独特的影响。在硫化氢浓度很高的情况下，有时生成硫化铁膜，呈墨色疏松分层状或粉末状，它主要由八硫化九铁（Fe_9S_8）组成。Fe_9S_8 膜不能阻止铁离子通过，因而没有保护作用。生成的疏松硫化铁与钢铁接触，形成宏观电池，硫化铁是阴极，钢材是阳极，因而加速了金属腐蚀。这时的腐蚀速度比未覆盖 FeS、FeS_2 膜的钢材表面大若干倍。H_2S 可引起多种类型的腐

蚀，如氢脆和硫化物应力腐蚀破坏等。

1. 影响硫化氢腐蚀的因素

1）钢材的材质对腐蚀的影响

（1）金相组织：金相是指钢材内部的微细结构类型。金相有珠光体、索氏体和马氏体等。索氏体抗硫性能好，珠光体次之，马氏体最差，金相组织可以通过对钢材的热处理改变。

（2）硬度：硬度对氢脆影响很大，硬度高的钢材比硬度低的钢材容易引起氢脆破坏，含硫气田用的钢材洛氏硬度应为 HRC<22。

（3）冷加工和焊接：冷加工和焊接能够使钢材产生异常金相组织和残余应力，增强对氢脆的敏感性，降低抗硫性能。例如，油管氢脆断裂都发生在油管接箍和上卸油管时钳牙咬伤的部位。同时，不均匀的金相组织会促进失重腐蚀。所以对经过冷加工或焊接的钢材应进行热处理后再使用。对不能进行热处理的部件，只能用螺纹连接，禁止焊接。

2）钢材承受的使用应力对腐蚀的影响

钢材承受的使用应力越大，硫化物应力腐蚀破坏需要的时间越短。所以，用于含硫气田的钢材的使用应力应不超过其屈服强度的 50%。

3）环境因素对腐蚀的影响

（1）硫化氢浓度：流体中硫化氢浓度的变化，对各种类型腐蚀的影响是不同的。高浓度硫化氢的腐蚀并不一定比低浓度硫化氢腐蚀严重。硫化物应力腐蚀存在一个上限值，硫化物应力腐蚀的下限浓度值与使用材料的强度（硬度）有关。

（2）pH 值：介质的 pH 值对硫化物应力腐蚀和电化学失重腐蚀影响很大。在 pH 值小于 6 时，硫化物应力腐蚀很严重；硫化氢的失重腐蚀随 pH 值的降低而增加。

（3）温度：温度升高，电化学腐蚀加剧，温度每升高 10℃，电化学腐蚀速度增加 2~4 倍。但是，在一定温度范围内，温度升高，硫化物腐蚀破坏减小。

（4）压力：压力增加，硫化氢分压增加，硫化氢在溶液中溶解度加大，电化学腐蚀速度增加。同时，压力增加，氢向金属渗入的速度也增大，这就从两个方面促进了氢脆及硫化物应力腐蚀。

（5）液体烃类的影响：凝析烃液的存在可显著减缓腐蚀，由于在金属表面形成了保护膜，当有硫化氢存在时，在烃类和水两个不相溶的界面上，烃类实际上起了加速腐蚀的作用。

（6）烃—水相和汽—液相界面腐蚀：在硫化物等腐蚀介质存在的情况下，烃—水相和汽—液相界面对钢材产生严重的局部腐蚀。钢与烃—水相界面接触，钢材严重腐蚀的部位在烃相。因为在钢材与被硫化氢饱和的凝析油接触时，表面立即变黑，生成一层硫化铁薄膜，然后薄膜逐渐增厚，最后破裂。这时钢的表面就为疏松腐蚀产物硫化铁所覆盖。这种疏松的硫化铁膜表面积很大，可吸存相当量的水，形成一个很薄的水层，水中溶解的硫化氢直接腐蚀钢材。凝析油中溶解的硫化氢再进入水中，补充水溶液中硫化氢的消耗，因为硫化氢在凝析油中的溶解度比水中大 5~6 倍，这就为钢材表面水层提供了丰富的硫化氢来源，进而加速了钢材的腐蚀。

（三）二氧化碳腐蚀

二氧化碳是无硫气田的主要腐蚀介质，在没有水时，二氧化碳是不发生腐蚀的；当有凝析水出现时，二氧化碳溶于水生成碳酸，碳酸使得溶液 pH 值下降引起金属腐蚀。影响二氧化碳腐蚀的因素主要有压力、温度和水。在一定温度下，随着二氧化碳分压增加，溶液 pH 值下降，随着温度的升高，二氧化碳溶解度下降，溶液 pH 值上升，某些溶解物质对水具有缓冲作用，可阻止 pH 值降低，这时就可减少二氧化碳腐蚀。对于气体—凝析液或冷凝水来说，几乎无溶解物质，且在较高温度下，压力是影响二氧化碳溶解度的决定因素，也是控制腐蚀的因素，随着二氧化碳分压的增加，腐蚀增大。

（四）氧腐蚀

氧腐蚀是最普通的一种腐蚀，凡是有空气、水（水汽）存在的场合均会发生这类腐蚀。腐蚀过程中铁、氧和水化合形成铁锈，这个腐蚀反应的速率取决于腐蚀产物的性质。如果是紧密的沉积膜，有保护作用，则减缓腐蚀；如果是疏松多孔的垢，就不能阻止腐蚀的进行。氧腐蚀的速率受水中溶解氧浓度的影响，随着水中溶解氧含量的增加，腐蚀也增大。金属表面与天然气中的二氧化碳、硫化氢和盐水接触，会增加腐蚀速率。

氧在气田生产中还常常引起不同程度的电池腐蚀，氧浓度高的部分是阴极，氧浓度低的部分是阳极。如开口的储水槽，表面的水与槽底的水含氧量不同，而槽底发生腐蚀。

五、防腐机理

（一）防腐蚀涂层

防腐蚀涂层是用无机或有机胶体混合物溶液或粉末，通过涂敷或其他方法，覆盖在设备或管线的表面，经过固化，在设备及管线表面形成一层保护薄膜，使金属设备及管线表面免受外界环境的腐蚀。由于防腐涂料的适应性强，施工简便且价格低廉，采气井站普遍采用防腐涂层的方法进行设备及管线的外表面防腐。防腐蚀涂层，可用于防止天然介质、空气、水和土壤的腐蚀，因而地下部分的设备管线也可使用防腐涂层。

常用的防腐涂料有防锈漆、调和漆、磁漆、清漆、银粉以及松香水、生漆。防锈漆是可以抑制金属产生腐蚀电流的涂料，能耐水、耐碱，还具有缓蚀作用。红丹防锈漆和铁红防锈漆一般用于钢铁表面的防锈底漆，锌黄和酚醛防锈漆用作镁、铝等轻金属的表面防锈底漆。磁漆有耐热、耐曝晒、耐水、耐酸碱性能，采气井站设备常用它作面漆。调和漆不易粉化、龟裂，漆膜光泽，附着力好，但漆膜较软，干燥时间较长，一般作为新设备管线的外表面涂层防腐。

在防腐涂层的施工中应注意下面几个问题：一是对设备管道表面进行处理，将旧的涂层、锈块、污物清除干净，并将其表面干燥。二是选择合适的性能好的涂料。不同环境条件，选择性能不同的涂料。三是精心施工，涂敷或喷涂必须均匀，前一次漆膜干燥后再进行下一次涂敷或喷涂。

（二）防腐绝缘层

对于埋地的集输气管线，用防腐绝缘层防止管外壁土壤腐蚀。防腐绝缘层是以加大土壤与管道间的过渡电阻来降低腐蚀电流的方法，达到防腐的目的。防腐绝缘层的材料要求与金属的黏结性好，能与管线保持连续完整性，绝缘性能好，有足够的击穿电压和电阻率，具有良好的防水性能和对土壤的化学稳定性，具有足够的机械强度和韧度，并且具有一定的塑性。平时应注意保护防腐绝缘层，如及时清除管线周围深根植物，管线裸露时要及时埋土，防腐绝缘层的材料常用石油沥青、聚氯乙烯塑料布、玻璃布、底漆、橡胶粉等。

（三）阴极保护

阴极保护是对被保护的金属表面施加一定的直流电流，使其产生阴极极化，当金属的电位低于某一电位值时，金属腐蚀就会得到有效抑制。

埋地的集输管道周围是土壤，由于管道外壁的电化学不均匀性及土壤电解液的浓度和组成的差异，管壁外的各部分之间存在一定的电位差，这就形成管壁上多个短路的微小电池，造成管壁的电化学腐蚀。根据上面讲的腐蚀机理，将管道在土壤中的电位差消除掉，管壁的电化学腐蚀就停止。

根据提供阴极电流的方式不同，阴极保护又分为牺牲阳极保护法和外加电流法（强制阴极保护）两种。不论是牺牲阳极法还是外加电流法，其有效合理的设计应用都可以取得良好的保护效果。

1. 牺牲阳极保护

牺牲阳极保护（图1-2-19）是在要保护的管道上连接一种电位更"负"的金属或合金（牺牲阳极），与管道一起埋在土壤中，管道与牺牲阳极形成一个新的腐蚀电池。由于管道上原有腐蚀电池阳极电位比人工外加的牺牲阳极的电位要"正"，整个管道就成为阴极，电流将从牺牲阳极流出，经土壤流到地下管道，再经导线流回牺牲阳极，这样牺牲阳极被腐蚀，而管道得到保护。牺牲阳极保护法不需外界电源,对邻近生产设施影响或干扰很小,安装后的维修费用也少。但牺牲阳极保护法的电位有限,输出的电流较低,受到土壤电阻率的限制,保护的范围不大。牺牲阳极保护法只适用于无电源的地区和小规模分散的保护对象。

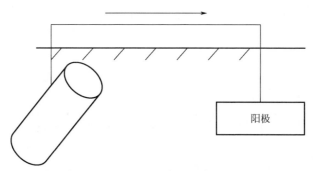

图 1-2-19　牺牲阳极保护法

2. 强制阴极保护

强制阴极保护(图 1-2-20)是利用外加直流电源的阴极保护法。被保护的管道与直流电源相连,辅助阳极与电源正极相连,使管道阴极化,达到防止管道腐蚀的目的。外加电源在管道与辅助阳极间建立的电位差,显然比牺牲阳极与管路之间依靠两种不同金属在土壤中产生的电位差大得多,因此它提供的保护电流较大。单个阴极保护站的保护距离为 25~30km;多个阴极保护站同时运行,保护距离为 30~60km。强制阴极保护的电压和电流可以大幅度调节,因而适用范围广,对于苛刻的腐蚀条件、高电阻率的土壤环境、较大管径的管道等,均可选用强制阴极保护法防腐。

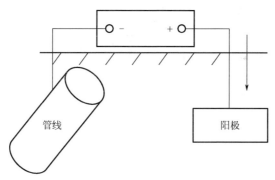

图 1-2-20　强制阴极保护

榆林气田集气支干线均采用外加电流阴极保护法,整个保护系统主要是由恒电位仪、电源控制台、阳极地床、阴极通电点、参比电极等组成,埋地管道外加电流法阴极保护系统如图 1-2-21 所示。阴极保护电位范围为 -0.85~-1.50V。

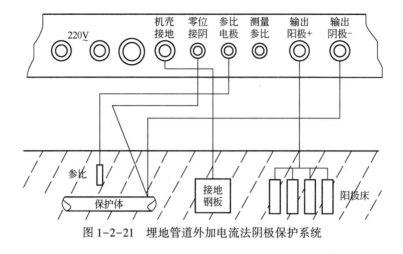

图 1-2-21　埋地管道外加电流法阴极保护系统

六、恒电位仪

(一) 恒电位仪的基本工作原理

机内给定基准 (预置电位) 和参比信号一起送入比较放大器, 经高精度、高稳定性的比较放大器比较放大, 输出误差控制信号, 将此信号送入移相触发器, 移相触发器根据该信号的大小, 自动调节脉冲的移相时间, 通过脉冲变压器输出触发脉冲调整极化回路中可控硅的导通角, 改变输出电压、电流的大小, 使保护电位等于设定的给定电位, 从而实现恒电位保护, 基本原理如图 1-2-22 所示。

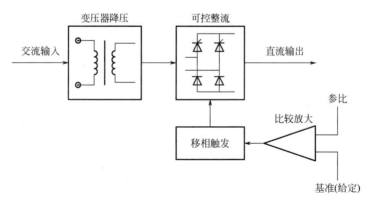

图 1-2-22　恒电位仪的基本原理

(二) 恒电位仪的功能

线路阴保间内放置的恒电位仪及控制柜, 是由 1 台控制柜和 2 台恒电位仪组成，安装方式为 1 台控制柜内放置 2 台恒电位仪。恒电位仪负责为管道提供所需的阴极保护电源；控制柜负责配电及输入输出线路连接；控制柜内部配有自动切换控制器，负责恒电位仪的自动切换。

恒电位仪作为强制电流阴极保护系统的核心设备，为系统提供驱动电压，一般设备有如下 4 根接线：

（1）输出正极：连接辅助阳极。

（2）输出负极：连接被保护管道。

（3）参比：连接通电点参比电极。

（4）零位：连接被保护管道。

（三）PC-1B/2 远程阴极保护系统恒电位仪

1. 主要技术指标

工作温度：-15~+45℃。

储存环境温度：-40~+55℃。

相对湿度：20%~90%RH。

大气压力：86~106kPa。

使用电源：交流单相 AC220V±10%，50Hz±10%。

2. 基本操作

（1）打开仪器前门将前接线板上的双极自动开关（仪器系统电源开关）向上扳动，仪器面板电源指示灯亮，交流输入电压表显示输入电压值。

（2）将面板上 A 机和 B 机"控制调节"旋钮逆时针旋到底，将"工作方式"开关置于"自动"挡，将"测量选择"开关置于"控制"挡；将"通断测试"开关置于"远控"挡。

（3）按动面板上的"开 A 机"按钮（系统电源开时默认开 A 机）或按动面板上的"开 B 机"按钮。按住面板上 A 机或 B 机"自检"开关，此时恒电位仪处于自检状态，"自检指示"灯亮，状态指示灯显示橙色，各面板表应均有显示。顺时针旋动"控制调节"旋钮，将控制电位调到欲控值上，将"测量选择"开关在"控制"挡与"保护"挡之间切换，电位表显示值基本一致，表明仪器正常。自检完毕放开"自检"按钮，使恒电位仪退出自检状态，进入恒电位状态。

（4）当恒电位仪进入恒电位状态，恒电位仪对被保护体通电。根据现场管道实际情况，旋动"控制调节"旋钮使管道电位达到欲控值。

（5）若要"手动"工作，将"工作方式"开关拨至"手动"挡，顺时针旋动"输出调节"旋钮，使输出电流达到欲控值。

（6）恒电流设定。按动面板上的"恒流设定"按钮，此时面板状态指示灯显示黄色，表明进入恒电流状态，根据现场管道实际电流，调节安装板上的

"恒流调节"电位器,使电流达到欲控值(出厂时设定在仪器额定电流的1/3),恒电流设定完毕,按动"关A机""关B机"按钮,将仪器关机再开机。

(7)埋地管道电位测试。仪器设有"内控"和"远控"两种通断测试方式,可对埋地管道保护电位进行测量(这种测量方法只适用于埋地管道绝缘层很好的情况下)。

①"内控"通断测试方法

将仪器面板上的"通断测试"开关置于"内控"挡,仪器此时自动进入输出电流"通"12s,"断"3s的间歇状态工作。在输出"断"3s时用饱和硫酸铜参比电极测埋地管道的保护电位。测试结束后,应将"通断测试"置回"远控"。

②"远控"通断测试方式

将恒电位仪面板上的"通断测试"开关置于"远控"挡,恒电位仪处在正常工作状态。计算机(RTU)同时向多台恒电位仪发出"远控"通断信号,恒电位仪"RTU"输出端输出高电平(电压应为DC24V正信号)时,仪器将自动同步后转为输出电流"通"12s,"断"3s的间歇状态工作。若计算机(RTU)向恒电位仪发出"远控"通断信号,恒电位仪"RTU"输出低电平(电压为零信号)后,仪器转入正常保护状态。

在进行"远控"通断测试时,须2h恢复仪器正常工作一次,再转入"通断测试"状态,以保证多台恒电位仪的输出电流能同步"通"与"断"。

(8)恒电位仪的输出电压、输出电流、保护电位通过相应的数据接口传送给RS485,再由RS485传送给RTU。

(9)开关机远控。RTU的开A机信号、开B机信号和关A、B机信号分别通过恒电位仪上的RS485端子输入,此3个信号均为脉宽不小于1s,幅度为24V的正脉冲电压信号。当系统接收到"开A机"信号时,则A机工作、B机停止;接收到"开B机"信号时,则B机工作、A机停止;接收到"关A、B机"信号时,则A、B机均停止工作。A机工作或B机工作的信号分别由恒电位仪的RS485端子反馈至RTU。

3. 常见故障排除

恒电位仪的常见故障及处理方法见表1-2-3。

表1-2-3 恒电位仪常见故障及处理方法

序号	故障现象	原因	处理方法
1	开机无输出,指示灯不亮,数字面板表不显示	1. 电源开路。 2. 输入熔断管断或稳压电源变压器熔断管断	1. 检查输入电源并重新接好。 2. 更换熔断管

序号	故障现象	原因	处理方法
2	输出电流、输出电压突然变小，仪器本身"自检"正常	参比失效或参比井土壤干燥或零位接阴线断	更换参比、重埋参比或接好零位接阴线
3	输出电流突然增大，恒电位仪正常	1. 水或土壤潮气使阳极电阻降低。 2. 与未保护管线接触。 3. 绝缘法兰两边管道搭接	1. 暂时不改变装置，夏季电阻会回升。 2. 对未保护管线采取措施。 3. 对绝缘法兰处不正常搭接进行处理
4	无电压、电流输出，保护电位比控制电位高，声光报警20s后切换到恒电流工作。"自检"正常	1. 参比电极断线。 2. 参比电极损坏	更换参比电极
5	输出电压变大，输出电流变小，恒电位仪正常	1. 阳极损耗。 2. 阳极床土壤干燥或发生"气阻"	1. 换阳极。 2. 夏季定期对阳极床注水
6	有输出电压，无输出电流，声光报警20s后转入恒电流状态，恒电流也无法工作，仪器"自检"正常	一般是现场阳极电缆开路，但不排除阴极线被人为破坏	重新接线
7	故障现象同上，但仪器"自检"不正常	机内输出熔断管熔断	更换熔断管
8	仪器无法输出额定电流，到某一电流值仪器报警，控制电位比保护电位高，20s后转到恒电流工作	1. 限流值太小。 2. IC6、IC7坏	1. 调节比较板有关参数，将限流值放宽 2. 更换IC6、IC7
9	输出电流、输出电压最大，电位显示"1"（满载），报警20s后，转入恒流工作	比较器IC1坏或阻抗变换器IC9坏	更换比较板上的IC1或IC9
10	刚开机工作正常，过一会儿输出电压、电流慢慢增大，到限流值声光报警20s后，转入恒流工作	R47开路	更换R47
11	仪器工作正常，"通断测试"不能"通""断"输出，或"通""断"时间不对	1. 时间控制板损坏。 2. V8场管损坏	换G1或D1、D2、D3或V8
12	"通断测试""内控"正常，"远控"不正常	1. 没有远控信号。 2. 时间板D5等损坏	1. 检查"远控通断"接线。 2. 换D5或V7

第三章　天然气处理工艺及设备

第一节　脱水脱烃工艺

一、概述

从气井采出的天然气进入集气站，经过节流、注醇、分离、过滤后，通过干线进入天然气处理厂。但是当压力和温度改变时，原料天然气具有反凝析现象，即在管输过程中，随着压力和温度的降低，会有液体从天然气中析出，不能满足产品天然气外输水露点和烃露点要求，需要对天然气进行脱水、脱烃处理。

二、脱水脱烃工艺方案

目前，长庆油田对进入天然气处理厂的天然气采取低温冷凝工艺进行脱水、脱烃。低温冷凝工艺是在一定压力下，将天然气冷却至较低温度，利用天然气中各组分的挥发度不同，使其部分组分冷凝为液体，并经分离设备使之与天然气分离的过程。由于该工艺流程简单，投资低，运行费用低，操作方便，因而在国内外得到大力推广，成为天然气脱水、脱烃进行露点控制的主要工艺。

三、制冷工艺及制冷剂的确定

目前，常用的制冷工艺主要有节流膨胀制冷、外加冷源制冷、膨胀机制冷和联合制冷。根据榆林气田实际情况（以控制外输天然气、水、烃露点达到用户要求为目的），仅需采用外加冷源制冷方式，将天然气冷凝至-20~-30℃脱除水、液烃基即可满足要求。

冷凝温度取决于分离温度和外输露点要求。各处理厂根据集气站来气参数决定分离温度。例如，榆林南区2003年集气站外输温度为-15℃，但在陕京管道输送过程中由于压力降低，天然气中仍析出液体。根据国内外经验及低温实际运行数据，一般要求分离温度比规定的露点低6~9℃，如果要保证陕京一线、陕京二线供气水露点达到-13℃，考虑分离过滤设备的效率及天然气反凝析现象等因素，确定分离温度为-23~-25℃才能保证天然气在输送过程中不析出凝液。

四、各处理厂工艺简介

各处理厂采用同样的脱水脱烃工艺，但由于开采区块气质、地层压力和开采技术的不同，分别采用了不同的分离设备，神木处理厂还增加了天然气压缩机组。

（一）脱水脱烃工艺描述（榆林）

榆林处理厂现有两套脱水、脱油（烃）装置，单套处理能力均为 $300 \times 10^4 m^3/d$，年处理量为 $20 \times 10^8 m^3$。集配气单元来原料气分别进入两套脱油脱水单元，首先经气体过滤分离器，除去天然气的固体颗粒和携带的液滴，然后经预冷换热器（冷流为来自下游的干天然气）冷却至 $-8 \sim -13℃$，再进入丙烷蒸发器继续冷却至 $-15 \sim -18℃$ 后进入三相分离器，实现天然气、凝析油、含醇污水三相分离，分离出的干天然气返回预冷换热器与原料气逆流换热，换热后的干天然气去配气区计量外输；分离出的凝析油送至凝析油稳定单元进行稳定处理；分离出的含醇污水送往污水处理单元进行集中处理。此外，为防止在预冷换热器内和丙烷蒸发器内形成水合物堵塞管道，在预冷换热器进口和丙烷蒸发器进口还分别通过甲醇雾化器注入甲醇。流程如图 1-3-1 所示。

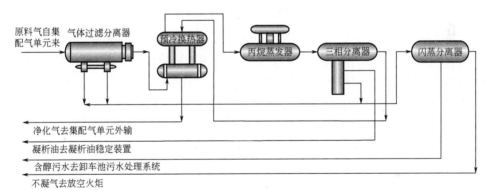

图 1-3-1　榆林处理厂脱水脱烃工艺流程图

（二）脱水脱烃工艺描述（米脂）

米脂处理厂设有三套脱水脱油（烃）装置，单套处理能力均为 $225 \times 10^4 m^3/d$，年处理量为 $22.5 \times 10^8 m^3$。从集气总站来的原料天然气（4.8MPa），经气体过滤分离器脱出游离液和固体杂质后，进入原料气预冷换热器管程预冷至 $-3℃$，再经丙烷蒸发器降温至 $-11℃$，进入低温分离器分离出凝析液，然后经干气聚结器进一步分离，进入原料气预冷换热器壳程，与原料天然气逆流换热后，输送至外输首站，外输压力为 4.6MPa。

原料气经过滤分离器、干气聚结器及低温分离器分离出来的醇烃混合液经醇烃液加热器加热至约45℃，降压至约1.0MPa后进入三相分离器进行分离。分离出来的闪蒸气、甲醇富液和凝析油分别进入燃料气系统、甲醇富液罐和凝析油储罐。流程如图1-3-2所示。

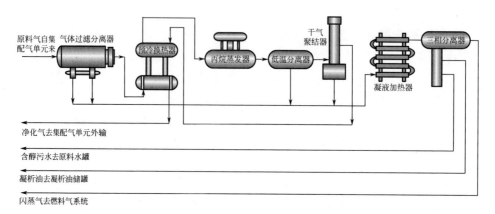

图1-3-2 米脂处理厂脱水脱烃工艺流程图

（三）脱水脱烃工艺描述（神木）

神木处理厂设有1套600×10⁴m³/d的脱水脱烃装置，年处理量为20×10⁸m³。集配气单元来气先进入增压站增压，压力由2.4MPa增压至5.7MPa；然后进入脱水脱烃区过滤分离器再次分离出较细的杂质，再经预冷换热器，利用外输的冷干气对原料气进行预冷，夏季温度降低至2.68℃（冬季温度降低至-7.588℃）；再进入丙烷蒸发器，与液体丙烷进行换热降温，夏季温度降低至-5℃（冬季温度降低至-15℃）；之后进入低温分离器进行脱水脱烃，分离出的净化气经预冷换热器换冷后进入下游配气区计量外输。流程如图1-3-3所示。

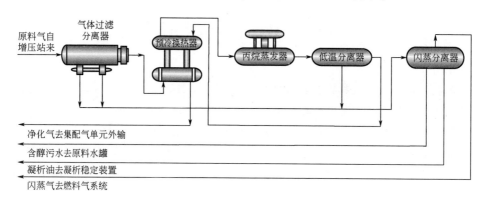

图1-3-3 神木处理厂脱水脱烃工艺流程图

第二节　分离设备

一、气体过滤分离器

（一）作用

在来气进入预冷换热器前，通过气体过滤分离器，可将天然气中的固体颗粒和事故工况下管道中携带的股状液体分离出来（所分离出的固体颗粒直径为 $5\sim10\mu m$），以防止固体颗粒损伤计量孔板。

（二）基本设计参数

设计压力：6.3MPa。

壳体尺寸：$\phi1200mm\times4380mm$。

壳体材料：15MnNbR。

滤芯数量：66 支/台。

滤芯规格：$\phi1200mm\times4380mm$。

分离元件：气液除雾器。

（三）工作原理

气体过滤分离器主要由滤芯、壳体、快开盲板以及内外部件组成。52CV2424 系列过滤分离器采用卧式、快开盲板结构。基本结构如图 1-3-4 所示。

 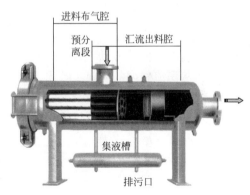

图 1-3-4　气体过滤分离器及内部结构图

气体首先进入进料布气腔，撞击在支撑滤芯的支撑管（避免气流直接冲击滤芯，造成滤材的提前损坏）上，较大的固液颗粒被初步分离，并在重力的作用下沉降到容器底部（定期从排污口排出）。接着气体由外向里通过过滤聚结滤芯，固体颗粒被过滤介质截留，液体颗粒则因过滤介质聚结功能而在滤芯的内表面逐渐聚结长大。当液滴达到一定尺寸时会因气流的冲击作用从内表面脱落出来进入滤芯内部流道，而后进入汇流出料腔。在汇流出料腔内，较大的液珠依靠重力沉降分离出来，此外，在汇流出料腔，还设有分离元件，它能有效地捕集液滴，以防止出口液滴的被夹带，进一步提高分离效果，最后洁净的气体流出过滤分离器。

二、低温三相分离器

（一）型号1（榆林）

低温三相分离器是将冷却至-25℃的天然气中的凝析油、甲醇、水分别分离出去，为减轻下游压力，保证三相分离器出口气中的固体及5～10μm液体液滴除去率为99%，同时能够自动排液，分别排出凝析油、含醇污水并进行计量。本三相分离器为进口设备。

1. 主要参数

正常工作压差：0.017MPa。

性能：0.013m³ 液体携带量/（10⁶m³·d）。

最小停留时间：5min。

规格：ϕ762mm×2740mm（卧式 NATCO WHIRLYSCRUB B 型循环）。

集液包：ϕ457.2mm×1830mm（立式集液器）。

橇尺寸：1829mm(宽)×3658mm(高)×4572mm(长)。

总重量：18144kg。

2. 工作原理

当天然气进入分离器时，流过一个固定叶片总成（"旋风导向"），使气流产生旋转。由于旋转运动产生离心力，迫使液体和固体流向涡流管壁，由此发生分离，分离的液体被流动气体带向涡流管末端。在分离器之前，液体和10%的侧流气体从涡流管内的缝隙中吸出。在涡流管外部，从天然气中分离出的液体受重力影响流进储集器内。剩余的气体经过固定叶片总成内的通道循环返回涡流管内，沿旋转气流轴随低压去提供必要的差压驱动力。工作原理如图1-3-5所示。

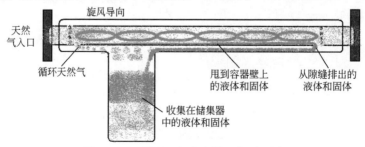

图1-3-5　低温三相分离器工作原理图

（二）型号 2（米脂）

天然气在丙烷蒸发器内冷却之后，天然气中会有液体析出，为了将液体分离出来，在干气聚结器之前安装一个液体分离器，在本流程中选择低温分离器。低温分离器的工作原理如图 1-3-6 所示。

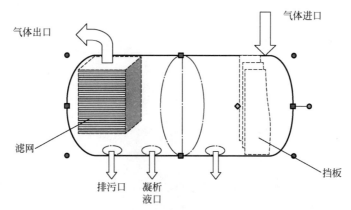

图 1-3-6　低温分离器工作原理

1. 基本设计参数

设计压力：6.05MPa。

设计温度：-20℃。

容积：11.3m³。

介质：天然气。

2. 工作原理

气体进入分离器后，分离器筒体直径远远大于进口管线的直径，致使气流速度突然下降，进一步的低温使液滴开始冷凝，由于液体与气体的密度差异，液滴下降速度大于气流上升速度，液体下沉到分离器底部，气体上升从出口管输出，从而达到分离的目的。

（三）型号 3（神木）

1. 结构

低温分离器主要由叶片进料分布器、丝网分离器、高效旋流管等组成，如图 1-3-7 所示。

2. 工作原理

天然气进入分离器后，首先经过一系列具备一定角度的叶片加以导流，被夹带的液滴在连续撞击叶片表面的过程中得以从气流中分离，落入容器底部。气相则继续上升，通过丝网分离器，夹带的液滴与丝网细丝发生碰撞而被附着在细丝的表面，在液体表面张力及细丝毛细管效应的联合作用下，液滴逐渐聚结长大，直到聚结的液滴大到其自身所产生的重力超过气体的上升力与液体表面张力的合力时，液滴就从细丝上分离掉落。气相则通过两级高效旋流管，经入口处的螺旋端，使气流旋转前进，在离心力的作用下，液滴被甩向旋流管的内壁，随气流的推动，从旋流管的侧槽中流出，汇集于容器底部，经净化处理后的气体穿过旋流管后流出分离器。

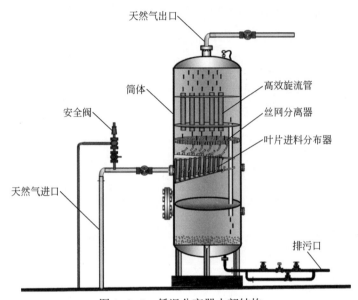

图 1-3-7　低温分离器内部结构

三、干气聚结器

（一）概述

天然气在低温分离器内实现气液分离之后，为将天然气中没有彻底分离出的极少部分液体进一步分离，在整套装置中设计安装了干气聚结器。

（二）基本设计参数

设计压力：6.30MPa。

设计温度：60℃。

换热面积：3.35m^2。

（三）工作原理

干气聚结器通过聚结材料将微小的液雾捕捉，小液滴在聚结材料上长大成大液滴，然后通过重力与气体分离。微小的液滴在通过过滤材料时被微孔材料拦截，拦截的小液滴吸附在聚结材料纤维上，液滴在吸附的聚结材料纤维上与其他小液滴碰撞长大成较大液滴，大的液滴在气流的推动下向聚结材料层的下游运动，继续重复上述过程，直到长成大液滴。干气聚结器的最外层为排放层，当液滴到达最外层时，已长成的大液滴通过排放层时快速沉降，依靠本身的重力与气相分离。干气聚结器过滤材料在径向方向上由内向外，其孔径由小变大，如图 1-3-8 所示。

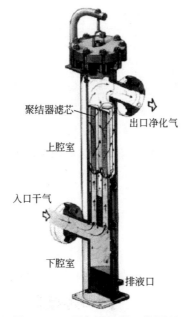

聚结器滤芯
出口净化气
上腔室
入口干气
下腔室
排液口

图 1-3-8　干气聚结器工作原理

第三节　换热设备

一、预冷换热器

（一）概述

天然气经气体过滤分离器处理后，进入预冷换热器初次降温（温度降至 −7~−5℃）。在预冷换热器中，原料天然气（进站湿气）与低温三相分离器（榆林）或干气聚结器（米脂）或低温分离器（神木）出口的干气进行换热，为在丙烷蒸发器中温度降低 6~9℃ 后，湿气温度达到 −25~−15℃ 创造前提条件。

（二）工作原理

原料气预冷器传热机理是"热量总是由高温物体自发地传向低温物体，两种流体存在温度差，就必然有热量进行传递"，两种存在温度差的流体在受迫对流传热过程中，由于管壳程的优化设计，其热交换率达到92%。该换热器的热流温差一般可低达3~5℃。通过换热能把原料天然气冷却至−5~−7℃，如图1-3-9所示。

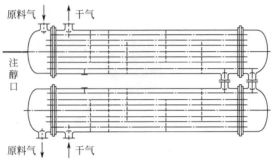

图1-3-9　预冷换热器工作原理图

二、丙烷蒸发器

（一）概述

原料天然气在预冷换热器中与净化气进行换热后，温度必须进一步降低，才能满足外输要求。天然气可在丙烷蒸发器内进一步降温，如图1-3-10所示。

图1-3-10　丙烷蒸发器

基本设计参数如下：

设计压力：5.8/−0.1MPa（管程）；2.1/−0.1MPa（壳程）。

设计温度：55/−25℃（管程）；60/−30℃（壳程）。

换热面积：147.6m²（管程）。

物料名称：湿天然气（管程）；丙烷（R290）（壳程）。

(二) 结构

丙烷蒸发器由气相丙烷缓冲罐和换热器两部分组成，其中换热器为管壳程式结构，由壳体、管束、管板、支撑板、封头组成。

(三) 工作原理

天然气从换热器封头处进入，走管程；丙烷液体从换热器中部进入，走壳程。充满天然气的管束浸没于丙烷液体中，丙烷液体挥发时大量吸热，使天然气温度降低。吸收了天然气中热量的丙烷液体汽化，进入上部缓冲罐后输往丙烷压缩机。

第四节　天然气注醇工艺

由于天然气进入脱水脱烃装置后，经过预冷换热器和丙烷蒸发器冷却，水和凝析油凝结下来，在低温下容易形成水合物，堵塞管线和设备，所以必须在预冷换热器和丙烷蒸发器的进口和设备本体处注入甲醇，防止水合物的形成。

一、注醇系统工艺流程（榆林）

甲醇由产品甲醇装车泵从甲醇产品罐抽出，转至 $45m^3$ 甲醇储罐，再由注醇泵抽出，分别注入预冷换热器和丙烷蒸发器。当甲醇产品罐库存不足时，需要甲醇罐车从卸车管线处给甲醇储罐补充甲醇，如图 1-3-11 所示。

图 1-3-11　注醇泵

1—泵进口阀门；2—过滤器；3—流量计；4—行程调节手柄；

5—压力表旋塞阀；6—压力表；7—标识牌

二、隔膜注醇泵的结构和工作原理

（一）结构

隔膜注醇泵由电动机、传动箱、泵头、内循环压力平衡系统组成，如图 1-3-12 所示。

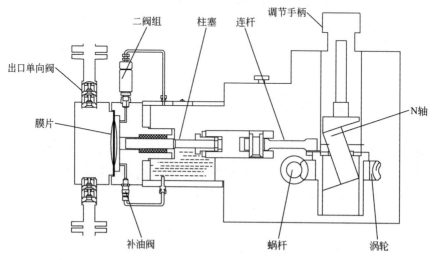

图 1-3-12　隔膜注醇泵结构示意图

（二）工作原理

电动机的高速旋转运动经减速箱由涡轮、涡轮连杆机构及 N 型曲柄连杆机构带动柱塞做往复运动。当柱塞从泵头向泵内运动时，泵的下端进口球阀打开，上端出口球阀关闭，这时甲醇靠液位差自压充满泵头，此过程称为吸入过程即吸入冲程；当柱塞由泵内向泵头运动时，泵的下端进口球阀关闭，甲醇由于柱塞推动，体积受到压缩而变为高压，迫使泵的上端出口球阀打开，甲醇被排出泵外，此过程称为排出过程即排出冲程。

三、隔膜注醇泵操作规程

（一）检查

（1）确认配电柜抽屉处于停运状态。

（2）检查（启动）泵房通风机，检查注醇泵油液位在视窗 1/2～2/3，确认泵行程调零、泵的进出口阀关闭、压力表放空旋塞阀关闭，打开取压阀。

（3）盘泵两周以上，确认无卡阻，配电柜抽屉送电，打开泵的进口阀，打开压力表旋塞阀放空口通液，待有连续甲醇流出后关闭压力表放空旋塞阀。

（二）启泵

（1）打开泵出口阀，检查安全阀并确认控制阀打开，检查各连接部位密封不漏，按下绿色启动按钮启泵。

（2）调节行程至30%~40%，打开压力表放空旋塞阀排气，待脉冲液体连续流出，关闭压力表放空旋塞阀。

（3）调节二阀组将压力调节到站内压力上限。

（4）待压力缓慢升起，对高压部分进行验漏，验漏合格后调节行程使排量至所需值，悬挂注醇泵启用警示牌。

（三）运行中检查

泵上量正常，无泄漏，无异响，电动机和泵体不发烫，电动机温度不大于65℃。

（四）停泵

（1）将行程调零，按下红色按钮，停注醇泵，断开配电柜电源。

（2）关闭泵进、出口阀门。打开压力表放空旋塞阀，用泄醇盆接醇，缓慢泄压至零，关闭压力表放空旋塞阀，悬挂停运警示牌。

（3）收拾工器具，清洁场地。

（4）填写设备运转记录。

（五）保养

（1）每2h检查一次注醇泵的上量情况，并在发现问题后及时停泵进行修理。

（2）第一次加润滑油（30号或40号机油），运转360h后，放掉污油，加入新机油，以后在长期运转的情况下，每半年更换一次润滑油。

（3）定期查看相关的油位、噪声及漏失情况，正常情况噪声小、无漏失，否则要停泵检修。

（4）定期检查机温，电动机温升不超过70℃，传动箱油温不超过65℃，缸体内密封处不超过70℃，减速器油温不超过45℃。

（5）橡胶密封处及缸体内V形密封圈为易损件，磨损后及时更换。

（6）填料的更换与跑合。

① 在更换时，取出旧填料，清洗填料箱，先将柱塞装于填料箱内，再将压制成型后的填料逐个涂上润滑油（凡士林、机油等），用木制圆筒把填料一环一环（切口错开90°）均匀插入填料箱，在压入密封环时，一定要均匀拧紧（但不要过紧）。

② 每次填料更换后，应跑合一段时间，泵启动后慢慢把行程增大到100%，

此时泵先不加压，在此情况下运转 30~60min 后再升压。这时发现泄漏可旋紧压紧螺母，如发现填料箱发热，应立即松开压紧螺母。旋紧压紧螺母，每 10min 一次，每次 1/4~1/2 圈，填料处有轻微泄漏（泄漏量为 0.01% 泵流量）为正常工作状态，如全无泄漏，则柱塞无润滑反而不好。

（六）注醇泵不上量或上量不足的处理方法

注醇泵常见问题及处理措施见表 1-3-1。

表 1-3-1　注醇泵常见问题及处理措施

存在问题	处理方法
计量罐底部太脏，导致其出口三通、过滤器及管线堵	清洗计量罐及过滤器
吸入管路漏气	检查整改渗漏管段
吸入阀、排出阀和阀座密封面损坏或夹有杂物而导致阀密封不严	用细砂研磨阀或清洗阀及阀座
泵缸体内有空气或天然气窜入	关出口截止阀，从压力表放空处放空，直到排液正常
阀压帽松而导致缸体内不密封	紧其压帽或更换密封垫子
柱塞填料处渗漏严重	紧密封填料压帽或增加、更换密封填料
电动机转数不足或不稳定	稳定电动机转数
行程调节机构定位螺栓松	行程调好后紧固定位螺栓
吸入液面太低	补充液位至规定值

四、卸甲醇操作规程

（1）连接好甲醇罐车的接地线，要确保接地良好。

（2）记录甲醇罐内甲醇液位。

（3）将甲醇罐车与甲醇罐的快速接头连接好。

（4）检查连接软管两端接口及软管是否老化，确保连接良好无泄漏点。

（5）打开甲醇罐进口阀门，导通流程。

（6）启动车载泵向甲醇罐内卸甲醇。

（7）按计划卸完甲醇后停泵。

（8）关闭甲醇罐进口阀门确保甲醇不回流，并记录甲醇罐内液量。

（9）用小桶放完甲醇软管内的余液，收好管线，因甲醇有剧毒，注意平稳操作，避免甲醇飞溅。利用密度计测量小桶内甲醇的密度，将小桶内剩余甲醇倒入干化池或卸车池。

（10）根据前后所测量的液位，换算出甲醇的质量，填写相关验收记录。

第五节　丙烷压缩机组

一、概述

丙烷制冷循环是所有循环系统中最为主要的循环，此循环的目的是通过降低天然气温度，从而将天然气中的水和部分烃类物质脱除。其循环过程如下：压缩机将由丙烷蒸发器蒸发而来的丙烷蒸气压缩（压缩后丙烷蒸气压力在 1.0MPa 左右，温度在 70℃左右）。压缩后的丙烷蒸气进入油分离器，将携带的润滑油分离后进入蒸发式冷凝器，经风冷或水冷冷却后（冷却过程中丙烷蒸气转化为丙烷液体）流至蒸发式冷凝器下方的热虹吸储罐内，再流向丙烷系统储罐（此时储罐内压力为 0.8MPa 左右，温度在 23℃左右）。接着，丙烷液体经过经济器进一步节流降温后，流向丙烷蒸发器底部，丙烷液体在入口处节流后压力迅速降低，温度降至-35℃左右。低温丙烷液体与高温天然气换热后成为低压丙烷蒸气，蒸气再经压缩机压缩，开始下一次循环，见图 1-3-13。

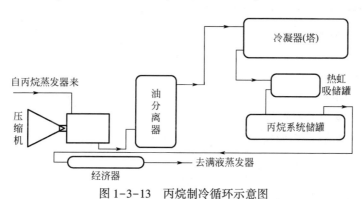

图 1-3-13　丙烷制冷循环示意图

二、压缩机及其相关原理

天然气处理厂选用的压缩机是螺杆式压缩机，较活塞式压缩机有以下优点：体积小，重量轻，零件小。螺杆式压缩机主要由定子、转子组成，在转子的末端连接一个螺杆，由转子带动其旋转，压缩气体。由于功率需求大，压缩机的工作电压要求为 10kV。

螺杆式空气压缩机属于容积式压缩机，是通过工作容积的逐渐减少来达到气体压缩的目的，主要有吸气、压缩、排气三个工作过程，如图 1-3-14 所示。

吸气　　　　　　　　压缩　　　　　　　　排气

图 1-3-14　气体压缩过程示意图

螺杆式空气压缩机的工作容积由一对相互平行放置且相互啮合的转子的齿槽与包容这一对转子的机壳组成。在机器运转时两转子的齿互相插入对方齿槽，使得转子齿槽之间的气体沿着转子轴线，由吸入侧推向排出侧，完成吸气过程。随着转子的旋转插入对方齿槽的齿向排气端移动，使被对方齿所封闭的容积逐步缩小，气体压力逐渐提高（这是压缩过程），直至达到所要求的压力时，此齿槽方与排气口相通，实现了排气。高压侧的排气压力（绝对压力）和低压侧的吸气压力（绝对压力）的比值称为压缩比。

波义耳气体定律：

$$pV = nRT \tag{1-3-1}$$

式中　p——压力，Pa；

　　　V——体积，m³；

　　　n——气体的摩尔数，mol；

　　　R——常数，约为 8.314J/(mol·K)；

　　　T——温度，K。

当温度 T 不变时，气体的压力增大时，其体积缩小；当体积 V 不变时，其温度升高。当压缩机工作时，同时引起气体体积的缩小和温度的升高。

压缩机的吸气量由处于吸气端的滑阀控制，当滑阀的开度大时，吸气量就大，反之就小。滑阀的开度可以自动调节，也可手动调节。在压缩机启动时，滑阀必须处于关闭状态，压缩机停机后，要将滑阀开度手动降至 0。

压缩机在丙烷制冷循环中主要功能有以下几点：

（1）提高单位蒸气的含热量，创造可操作的冷凝条件。

（2）将制冷蒸气的压力提高，使得该压力对应的丙烷蒸气饱和温度高于冷却介质（如空气或水）的温度。

（3）为整个系统的持续循环提供动力。

三、压缩机控制面板操作规程

（一）压缩机控制面板控制按键功能与用途简介

压缩机控制面板示意图如图1-3-15所示。

图1-3-15　压缩机控制面板示意图

［STOP］（停止）——立即停止压缩机运转，在任何情况下压缩机都会被停止。

［HOME］（主屏幕）——显示"运行状态"界面。该显示提供当前读数、运行模式和运行状态的概况。

［MENU］（菜单）——显示"主菜单"界面。该显示提供进入设备运行相关信息、选项设置和设定值输入的主要选择。

［HELP］（帮助）——显示在线"帮助"界面。显示压缩机控制面板的操作信息。

［ALARM SILENCE］（报警静音）——立即使正在鸣响的报警停止，并关闭与面板连接的报警装置。

［F1］（功能键）——仅在界面显示该键为选择键时才起作用。按键的功能与界面的指示相一致。

［F2］（功能键）——仅在界面显示该键为选择键时才起作用。按键的功能与界面的指示相一致。

［0］-［9］（数字键）——数字键用于在数据区输入数值。

［.］（小数点）——小数点用于在数据区输入带有小数位数值。

［+/-］——在数据区改变数据时，按该键可以改变数值的正负。

[ENTER]（回车）——在数据区改变数据时，按该键将确定数值的变化。

[PREVIOUS SCREEN]（上一页）——显示当前屏幕上的一个屏幕。也用于同一界面上设置不同的屏幕按键时返回到原先的屏幕按键设置。

[DELETE]（删除）——在数据区改变数据时，按该键将删除选中的字符。

[∧]（向上箭头）——在修改设定值时，按该箭头将返回先前的数据输入区域。

[∨]（向下箭头）——在修改设定值时，按该箭头将前进到下一数据输入区域。

[>]（向右箭头）——在修改设定值时，按该箭头将前进到下一数据输入区域。在改变数据区数据时，按该箭头将前进到下一字符。

[<]（向左箭头）——在修改设定值时，按该箭头将前进到下一数据输入区域。在改变数据区数据时，按该箭头将返回到上一字符。

(二) 控制面板的使用方法

1. 运行状态界面

运行状态界面如图1-3-16所示。

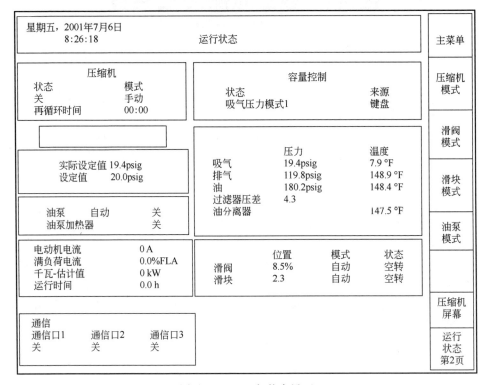

图1-3-16　运行状态界面

运行状态界面的屏幕按键选择如下。

1）压缩机模式

以下是压缩机模式屏幕指令按键：

［远程］——选择压缩机由远程装置控制。（榆林天然气处理厂没有投用，压缩机在运行时按下此键时会使压缩机停机。）

［自动］——选择压缩机由自动循环设定值控制。

［手动启动］——将压缩机机组设置为启动模式运行。

［手动块］——使压缩机机组停机（当滑阀开度高于10%时，按下此键后，滑法开度降至10%时压缩机再停机，当滑阀开度低于10%时，按下此键后，压缩机立刻停机）。

2）滑阀模式

［远程］——滑阀的加载和减载由远程装置自动控制（榆林天然气处理厂没有投用）。

［手动加载］——键按下时给滑阀传达一个加载信号。

［手动卸载］——键按下时给滑阀传达一个减载信号。

［自动］——键按下时压缩机自动调节滑阀开度。

3）油泵模式

［自动］——油泵的启停由内部自动控制。

［手动开］——使油泵处于运行状态。

［手动停］——使油泵处于停机状态。

2. 主菜单界面

主菜单界面如图1-3-17所示。

3. 压缩机启、停方法

（1）启动。

按下"压缩机模式"按键；

按下"手动启动"按键。

（2）停止。

按下"压缩机模式"按键；

按下"手动块（手动停）"按键。

（3）查看压缩机过热度。

按下"运行状态第2页"按键即可。

（4）查看运行参数历史纪录。

按下"主菜单"按键；

按下"更多"按键；

按下"趋势视图"按键查看数据图或按下"数据记录"查看运行参数数值。

		星期五，2001年7月6日 08：36：36	运行 状态
	主菜单		
报警/故障停机	——报警概况，报警历史，冻结显示		报警/故 障停机
控制设置	——容量控制，排气，电动机，油， 滑阀，备选项，启停时序		控制 设置
密码设置	——密码设置和保密等级		密码
模拟量标定	——压力和温度设置，电动机电流标定 标定滑阀和滑块		标定
面板设置	——改变日期，时间，压力和温度单位， 通信，语言，备选项、其他		面板 设置
更多	——主菜单选项的下一屏		更多…
关于…	——程序的版本信息		关于…

图 1-3-17　主菜单界面

（5）滑阀状态设置。

按下"滑阀模式"按键；

按下"手动加载"按键，滑阀开度缓慢增大，按下"手动卸载"按键，滑阀开度缓慢减小；

按下"自动"按键，滑阀开度自动调节。

（6）油泵状态设置。

按下"油泵模式"按键；

按下"手动"按键，油泵根据工艺情况，自动启停；

按下"手动"按键，油泵的启停由操作员工控制。

（7）常用术语。

故障停机——已达到或超过重要的安全极限，压缩机已被停机。

报警——已达到或超过报警设定值，压缩机如果正在运行则继续运行。

手动——装置由现场控制器的直接指令或按键来控制。

自动——装置由现场控制器设定值（如吸气压力）来控制。

四、油分离器

由于压缩机螺杆必须用润滑油润滑，这使得丙烷蒸气中含有部分润滑油，这部分润滑油经油分离器分离后循环再利用。在油分离器中，丙烷蒸气自上方排出，润滑油聚集在下方，由自身压力或电动机压向油冷却器，经冷却后再循环利用。

五、蒸发式冷凝器

蒸发式冷凝器由风机、高压盘管、水池等组成，如图 1-3-18 所示。风机转动时以空气作为冷凝介质；水泵启动时，水自盘管上方向下喷淋，水为冷凝介质；风机和水泵可同时开启以达到更好的冷凝效果。

图 1-3-18 蒸发式冷凝器

选择冷凝剂应考虑的因素主要有环境温度、冷凝压力和冷凝温度、蒸发的负荷等。

当压缩机负载较小或空气温度很低（例如冬季）时，此时仅空气冷却就可达到控制要求；当压缩机负载较大或空气温度较高（例如夏季）时，必须将水泵和风机同时运行才可满足控制要求。风机和水泵的启停可以用排气压力的高低来自动控制。

六、油路系统

丙烷压缩机组总共有两套油路循环系统：丙烷蒸发器回油系统和主压缩机组润滑油循环系统，同时，为了降低润滑油的温度、保证压缩机的正常运行，还设有一套润滑油冷却循环系统。

（一）丙烷蒸发器回油系统

丙烷循环时，油分离器中丙烷气体与润滑油分离，经过长时间的循环，在油分离器中会有很少部分润滑油被丙烷气体携带到蒸发式冷凝器中，随着丙烷的循环，润滑油进入丙烷蒸发器，为了保证整个制冷循环系统的安全、可靠，需将丙烷蒸发器中的润滑油回收至压缩机中，如图 1-3-19 所示。

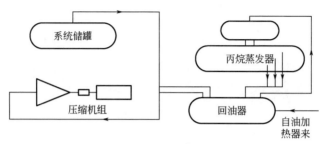

图 1-3-19　回油系统流程图

回油系统工作过程：在丙烷蒸发器中接有三根高度不同的钢管，可以根据蒸发器内丙烷液体液位高低进行收油，为了保证回油器中润滑油的温度不低于凝点，在回油器底部设有油加热器，当油加热器工作时，回油器与丙烷蒸发器之间连通管的电磁阀会自动打开，将加热所产生的润滑油蒸气排入丙烷蒸发器上部，既回收了少部分润滑油，又平衡了回油器内的压力。当丙烷蒸发器中的润滑油流向回油器时，为了平衡压力，回油器与丙烷蒸发器之间连通管的电磁阀会自动打开。回油器向压缩机回油时，系统储罐与回油器连通管的电磁阀会自动打开，为回油管路提供动力。

（二）主压缩机组润滑油循环系统

由于螺杆压缩机内部的各个部件在工作时相互摩擦，为了保证压缩机能够长时间安全、可靠运行，需要在压缩机内注入一定量的润滑油对各工作部件进行润滑。初次启动压缩机前，将润滑油加入油分离器中，压缩机正常工作后，油分离器中的润滑油流向油冷却器，与液体丙烷进行换热，降低自身温度后经油过滤器后进入压缩机，当丙烷气体被压缩后，携带润滑油共同进入油分离器，开始下一次循环。循环过程如图 1-3-20 所示。

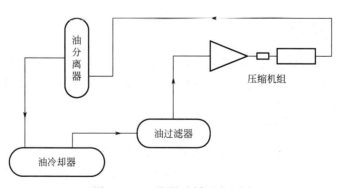

图 1-3-20　润滑油循环流程图

此循环中，油分离器与油冷却器之间有两条连通管，其中一条连通管上安装有循环泵（自动启停），使得润滑油在任何情况下都可顺利到达油冷却器中。

（三）润滑油冷却循环系统

由于压缩机排气时将丙烷蒸气和润滑油一起排入油分离器中，这部分润滑油经油分离器进入油冷却器，冷却降温后再进入油过滤器，过滤后返回到压缩机内。在油分离器中润滑油的温度高达70℃，为保证压缩机的正常运转必须将油温降至50℃左右，这就是润滑油冷却循环设计的缘由。

虹吸是一种自然现象，利用液体管段两端间的压差使水流向低端。在本循环系统中，由于低端（油冷却器）的液体被汽化，并且和高端（热虹吸储罐）连通，使得低端与高端形成压差，且换热后蒸气混合物的密度大大小于液体丙烷的密度，这就为液体制冷剂（丙烷）的持续流动制冷提供了动力，这就是热虹吸的工作原理，如图1-3-21所示。

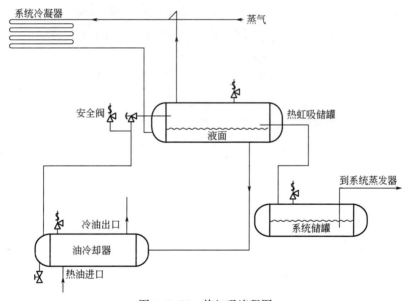

图1-3-21　热虹吸流程图

其工作过程如下：热虹吸储罐中的丙烷液体因自身高度产生压差而流向油分离器，丙烷液体在油冷却器中与润滑油换热，使得润滑油温度降低，自身温度升高并转化为丙烷蒸气（汽化率没有达到100%），由于其蒸气（或蒸气混合物）的密度大大小于液态丙烷的密度，由此在油分离器的进出口产生了一个压差，此压差为丙烷液体的持续流动提供了动力，热虹吸储罐中的蒸气再返回至冷却器冷却。

第六节 天然气压缩机组

一、设备概述

天然气增压区设置处理量为 $292 \times 10^4 \text{m}^3/\text{d}$ 的燃气驱动往复式压缩机组 3 套，2 用 1 备。每套压缩机组包括压缩机主橇和空气冷却器两部分，压缩机组主橇外形尺寸为 16m×5.6m×4.0m（长×宽×高）；压缩机组空气冷却器外形尺寸为 15m×4.5m×4.5m（长×宽×高），如图 1-3-22 所示压缩机组进口压力为 2.4MPa，出口压力为 5.7MPa。

图 1-3-22 天然气压缩机组

二、设备原理

（一）压缩机工作原理

压缩机为往复活塞式单级双作用的压缩机，其工作原理如图 1-3-23 所示。

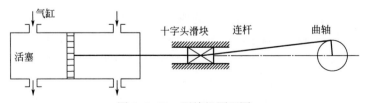

图 1-3-23 压缩机原理图

当发动机曲轴通过联轴器带动压缩机曲轴旋转时，压缩机曲轴通过连杆、十字头、活塞杆带动活塞再气缸内做往复运动而实现吸气、压缩的工作循环。当活塞由外止点向内止点（曲轴端）运动时，气缸容积增大，压力减小，当其压力低于工艺气进气压力时，进气阀打开进气，而实现气缸的吸气过程，当活塞到达内止点时，吸气过程结束。在曲轴的带动下，活塞再向外止点运动，气缸容积减小，当压力大于工艺气排气压力时，排气阀打开排气，而实现气缸的压缩排气过程。

（二）发动机工作原理

天然气压缩机组采用四冲程天然气发动机，如图 1-3-24 所示，发动机的工作过程为以下四个冲程：

压缩冲程：气缸的进排气阀门关闭，活塞向左运行，天然气和空气的混合气体被压缩。

做功冲程：当活塞运行到上止点时，火花塞点火，天然气与空气的混合气体燃烧后，推动活塞对外界做功。

排气冲程：做功结束后，气缸的排气阀打开，进气阀门关闭，活塞的继续运动将气缸内的废气排出气缸。

吸气冲程：此时气缸的进气阀门打开，排气阀门关闭，随着活塞向右运行将天然气和空气的混合气体吸入气缸，活塞完成整个做功的循环，压缩机参数表见表 1-3-2。

四冲程发动机

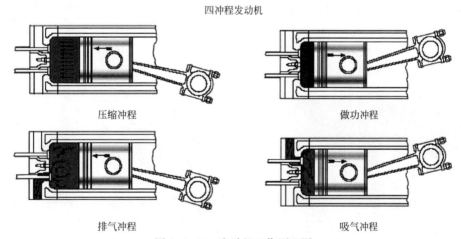

压缩冲程　　　　　　　　　　　　　　　做功冲程

排气冲程　　　　　　　　　　　　　　　吸气冲程

图 1-3-24　发动机工作原理图

表 1-3-2　压缩机参数表

压缩机型号：ARIEL KBZ/6	发动机型号：CATERPILLAR3616
冷却器型号：AXH 156-2ZF	额定功率：3531kW

压缩机型号：ARIEL KBZ/6	发动机型号：CATERPILLAR3616
最大增压气量：292×10⁴m³/d	缸数：16
压缩机组进口压力：2.4MPa	压缩机组出口压力：5.7MPa

三、压缩机启、停常规操作

（一）启动前检查

（1）检查确认机组无跑、冒、滴、漏现象，如图 1-3-25、图 1-3-26 所示。

图 1-3-25　发动机周围实物图　　　　图 1-3-26　压缩机周围实物图

（2）确认进口安全阀和出口安全阀的一次阀门和二次阀门都已打开，如图 1-3-27、图 1-3-28 所示。

图 1-3-27　出口安全阀一次阀　　　　图 1-3-28　安全阀二次阀

（3）检查进/出口燃料气洗涤罐液位指示，如果有液位显示，应手动排污，且手动排污阀处于关闭状态，自动排污阀处于开启状态，如图 1-3-29、图 1-3-30 所示。

图 1-3-29 洗涤罐液位视窗口

图 1-3-30 燃料气手动排污阀

（4）检查压缩机曲轴箱油位、发动机曲轴箱油位，油位应保持在 2/3 左右，不足时应进行补充，如图 1-3-31、图 1-3-32 所示。

图 1-3-31 压缩机机油液位视窗口

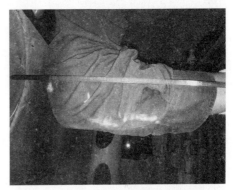

图 1-3-32 发动机机油液位游标尺

（5）检查润滑压缩机气缸的注油分配器的工作情况，不允许有堵塞情况，如图 1-3-33 所示。

（6）检查水箱的冷却液液位，应在液位计液位指示范围的 1/2～5/6，如图 1-3-34 所示。

（7）检查压缩机预润滑泵的情况，其控制开关应处于"自动"位置，如图 1-3-35 所示。

（8）启动冷机时，需提前 30min 将发动机电加热器的开关打到本地（LO-CAL）位置，确保机组达到启机所需温度，启机后再将其打到关闭（OFF）位置即可，如图 1-3-36 所示。

图 1-3-33　压缩机注油器

图 1-3-34　高位水箱视窗口

图 1-3-35　压缩机预润滑泵

图 1-3-36　发动机电加热器

（9）检查工艺气进、出口球阀及节流阀都已打开，如图 1-3-37、图 1-3-38 所示。

图 1-3-37　进口球阀

图 1-3-38　出口球阀

（10）检查启动系统阀门已打开，如图1-3-39、图1-3-40所示。

图1-3-39 机组启动气阀门

图1-3-40 工艺启动气阀门

（11）检查燃料气阀门已打开，确保给机组提供充足的燃料气，如图1-3-41、图1-3-42所示。

图1-3-41 机组燃料气阀门

图1-3-42 工艺燃料气阀门

（12）检查仪表风进口阀门是否都已打开，确保机组气动球阀运作。

（13）检查冷却系统阀门状态（开/关）是否正确，确保防冻液能正常循环，如图1-3-43所示。

（14）紧急停车按钮复位，需将其红色按钮旋转一定角度，待其自动弹起即可，如图1-3-44、图1-3-45所示。

（15）检查机组风扇的控制开关，确保处于"自动"位置，如图1-3-46所示。

（16）发动机报警复位，需将发动机控制面板上的手动开关由"AUTO"调至"OFF"，再将其由"OFF"调至"AUTO"即可，如图1-3-47所示。

图 1-3-43　冷却水进出口阀门

图 1-3-44　压缩机控制柜紧急停车按钮

图 1-3-45　发动机紧急停车按钮

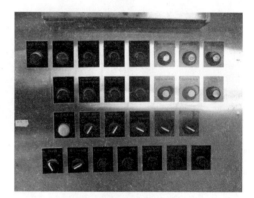

图 1-3-46　控制面板

（17）手动按下发动机预润滑按钮对发动机进行预润滑，待其绿灯灭后方可松开按钮，如图 1-3-48 所示。

图 1-3-47　发动机手动开关

图 1-3-48　发动机预润滑按钮

（18）检查接地装置完好，压力表、安全阀在校验周期内，安全有效。

（19）待上述准备都已就绪之后，通知中控室，得到确认后方可启机。

（二）启机操作

（1）按本地启动按钮。

（2）吹扫阀自动打开，旁路阀自动关闭，放空阀自动打开，压缩机组开始自动吹扫。

（3）压缩机吹扫完毕后，旁路阀自动打开。

（4）开始吹扫旁路管线，吹扫完毕后，放空阀将自动关闭。

（5）机组吹扫完成后，机组开始按进口压力设定值对机组充压。

（6）进口压力达到设定压力后，吹扫阀将自动关闭。

（7）机组充压完后，压缩机润滑油泵自动启动，开始预润滑。

（8）预润滑满足要求后，1号和2号冷却器风扇在自动状态下将加电运转（第二台电动机启动有5s延时），电动机盘车，发动机启动，暖机开始。

（9）进口阀和出口阀输出加电打开，放空阀关闭，发动机以最低转速运行。

（10）暖机时间结束后，发动机润滑油和夹套水温度都达到许可温度，面板显示准备加载，机组转速自动提高到800r/min。

（11）注意监控发动机载荷，待载荷稳定后将其转速通过手动操作提高到850r/min。

（12）待转速与载荷稳定后按本地加载按钮1s，看到UNIT LOADED绿灯亮，面板显示已加载，此时方可关闭循环阀，在关闭循环阀的同时，注意发动机面板上各种参数的变化。

（13）机组运行正常后，再根据中控室要求的气量来调节发动机转速和循环阀的开度而达到所需气量（注意：转速调节最大限度为50r/min，循环阀调节最大限度为20%）。

（三）运行中检查

（1）检查控制盘上指示是否正常，有无报警。

（2）检查机组底橇、空气冷却器的地脚螺栓是否有松动现象。

（3）检查压缩机曲轴箱油池油位，应保持在刻度线上下3mm之间。

（4）检查压缩机注油器和机油分配器是否正常，各管路是否通畅。

（5）检查压缩机润滑油过滤器差压，应不大于0.1MPa。

（6）检查压缩机曲轴箱呼吸阀是否畅通。

（7）检查压缩机的油、气、水管线是否有泄漏现象。

（8）仔细诊听压缩机气缸、气阀、十字头的声响是否正常。

（9）检查发动机曲轴箱油池油位，应保持在上、下刻度线之间。

（10）检查燃料气过滤器的液位及工作情况。

（11）检查发动机润滑油过滤器差压，应保持在 5~100kPa。

（12）检查发动机空气过滤器，压差指示超过红线后，应查找原因并进行处理。

（13）检查发动机的燃料气调压阀后的压力，应为 0.32MPa 左右。

（14）检查发动机各系统的连接是否牢固，密封是否良好，有无泄漏现象。

（15）检查发动机排烟是否正常。

（16）仔细诊听发动机气门、气缸及曲轴箱内是否有异常声响。

（17）检查发动机各气缸温度是否正常。

（18）检查冷却风扇是否正常运转，是否有异常声响。

（19）检查膨胀水箱液位，应在液位计液位指示范围的 1/2~5/6 之间，不足时应进行补充。

（20）检查工艺气进、出气洗涤罐液位及自动排液装置的工作情况是否正常。

（四）停机操作

（1）通知中控室，得到确认后方可进行此操作。

（2）打开循环阀。先将循环阀慢慢打开，开度至 60% 时，将发动机转速慢慢调低至 850r/min，后再将循环阀全部打开，转速降至 830r/min（须注意：转速调节最大限度为 50r/min，循环阀调节最大限度为 20%）。

（3）长按加载按钮（PUSH TO LOAD）3s，可看到面板 UNIT LOADED 绿灯灭，UNIT READY TO LOAD 绿灯亮，此时卸载成功。

（4）卸载成功后待发动机控制面板上显示载荷下降且稳定后，手动按下本地停机按钮（LOCAL STOP）完成停机。

（5）停机后关闭燃料气进口阀门，待机组后润滑进行完毕后关闭启动系统进口阀。

（6）关闭进出口球阀。

（7）如有要求，切断机组电源。

（五）注意事项

（1）压缩机组运行过程中噪声极大，需要在巡检过程中佩戴耳塞等防护工具。

（2）压缩机组运行过程中，处于高温状态，严防被烫伤。

（3）压缩机组处于高压、易燃易爆区域，一旦出现报警情况，需要谨慎处理。

四、设备保养

（一）ARIEL KBZ/6 每 250h 维护保养

发动机部分：

（1）按周检查内容进行。

（2）检查蓄电池电解液液位。

（3）冷却系统冷却液取样（1级）。

（4）冷却系统补充冷却液添加剂。

（5）发动机机油取样。

（二）ARIEL KBZ/6 每月维护保养

1. 压缩机部分

（1）按周保养内容进行。

（2）清洗压缩机的曲轴箱呼吸器，打开曲轴箱盖板，检查油位和润滑油外观；检查并适度拧紧连杆大头螺栓及油匙，检查中间轴瓦存油池、滑道上方存油池有无杂物；盘车检查连杆大瓦、中间轴瓦配合情况。

（3）压缩机一级缸余隙处注润滑脂。

（4）检查注油器、气阀有无漏失现象。

（5）清洗、检查一级进气过滤器。

（6）检测燃气过滤分离器的压力降，超过规定值时应对过滤器滤芯进行清洗和吹扫。

（7）检查清洗压缩机进、排气阀，更换损坏零件。

（8）检查燃料气、启动气球阀是否内漏或关闭不严，检查燃气转阀是否存在磨损、开口位置是否正确，并进行必要的调整和更换。

（9）检查机组所有安全保护装置和仪控系统的工作可靠性、灵敏度。

（10）检查并确定安全停机功能正常。

2. 空气冷却器部分

（1）按周保养内容进行。

（2）给风扇轴承、水泵轴承、惰轮轴承、余隙丝杆加注规定牌号的润滑脂。

（3）检查调整皮带松紧度并检查皮带磨损情况，并检查风扇传动轴轴承座及联轴盘，进行必要的调整和更换。

3. 发动机部分

（1）按每 250h 保养内容进行。

（2）发动机调速器拉杆两端注润滑脂。

（3）发动机水泵、辅助水泵轴承轴注润滑脂。

（4）清洗发动机和压缩机的曲轴箱呼吸器。

（5）换发动机润滑油，清洗油滤器。

（6）检查调整火花塞电极间隙，清除火花塞积垢，清除高压线圈高低压导线接点的氧化物，检查调整触发线圈与磁钢的间隙，清除其脏物。

（7）检查发动机点火提前角。

（8）更换或吹扫空气滤清器。

（三）ARIEL KBZ/6 每 1000h 维护保养

发动机部分：

（1）按每 250h 保养内容进行。

（2）皮带检查/调整/更换。

（3）点火系统火花塞检查/调整。

最初的 1000h：

（1）空气启动马达管路滤网清洗。

（2）空气启动马达润滑器油杯清洗。

（3）曲轴箱窜气测量。

（4）电动液压系统油滤清器更换。

（5）发动机曲轴箱呼吸器清洗。

（6）发动机转速/正时传感器清洁。

（7）发动机气门间隙调整。

（8）发动机气门转子检查。

（9）气门杆凸出量测量。

（四）ARIEL KBZ/6 每 2000h 维护保养

发动机部分：

（1）按每 1000h 保养内容进行。

（2）后冷却器冷凝水排空。

（3）冷却系统冷却液取样（2 级）。

（4）检查曲轴减振器。

（5）清洗发动机曲轴箱呼吸器。

（6）检查发动机安装件。

（7）调整发动机气门间隙。

（8）检查发动机气门转子。

（9）测量气门杆凸出量。

（五）ARIEL KBZ/6 每 4000h 维护保养（发动机每 5000h 按照每 4000h 周期保养）

1. 压缩机部分

（1）按月保养内容进行。

（2）检查压缩机各运动件的配合和公差。

（3）检查、调整气缸和活塞的间隙，包括活塞在气缸上的对称性、气缸与活塞的间隙、活塞环磨损数据、活塞环与活塞环槽的间隙等。

（4）检测机组精度数据，检查调整压缩缸活塞死点间隙。

（5）检查、调整填料组件、刮油盒组件间隙。

（6）检查活塞杆跳动及磨损数据。

（7）检查调整十字头瓦下部与顶部间隙、十字头衬套间隙、连杆小头衬套间隙，检查十字头小头磨损数值等。

（8）检查调整主轴瓦和轴承间隙、曲轴轴向游隙、连杆与主轴颈径向间隙、连杆侧隙等。

（9）检查压缩机的曲轴油封是否完好。

（10）清洗曲轴箱、机油过滤器、呼吸器、机油冷冻器，更换滤清器及润滑油。

（11）清洗和检查注油器，包括偏心轮、传动销、注油泵、单向阀、涡轮与蜗杆、凸轮轴等。

（12）清洗和检查主油泵及注油器油路。

（13）检查主油泵、溢流阀、安全阀的工作状态是否正常。

（14）检查预润滑泵工作状况。

（15）检查气缸壁、气道，清理所有的沉积物。

（16）检查压缩机各级气缸上的进排气阀阀座是否有裂痕、磨损，根据需要进行更换；阀片是否有变形、渗漏，根据需要进行更换；弹簧上是否有断裂或变形，根据需要进行更换。

（17）修理有漏点的部位。

（18）检查或调整气缸支撑、工艺气进出口阀门处的所有螺栓。

（19）松动机组管路螺栓，进行调整，释放管件内应力。

（20）测量振动烈度，并对机组振动过大的问题进行整改。

（21）重新检查和拧紧各部位上的锁紧螺栓。

（22）检查并调整压缩机与发动机联轴器的同轴度。

2. 发动机部分

（1）按每 2000h 保养内容进行。

（2）检查发动机配气机构，调整进、排气门间隙。

（3）清洗发动机曲轴油箱并更换润滑油。

（4）清洗油滤器、呼吸器，更换油滤芯。

（5）检查、清洁空气滤清器，更换空气滤芯。

（6）检查燃料阀、混合器、调速器，使发动机工作在最佳状态。

（7）检查调整启动电动机及预润滑电动机。

（8）检查点火系统电路、电气设备工作情况，清理火花塞积炭，调整火花塞间隙，根据实际情况更换火花塞。

（9）检查和拧紧各部位上的锁紧螺栓。

（10）对出现的漏点进行修整。

3. 电气及控制部分

（1）检查各仪表工作是否正常。

（2）检查各传感器及自控报警系统工作是否正常。

（3）检查电气设备线路及连接是否安全可靠。

4. 空气冷却器及配套部分

（1）检查压缩机进、排气洗涤罐排污系统。

（2）检查工艺气进气滤网，根据实际情况确定是否更换。

（3）检查并清扫散热片、百叶窗、冷却管束。

（4）检查皮带轮、张紧轮，并调整皮带的松紧度，必要时更换皮带。

（5）检查空气冷却器风扇叶片、风扇轴、轴承，更换轴承润滑脂。

（6）检查机组工艺气进气滤网。

（7）检查所有安全保护装置和仪控系统的工作可靠性、灵敏度。

（8）检查并且紧固所有管线的连接处及管线支撑。

（六）ARIEL KBZ/6 每 8000h 维护保养（发动机每 10000h 按照每 8000h 周期保养）

8000h 保养前的准备工作：

（1）检测机组精度，包括传动机构、主机、仪表控制系统的对中、水平度、跳动参数等精确度，全面摸清机组精度下降情况，性能劣化趋势，掌握本质安全信息。

（2）记录停机之前的工况和全部运行参数。

（3）机组停机以后，放空泄压。

（4）切断所有水、电、气、油，并在相关部位挂上警示牌，以确保检修过程安全。

（5）待机组冷却之后，放出润滑油，对机组外观作全面检查和记录，对所有泄漏部位作好标记，以便采取相应措施。

（6）全面检查紧固机组各连接螺栓，消除漏油、漏水、漏气等问题。

（7）按照三级保养内容进行测量并作好记录，以便与检修后对照。

1. 压缩机部分

（1）按 4000h 保养内容进行。

（2）检查压缩机各运动件的配合和公差。

（3）检查、调整气缸和活塞的间隙，包括活塞在气缸上的对称性、活塞与气缸的底部间隙、气缸与活塞的间隙、活塞环磨损数据，更换活塞环。

（4）清除动力缸、压缩缸、活塞、活塞环、气缸盖及进排气口上的积炭。检查并记录活塞、活塞杆、活塞环、气缸的磨损情况、活塞开口间隙及侧向间隙，必要时进行更换。检查调整压缩缸活塞死点间隙。

（5）检查活塞杆填料的磨损和密封情况，更换磨损件。

（6）更换压缩机刮油环、密封填料等各部位密封件。

（7）检查活塞杆跳动及磨损数据，活塞与活塞杆的同轴度。

（8）检查十字头瓦下部与顶部间隙、十字头衬套间隙、连杆小头衬套间隙、十字头小磨损数值等。

（9）检查主轴瓦和轴承间隙、曲轴轴向游隙、连杆与主轴颈径向间隙、连杆侧隙等。

（10）检查连杆瓦的磨损情况，必要时更换。

（11）检查压缩机的曲轴油封是否完好，必要时更换。

（12）清洗曲轴箱、机油过滤器、呼吸器、油冷器，更换润滑油。

（13）清洗和检查注油器，包括偏心轮、传动销、注油泵、单向阀。

（14）检修机组润滑系统，清洗检查润滑装置、润滑系统管路及阀、泵等零部件，更换损坏件。

（15）保养压缩机主油泵、溢流阀。

（16）检查清理气缸壁、气道。

（17）检查压缩机各级气缸上的进排气阀，更换压缩机全部气阀阀片及弹簧组。

（18）检查各气缸中心的水平值。

（19）调校气路上的安全阀（甲方负责校验）。

（20）修理有漏点的部位。

（21）检查或调整气缸支撑、工艺气进出口阀门处的所有螺栓。

（22）松动机组管路螺栓，进行调整，释放管件内应力。

（23）测量振动烈度，并对机组振动过大的问题进行整改。

（24）重新检查和拧紧各部位上的锁紧螺栓。

（25）更换空气滤芯、机油滤芯。

（26）检查并调整压缩机与发动机联轴器的同轴度。

（27）检查仪表控制系统线路连接情况、各仪表工作性能、接地电阻等。

（28）检查并记录各运动件的平衡与配重状况，必要时可作调整。

（29）用标准的手动泵在 VVCP 阀杆螺纹上的注油嘴处注入多用途的润滑油，注油持续 2~3 个泵的行程，检查或修复 VVCP 可能出现的泄漏。

2. 发动机部分

（1）按每 4000h 保养内容进行。

（2）检查发动机配气机构，包括零部件的外观、润滑、清洁度、装配间隙，调整进、排气门间隙。

（3）用正时检测仪检测发动机点火提前角。

（4）清洗发动机曲轴油箱并更换润滑油。

（5）清洗油滤器、呼吸器，更换油滤芯。

（6）检查、清洁空气滤清器，更换空气滤芯。

（7）清洗检查燃气注入系统管路、管件及阀件，更换磨损件。

（8）检查调整燃料阀、混合器、调速器，使发动机工作在最佳状态。

（9）检查保养启动电动机及预润滑电动机。

（10）检查燃料气调压阀，调整燃料气空燃比，使发动机运转平稳。

（11）更换火花塞。

（12）检查进排气门的工作状态等，确定最佳的维护措施。

（13）检查和拧紧各部位上的锁紧螺栓。

（14）对出现的漏点进行修整。

3. 控制系统及仪表检修

（1）检查所有机组的仪器仪表。

（2）检查压缩机机体、发动机、空气冷却器的振动开关。

（3）检查电线及各个接线端头，看是否有断裂、破损和松动现象。

（4）吹扫全部仪表管线和测量管线。

（5）最后对机组各系统作全面检查，拧紧所有螺栓，检查机组的水平和对中，调试各停机点并作好试车准备。

4. 空气冷却器及配套部分

（1）检查压缩机进、排气洗涤罐排污系统。

（2）检查工艺气进气滤网，根据实际情况确定是否更换。

（3）检查并清扫散热片、百叶窗、冷却管束。

（4）检查空气冷却器风扇叶片、风扇轴、轴承，更换轴承润滑脂。

（5）检查更换冷却器风扇传动皮带、水泵机械密封和水泵其他易损件。

（6）检查清洗机组工艺气进气滤网。

（7）检查并且紧固所有管线的连接处及管线支撑。

（8）清洗空气冷却器上部的膨胀水箱，检查压力盖，必要时更换。

（七）　ARIEL KBZ/6 每 16000h 维护保养

压缩机部分：

（1）按每 8000h 保养内容进行。

（2）检查辅助端的链条驱动系统，看链轮齿是否有凹槽和链条是否拉伸过长。

（3）重新安装刮油环填料。

（八）　ARIEL KBZ/6 每 20000h 维护保养

发动机部分：

（1）按每 8000h 保养内容进行。

（2）更换冷却系统冷却液。

（九）　ARIEL KBZ/6 每 25000h 维护保养

发动机部分：

（1）按每 20000h 保养内容进行。

（2）检查/更换燃气进气门密封。

（3）大修（发动机顶端）。

（十）　ARIEL KBZ/6 每 32000h 维护保养

压缩机部分：

（1）按每 16000h 保养内容进行。

（2）拆开十字头销，检查十字头销的孔和连杆轴套的孔。

（3）检查在辅助驱动端链条紧固件是否有过度磨损。

（4）检查活塞环是否有磨损出的凹槽。

（5）更换注油器的分配块。

（6）更换十字头轴套。

（十一）　ARIEL KBZ/6 每 50000h 维护保养

发动机部分：

（1）按每 25000h 保养内容进行。

（2）修复电动液压执行器。

（3）修复燃气进气门。

（4）大修（在机架上）。

（十二）　ARIEL KBZ/6 每 100000h 维护保养

发动机部分：按每 50000h 保养内容进行；大修（主要件）。

第七节 凝析油稳定装置

一、概况

凝析油经过稳定，不仅产品质量达标，而且对储运过程的生产安全、作业环境改善及油气资源的开发效益都有积极意义。

神木工艺：本装置只处理厂内闪蒸分离器来的凝液。对于厂内采出水处理系统分离出的少量污油，不进入本装置，直接进入污油罐储存，并不定期作为原油外运销售。本装置处理的凝析油，设计规模为35t/d（50m³/d），考虑操作弹性范围60%~120%，主要产品为稳定气和稳定凝析油。稳定气作为燃料气进入全厂燃料气系统；稳定凝析油送至凝析油产品罐储存，并定期装车外运，稳定凝析油可作为进一步深加工的化工原料或燃料，具有很好的市场前景。神木处理厂未稳定凝析油组成见表1-3-3。物料平衡见表1-3-4，装置能耗数据见表1-3-5。

表1-3-3 神木处理厂未稳定凝析油组成表

组分	质量分数	组分	质量分数
C_1	3.5593%	$n-C_8$	16.7659%
C_2	3.4447%	$n-C_9$	0.1276%
C_3	5.1506%	$n-C_{10}$	0.0888%
$i-C_4$	2.8342%	$n-C_{11}$	0.4166%
$n-C_4$	4.3937%	H_2O	0.0219%
$i-C_5$	4.4431%	MeOH	11.6878%
$n-C_5$	3.3621%	CO_2	0.5980%
$n-C_6$	18.2823%	N_2	0.0022%
$n-C_7$	24.8333%		

表1-3-4 物料平衡表

项目	名称	t/h	t/d	$\times 10^4$ t/a
入方	未稳定凝析油	1.40	33.60	1.22
出方	稳定凝析油	1.04	24.98	0.91
	稳定气	0.14	3.45	0.12
	污水	0.21	5.16	0.18

表 1-3-5 装置能耗表

序号	项目	消耗量		能耗指标		能耗
		单位	数量	单位	数量	$(\times 10^4 \text{MJ/a})$
1	蒸汽（折合）	$\times 10^4$, t/a	0.06	MJ/t	3402	204.12
2	电	$\times 10^4$kW·h/a	6	MJ/kW·h	11.84	71.04
3	仪表风	$\times 10^4$m³/a	5	MJ/m³	1.675	8.38
4	综合能耗	283.54×10^4 MJ/a				
5	单位能耗	185.32MJ/t 油				

二、各处理厂工艺简介

(一) 凝析油稳定工艺流程描述（神木）

自闪蒸分离器来的凝液进入缓冲罐，凝液缓冲罐底部储液包存积的含醇污水通过油水液位计自动排入甲醇污水回收系统，罐顶分离出的少量气体通过压力控制阀与稳定塔塔顶气混合后进入闪蒸分离区，如图 1-3-49 所示。未稳定凝析油通过液位控制阀调节后与稳定塔塔顶稳定气换热后进入稳定塔，塔底加热至140℃，塔顶压力控制在 0.45~0.50MPa。塔底稳定后的凝析油经凝析油后冷器冷却至40℃后去稳定凝析油罐储存（稳定凝析油在37.8℃时的饱和蒸气压小于60kPa）。

图 1-3-49 闪蒸分液罐

工艺用导热油由系统管网接入，仪表风由厂内空氮站供给。

(二) 凝析油稳定工艺流程描述（榆林）

榆林天然气处理厂凝析油稳定装置建于 2005 年 11 月，设计处理能力为 40t/d。主要设备有 DN1000mm 的缓冲罐 1 具，DN400mm 的凝析油稳定塔一具，冷却器、螺旋板换热器各一台，稳定装置参数控制见表1-3-6。

表1-3-6　榆林处理厂凝析油稳定装置参数控制表

凝析油稳定系统	进料压力（MPa）	稳定塔塔顶压力（MPa）	稳定塔塔底温度（℃）	稳定塔塔底液位（%）	出料温度（℃）	产品出口压力（MPa）	蒸汽压力（MPa）
	0.10~0.36	0.08~0.24	-8~40	20~50	-2~15	0.02~0.03	0.40~0.44

脱水脱烃装置来的凝析油，经节流降压后与污水处理单元脱出的凝析油同时进入凝析油缓冲罐（缓冲罐内设置加热盘管，在稳定装置检修期间可以对凝析油进行简单的稳定处理，正常生产时只作为缓冲设备），从缓冲罐排出的少量含醇污水去污水处理单元，缓冲后的凝析油经换热器，与塔底出来的产品油进行换热后，进入凝析油稳定塔，通过蒸汽加热后，轻组分不凝气上行从塔顶闪蒸出来，经计量调压后去自用气系统或去放空火炬进行燃烧，重组分凝析油流入塔底，然后进入冷却器，与循环水换热冷却后进入凝析油储罐。

三、主要设备

神木处理厂凝析油稳定单元主要设备见表1-3-7。

表1-3-7　神木处理厂凝析油稳定单元主要设备表

设备名称	单位	数量	规格型号	技术参数
凝析油缓冲罐	台	2	φ2000mm×5274mm	工作压力0.7MPa，设计压力0.9MPa，安全阀整定压力0.88MPa，工作温度100℃，设计温度120℃，容积15.5m³
凝析油稳定装置	套	1	CTEC-CL-ST-50m³/d	处理量50m³/d（35t/d），进料温度10~20℃，出口温度≤45℃，入口压力0.5~0.7MPa，出口压力≤0.6MPa，设备工作压力0.4~0.65MPa

凝析油缓冲罐：用于给稳定凝析油装置提供稳定的进料，工作压力0.7MPa，工作温度100℃，凝析油缓冲罐实物见图1-3-50，凝析油稳定装

图1-3-50　凝析油缓冲罐实物图

置实物见图 1-3-51。

图 1-3-51 凝析油稳定装置实物图

四、凝析油稳定装置启停操作

(一) 系统投运及操作中的检查

(1) 打开闪蒸分离区至凝析油缓冲罐 (压力控制在 0.4MPa) 前控制阀门对缓冲罐进行建液。

(2) 当凝析油缓冲罐液位达到 60% 时，缓慢打开导热油进缓冲罐温度调节阀开始暖管。

(3) 暖管结束后，投运调节阀对凝析油缓冲罐内液体进行加热。

(4) 同时投运凝析油缓冲罐至稳定塔出液调节阀 (FV1311，流量控制在 0~2m³/h，调节设定值 1.2m³/h) 及不凝气出口调节阀 (PV1311，0.6MPa)，控制缓冲罐液位在 60%。

(5) 不凝气进入燃料气系统，未稳定凝析油进入凝析油稳定塔。

(6) 导通凝析油缓冲罐未稳定凝析油出口至凝析油稳定塔进口所有控制阀门，对凝析油稳定塔底重沸器进行建液。

(7) 当凝析油稳定塔液位达到 60% 时，缓慢打开导热油进重沸器温度调节阀 (TV1331) 开始暖管。

(8) 暖管结束后，投运调节阀 (TV1331) 对重沸器内未稳定凝析油进行加热，控制凝析油稳定塔温度为 140℃。

(9) 同时投运空气冷却器及凝析油稳定塔出液至稳定凝析油储罐前出液调节阀 (LV1331，重沸器液位控制在 60%) 及凝析油稳定塔顶不凝气管线出口压力调节阀 (PV1341，0.45MPa)，控制空气冷却器出口温度为 40℃。

（10）稳定凝析油进凝析油储罐，不凝气至导热油炉燃气系统。

（二）停运

（1）关闭闪蒸分离区至凝析油缓冲罐前控制阀门。

（2）缓慢关闭缓冲罐温度调节阀，关闭稳定凝析油进入稳定凝析油产品罐流程。

（3）待温度降至常温时，关闭不凝气出口调节阀（PV1311）。

（4）关闭缓冲罐未稳定凝析油出口至凝析油稳定塔进口所有控制阀。

（5）关闭重沸器温度调节阀（TV1331）。

（6）检修时打开缓冲罐底部分水包阀门，进行排污。

第八节　放空火炬装置

一、概述

火炬系统是以一种安全、可控、有效的方式将可燃废气燃烧净化的装置，要求生产装置正常或事故排放时能够及时通过火炬系统排放燃烧，并满足严格的环保要求。

火炬系统一般设有高压放空系统和低压放空系统，高、低压火炬各 1 座。火炬系统包括火炬头、分子封、火炬筒体、气液分离器、塔架等静设备和公用配套系统、电气系统、自控仪表系统、点火系统几部分。

火炬点火系统一般采用高空电点火和地面内传点火方式，两者互为备用，高空电点火采用全自动的点火方式。

放空的高、低压天然气自装置放空管线到系统管带，进入火炬放空单元后，在天然气放空分液罐进行气液分离，分离出凝析液的天然气进入火炬放空，见图 1-3-52。

二、各处理厂工艺简介

（一）放空系统工艺概述（榆林）

榆林天然气处理厂新建放空区设置 1 个高压

图 1-3-52　放空装置

放空火炬、1个低压放空火炬、2具分液罐及1具水封罐，事故状态高压气体最大排放量为 $25.3×10^4 m^3/h$，受热点与火炬筒的水平距离按 115m 设计；火炬为塔架式结构火炬，低压放空火炬与高压放空火炬捆绑建设。分子封、分液罐及水封罐是保证火炬不回火的设备。火炬头及其配套设备均由厂家成套提供。火炬放空区占地 40m×40m，站内自然排水，火炬排污设置排污池。

榆林处理厂放空分液及火炬区设置高压放空系统和低压放空系统。低压放空系统用于燃料气系统紧急事故状态下的低压气放空、凝析油稳定装置的不凝气及丙烷制冷系统放空气等放空，高压放空系统用于各集气干线来气、外输管线及处理厂脱水脱烃装置紧急事故状态下的放空。

榆林处理厂火炬设备见表1-3-8。

表1-3-8 榆林处理厂火炬设备表

类别	规格（mm）	数量（座）	备注
高压火炬	DN650×64000	1	常规火炬
低压火炬	DN100×64000	1	常规火炬
火炬塔架	65m	1	
火炬筒体	$\phi660×10×57000$	1	
火炬筒体	$\phi114×4×57000$	1	
地面爆燃点火控制盘		1	
仪表风过滤器阀组	DN25	1	
燃料气过滤器阀组	DN50	1	
燃料气调节阀阀组	DN50	1	
氮气过滤器阀组	DN25	1	
氮气调节阀阀组	DN25	1	
电磁阀组		5	
低压放空阻火器阀组	DN100	1	
分液罐	DN2400	2	
水封罐	DN3200	1	

（二）放空系统工艺概述（神木）

为保证神木天然气处理厂安全生产，减少事故状态时排放的天然气对环境的污染，根据《石油天然气工程设计防火规范》（GB 50183—2004）等规定，依照神木处理厂设置、放空气点排气压力差异情况，神木处理厂放空分液及火炬区设置高压放空系统和低压放空系统。低压放空系统用于燃料气系统紧急事故状态下的低压气放空、闪蒸分离和丙烷储罐和供热系统放空气等的放空，高压放空系统用于干线来气、处理厂脱油脱水装置、压缩机组紧急事故状态下的放空。火炬区分别设置高、低压火炬。为了确保上游工艺装置和火炬本身的安全，火炬筒上部设有阻火密封装置，密封气为氮气，氮气由处理厂系统来。为节约投资和占地，两个火炬采用捆绑式，共用一个塔架，塔架高 50m，火炬高 55m。

神木气田天然气处理厂的建设规模为 $20×10^8 m^3/a$，根据全厂实际运行情况，事故类型可分为单套装置放空、全厂放空，另外厂外干线破损等事故时需对单条干线放空，因此对以上几种情况的放空量进行核算，确定高压放空量约为 $12.5×10^4 m^3/h$，低压放空量约为 $2900 m^3/h$。

1. 工艺流程

（1）放空气：经高压放空分液罐分液后的高压放空气，接入高压放空火炬筒体底部；经低压放空分液罐分液后的低压放空气，接入低压放空火炬筒体底部。放空气沿火炬筒体上升至阻火密封装置，最后进入火炬燃烧器燃烧后排放。

（2）辅助气源：装置所用燃料气、压缩空气、氮气由处理厂系统接入，燃料气用于给火炬引火筒、火炬长明灯、地面爆燃点火系统点火；氮气用于给阻火密封装置提供气源；压缩空气采用非净化空气，用作地面爆燃点火系统的助燃空气。

2. 点火系统配置

该火炬系统分设两套点火系统，一套是地面爆燃点火设施，另一套是高空电点火设施，以确保火炬点火的安全可靠。

为确保放空气体绝对安全燃烧，高压火炬头上设置 2 支节能型长明灯，低压火炬头上设置 2 支节能型长明灯，长明灯在放空过程中长明，放空结束后关闭；在高压火炬燃烧器圆周均匀分布 2 套点火器，在低压火炬燃烧器圆周均匀分布 2 套点火器，可防止由于不同风向导致点不着火的现象，并符合国家相关规范。

1）高空电点火设施

高空电点火由设置在火炬燃烧器（火炬头）附近的高能放电元件及燃料气喷嘴实现点火动作，可实现点燃长明灯及主火炬。

2）地面爆燃点火设施

由燃料气、压缩空气作为爆燃源，操作工人进入火炬单元现场，手动按下按钮，实现爆燃火焰传递，点燃长明灯及主火炬。

3）点火控制流程

火炬放空时，位于放空总管上的检测仪表将信号传至点火控制箱（PLC），控制箱进行报警，同时控制开启引火筒及长明灯燃料气电磁阀，启动防爆高能高空点火器，点燃引火筒，引燃长明灯和火炬，热电偶火焰检测设备和紫外线火焰检测设备检测到火炬火焰，将信号送至控制箱，控制箱控制关断引火筒燃料气电磁阀和高空点火器，长明灯在整个放空过程中保持燃烧状态，放空结束后，检测仪表将信号传至控制箱，控制关断长明灯燃料气电磁阀。

在火炬放空过程中火炬未点燃，长明灯意外熄灭，热电偶检测信号报警并把信号传至 PLC，PLC 将重新启动点火程序点燃长明灯。若还是未点燃，就利用地面爆燃装置进行点火。

3. 火炬系统组成

放空火炬设火炬头、阻火密封装置、长明灯、自动点火系统。

放空火炬由火炬筒体、火炬燃烧器、分子密封器、点火控制系统、公用工艺管道等组成。

1）高空点火系统

高空点火系统是由一套点火控制箱、防爆高能点火器、火焰检测热电偶、节能伴烧长明灯、引火筒等组成的点火控制系统，具有自动、手动、DCS 点火功能。该控制系统具有功能强大、故障率低、点火可靠性高、维修方便等特点。

（1）控制器：FLARE-1 点火控制箱（西门子 S7-200 PLC）。

（2）执行机构：

① 高压火炬：2 套高能点火器；2 套长明灯直动阀；2 套引火筒电磁阀组。

② 低压火炬：2 套高能点火器；2 套长明灯直动阀；2 套引火筒电磁阀组。

（3）检测元件：

① 高压火炬：2 套热电偶（检测长明灯火焰温度）；2 套差压变送器（检测放空信号）；1 套流量计（检测放空气用量）。

② 低压火炬：2 套热电偶（检测长明灯火焰温度）；2 套差压变送器（检测放空信号）；1 套流量计（检测放空气用量）。

（4）公用：2 套流量计（检测密封气用量）；1 套紫外线火焰检测设备（检测火炬燃烧器燃烧状况）。

2）分子密封器

分子密封器的主要功能是保证在排放气中断后阻止空气倒流进火炬筒体内，确保再次排放时不会发生回火或爆炸。其工作原理是使用相对分子质量较空气小的惰性气体（氮气）作为密封气体，利用气体的浮力在分子密封器上部钟罩内形成一个高于大气压的区域，阻止空气进入火炬系统内部，从而防止火炬燃烧器头部燃烧着的火焰倒灌及发生内部爆炸事故。

分子密封器的结构在通用钟罩形式的基础上，采用空气漂浮及动力学设计，并针对本火炬系统进行性能结构优化，使火炬处于待命时消耗最少的氮气，既能有效阻止空气倒流入火炬系统，并使火炬系统处于工作状态时，流动阻力最小。设置凝液排放口及氮气吹扫口及检修手孔，排液结构先进，可保证分子封根部死角不积液，确保该设备长期稳定工作。

三、火炬点火操作说明

（一）点火前步骤

（1）点火前先打开氮气管线阀门，使氮气经孔板顺利进入分子封吹扫。

（2）打开燃料气总阀，并打开每支长明灯管线手阀使燃料气进入长明灯。

火炬燃烧器共设置四套长明灯，每支长明灯的点火方式由相互独立的程序控制，长明灯的点火方式如下。

（二）点火方式

控制箱点火操作有三种模式：手动模式、自动模式和 DCS 远程点火模式。

1. 手动模式

手/自动转换开关开到手动位置，高压火炬燃烧器设有两支长明灯，每支长明灯都可以单独进行点火操作，点火前须给此长明灯通入燃料气。当按下任一长明灯点火按钮，可编程控制器（PLC）会自动打开相应的引火筒管线电磁阀，同时启动相应的点火器点火 15s，此时引火筒中燃料气被点燃，会引燃长明灯中的燃料气或火炬燃烧器中的放空气，为了保证点火的可靠性，暂停 10s 后再次启动引火筒电磁阀、点火器点火 15s 后待机。

2. 自动模式

手/自动转换开关开到自动位置，当点火系统接收到来自排放管线上的压力信号时（即面板上放空指示灯亮），表明装置区开始排放放空气，控制系统会自动打开引火筒电磁阀，启动点火器点火 15s，点火完后停 10s，接着再次重复点火 15s，此时引火筒中的燃料气被点燃后，接着会引燃长明灯中的燃料气或主火炬的放空气。同时由安装在长明灯上的热电偶检测到火焰时，面板上的火检指示灯亮，控制系统处于待机状态。如热电偶检测到其中任一长明灯意外熄灭时，控制箱会重新产生一个点火触发信号，重新执行点火程序一次，停 8s 后，如果还没有检测到火焰，系统会再次执行点火一次，此次点火过程中若检测到有火焰，将立即停止点火，如果还没检测到有火焰，"点火失败"指示灯亮，提示操作人员去现场检修。

3. DCS 远程点火模式

本控制系统专设每支长明灯的"DCS 远程点火"功能，可在控制室实现远程点火功能。远程点火过程和上述手动点火过程相同。

（三）长明灯的工作状态说明

每只长明灯有相应长明灯直动阀三位开关控制其自动/停止/手动。在自动状态下，当控制系统检测到压力时，长明灯气动直动阀自动打开；放空信号结束后，气动直动阀自动关闭。在手动状态时，相应长明灯气动直动阀打开。开关在停止状态时，相应长明灯气动直动阀被关闭。长明灯燃烧状态由热电偶反馈温度来判断。

（四）火检工作状态说明

无论在自动状态还是手动状态下，火检只是作为判断长明灯是否点燃的依据，火检指示灯亮表示火炬已点着，若在放空状态下火检意外熄灭，则重新自动启动相应点火程序。

（五）吹扫说明

火炬正常燃烧状况下，要通入氮气才能保证燃烧器出口微正压力，才能保障空气不会倒灌产生回火或爆炸现象。本项目氮气吹扫管线都设有气动直动阀（XV0003），自动状态下，当火炬系统点火前、点火期间及放空前后，都会自动连锁相应的直动阀打开，使氮气顺利进入燃烧器吹扫。手动状态下，控制箱分别设置高、低压火炬手动吹扫开关，点火前需使手动开关处于手动位置，才能使直动阀打开，并进行点火前吹扫。

（六）火炬故障报警信号

点火失败指示：自动状态下，控制系统检测到有放空气，但没有火检信号，会自动触发执行点火程序两次，无火检状态下，点火失败指示灯亮。此时需派操作人员到现场检修，检测燃气管线是否通畅、压力是否正常，如一切正常，在手动状态下重新点火。

（七）地面爆燃点火系统

地面爆燃点火是指燃料气与空气按一定比例混合，达到爆炸范围后，遇火产生微小爆炸，产生的火焰以亚音速沿密闭管道传至火炬头顶部。

（八）地面爆燃点火操作要点

当有放空气放空时，首先保证进入地面爆燃盘的燃料气、压缩空气的管路畅通，并有足够的压力。接通地面爆燃盘点火器上的电源，调节调压阀，使阀后压力为 0.35~0.4MPa。

打开燃料气管路球阀，调节调压阀，使阀后压力为 0.1~0.15MPa。压缩空气和燃料气在爆燃室混合，等混合气体全部充满爆燃管道后（约30s），然后按下点火器面板上的点火按钮点火，当发生震动时，可通过爆燃室上的观视孔发现蓝色火苗，说明压缩空气和燃料气配比已调节好，爆燃管已被点着。若点火不成功，则按下点火器，用手微调球阀，使之达到爆燃混合比例。点火成功后关闭两路球阀，等下次点火时只需打开球阀，爆燃气体的比例保持不变，直接点火即可，这样减少了调节的烦琐，节约了时间，提高了点火成功率，如图1-3-53所示。

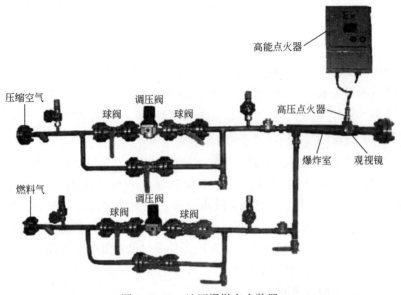

图 1-3-53　地面爆燃点火装置

　　地面爆燃点火燃料气和压缩空气管线上设置限流孔板，压力调节范围广，操作简单，点火成功率高。

第二部分
污水处理

第一章 含醇污水预处理

第一节 概述

处理厂的污水包括各集气站管输或拉运回来的气田采出水、天然气脱水脱烃过程中分离出的含醇污水、各辅助单元排出的生产污水及处理厂内部的生活污水。

气田采出水：在天然气开采过程中，往往有相当数量的污水采出。该污水中不仅由于吸收天然气中的 CO_2、H_2S 等组分而显酸性，而且常含有大量的矿物质、悬浮物、机械性杂质及乳化油等，再加上在天然气开采过程中为了减缓腐蚀及防止水合物的生成，人们在井筒和地面管线中定期注入一定量组分较为复杂的缓蚀药剂和甲醇，这就使得采出污水成为一个含表面活性剂、含醇、含盐、含油、含大量机械杂质、呈酸性、具有较强腐蚀性和较易结垢的复杂且稳定的体系。从环保和经济等方面考虑，这样的污水直接排放会对环境造成严重的污染，对动植物造成极大的危害；由于污水中含有大量的机械性杂质、结垢离子和大量的甲醇，直接注入地下将会造成地层堵塞，浪费大量的甲醇。因此，必须对产出的含醇污水进行综合处理。

由于开采区块不同、地层不同以及所采用工艺不同，气田采出水又分为含醇采出水和不含醇采出水。目前榆林气田和米脂气田采出水均为含醇采出水，所以采用化学加药预处理和常压精馏精处理的工艺来脱除采出水中的机械杂质、油和甲醇；神木气田采出水为不含醇污水，所以采用物理处理方法，通过自然沉降分质处理工艺脱除采出水的油。最终把处理合格后的甲醇产品拉运回各集气站重复利用；处理合格的塔底废水经高压回注水泵回注地层；分离出的凝析油进行外运。

生产污水：锅炉房的排污、加药间的排污、冷却塔的排污、旁路过滤器反冲洗排污等生产污水，经过加药、沉降、过滤处理后经高压回注水泵回注地层；分离出的污泥经过脱水处理后焚烧或外运集中处理。

生活污水：处理厂食堂的排污、卫生间的排污等生活污水，经生物降解处理后，通过高压回注水泵回注地层。

目前，长庆油田对采出的含醇污水采取化学预处理—常压精馏工艺回收甲醇。由于气田污水含有机械性杂质、悬浮物、油及大量的 Ca^{2+}、HCO_3^-、Cl^- 等离子，同时还溶解有一定量的 CO_2、表面活性剂等，且 pH 值较低，因此，在甲醇回收装置（图 2-1-1）运行过程中会造成设备的大量结垢和腐蚀，堵塞甲醇回收装置的换热器（图 2-1-2）、重沸器（图 2-1-3）、精馏塔，引起管线、设备产生点蚀、坑蚀，甚至穿孔，严重影响装置的正常运转，且经甲醇回收装置处理后的污水达不到回注水的指标要求。为解决这一难题，采用对含醇污水进行预处理、添加缓蚀阻垢剂、对部分设备和管线采用特殊材质材料等措施，以解决或缓解甲醇回收装置由于腐蚀和结垢造成的不能长时间安全运行的问题。

图 2-1-1　甲醇回收装置

　　预处理方案采用"NaOH—1 号混凝剂—2 号混凝剂—过氧化氢"化学药剂体系。

　　1 号混凝剂：聚合碱式氯化铝（PAC）。

　　2 号混凝剂：聚丙烯酰胺（PAM）。

图 2-1-2 换热器

图 2-1-3 重沸器

第二节 含醇污水混凝

  组成复杂的油气田污水通常含有大量的矿物质、悬浮物、机械性杂质及乳化油等，必须通过化学处理才能使其净化。在化学处理中常使用混凝剂和助凝剂，它们的种类和作用机理如下。

一、混凝剂和助凝剂

对用于水处理中的混凝剂的基本要求是混凝效果良好，对人体健康无害，价廉易得，使用方便。混凝剂在混凝过程中占有十分重要的地位，为了达到好的混凝效果，针对不同水质，选择合适的混凝剂是至关重要的。混凝剂的种类较多，主要分为以下几种：

$$
\text{无机}
\begin{cases}
\text{铝盐}
\begin{cases}
\text{硫酸铝：} Al_2(SO_4)_3 \cdot 18H_2O \\
\text{明矾：} Al_2(SO_4)_3 K_2SO_4 \cdot 24H_2O \\
\text{聚合氯化铝（PAC）：} [Al_2(OH)_n Cl_{6-n}]_m
\end{cases} \\
\text{铁盐}
\begin{cases}
\text{硫酸亚铁：} FeSO_4 \cdot 7H_2O \\
\text{硫酸铁：} Fe_2(SO_4)_3 \\
\text{三氯化铁：} FeCl_3 \cdot 6H_2O
\end{cases} \\
\text{碳酸镁}
\end{cases}
$$

$$
\text{有机}
\begin{cases}
\text{人工合成}
\begin{cases}
\text{阴离子型：聚丙烯酸钠} \\
\text{阳离子型：乙烯基吡啶共聚物} \\
\text{非离子型：聚丙烯酰胺（PAM）}
\end{cases} \\
\text{天然高分子物质：淀粉、动物胶、树胶等}
\end{cases}
$$

为了生成粗大、结实、易于沉降的絮凝体，有时在投加混凝剂的同时加一些辅助药剂，即助凝剂。助凝剂有些本身有凝聚作用，有些本身没有凝聚作用，但跟某些化学成分发生化学反应后就具有了凝聚作用。根据其作用，助凝剂可分成三类：酸碱类、氧化剂类和改善矾花沉降性能类。

二、水的混凝机理

水的混凝机理一直是水处理与化学工作者们关心的课题，迄今也还没有一个统一的认识。在化学和工程的词汇中，对凝聚、絮凝和混凝这三个词意常有不同解释，有时又含混相同。一般认为，凝聚（Coagulation）是指胶体被压缩双电层而脱稳的过程；絮凝（Flocculation）则指胶体脱稳后（或由于高分子物质的吸附架桥作用）聚结成大颗粒絮体的过程；混凝包括凝聚与絮凝两种过程。

凝聚是瞬时的，只需将化学药剂扩散到全部水中即可。絮凝则与凝聚作用不同，它需要一定的时间去完成，但一般情况下两者很难区分，因此把能引起凝聚与絮凝作用的药剂统称为混凝剂。

三、水混凝的主要影响因素

影响混凝效果的因素较复杂，除了不同混凝剂影响外，主要有水温、pH 值、水质、水力条件和投药方式等。

（一）水温对混凝效果的影响

水温对混凝效果有明显的影响。无机盐类混凝剂的水解是吸热反应，水温低时，水解困难，特别是硫酸铝，当水温低于 5℃时，水解速度非常缓慢，影响胶粒的脱稳。而且水的黏度与水温有关，水温低，水的黏度大，胶粒运动的阻力增大，颗粒不易下沉；水温低，布朗运动减弱，胶粒间的碰撞机会减少，这些均不利于已脱稳胶粒的相互絮凝，影响絮凝体的形成和长大，影响后续的沉淀处理效果。

（二）水的 pH 值对混凝效果的影响

水的 pH 值对混凝的影响程度，视混凝剂的品种而异。用硫酸铝去除水中浊度时，最佳 pH 值范围为 6.5~7.5；用于除色时，最佳 pH 范围为 4.5~5。用三价铁盐时，最佳 pH 值范围为 6.0~8.4，比硫酸铝宽。如用硫酸亚铁，只有在 pH>8.5 和水中有足够溶解氧时，才能迅速形成 Fe^{3+}，这就使设备和操作较复杂。高分子混凝剂尤其是有机高分子混凝剂，混凝的效果受 pH 值的影响较小。

铝盐和铁盐在水解过程中会不断产生 H^+，这必然将使水的 pH 值下降。要使 pH 值保持在最佳的范围内，应有碱性物质与其中和。当原水中碱度不足或混凝剂投量较大时，水的 pH 值将大幅度下降，影响混凝效果。此时，应投加石灰或碳酸氢钠等。而投加高分子混凝剂时，水的 pH 值下降幅度较小，即使投加量较大，pH 值下降也不大，一般不需加碱调整。

（三）水中杂质的成分、性质和浓度对混凝效果的影响

水中杂质的成分、性质和浓度对混凝效果有明显的影响。例如，水中存在的高价正离子，对天然水压缩双电层有利。杂质颗粒级配越单一均匀、越细小越不利于沉降；大小不一的颗粒聚集成的矾花越密实，沉降性能越好。天然水中若以含黏土类杂质为主，需要投加的混凝剂的量较少，而当废水中含有大量有机物时，则对胶体有保护作用，需要投加较多的混凝剂才有混凝效果，其投量可达 20~100mg/L，甚至数百毫克每升。水中杂质的浓度过低（即颗粒数过少），将不利于颗粒间的碰撞而影响凝聚。因此，水中杂质的化学组成、性质和浓度等因素对混凝的影响比较复杂，目前还缺乏系统和深入的研究，理论上只限于做些定性推断和估计。在生产和实际运用上，主要靠混凝试验，以选择合适的混凝剂品种和最佳投量。

（四）水力条件对混凝效果的影响

混凝过程中的水力条件对絮凝体的形成影响很大。投加混凝剂后，混凝过程可以分为两个阶段：混合和反应。这两个阶段在水力条件上的配合非常重要。

混合阶段的要求是使药剂迅速均匀地扩散到全部水中以创造良好的水解和聚

合条件，使胶体脱稳并借颗粒的布朗运动和紊动水流进行凝聚。在此阶段并不要求形成大的絮凝体，混合要求快速和剧烈搅拌，一般在几秒或 1min 内完成。对于高分子混凝剂，由于它们在水中的形态不像无机盐混凝剂那样受时间的影响，混合的作用主要是使药剂在水中均匀分散，对"快速"和"剧烈"的要求并不重要。

反应阶段的要求是使混凝剂的微粒通过絮凝形成大的具有良好沉淀性能的絮凝体。反应阶段的搅拌强度或水流速度应随着絮凝体的增大而降低，以免结成的絮凝体被打碎而影响混凝沉淀的效果。如果在化学混凝以后不经沉淀处理而直接进行接触过滤或者进行气浮处理，反应阶段可以省略。

（五）投药方式对混凝效果的影响

混凝剂的投药方式可分为干投和湿投两种。干投是指把固态混凝剂不经溶解直接投入被处理的水或废水中；湿投是指将混凝剂先配成水溶液，然后再用于水或废水处理。据报道，硫酸铝在 80~90℃ 热水中溶解后的最佳投放剂量为干投方式的 85%~95%，而三氯化铁在 80~90℃ 热水中溶解后的最佳投放剂量约为干投方式的 400%。对于混凝剂最佳工作溶液浓度，尚无定论，我国生产实践中对投加溶液浓度较少重视和控制。在使用硫酸铝时，我国规定投加溶液浓度为 5%~7.5%。在研究三氯化铁的絮凝作用时，曾发现 $FeCl_3$ 以浓溶液投加时表现出优异的絮凝效果，而以稀溶液投加时效果较差，这是因为 $FeCl_3$ 浓溶液是未达饱和的均相体系，其中相当数量的低聚物如 $Fe_2(OH)_2^{4+}$、$Fe_3(OH)_4^{5+}$ 甚至 $Fe_4O(OH)_4^{6+}$ 等带有较高的电荷而且呈溶解状态，一旦进入水中在剧烈混合下可被混浊性物质吸附，发挥比较强烈的电中和脱稳作用。

第三节 混凝剂性能简介

针对长庆气田含醇废水的组成特点，通过混凝实验，确定选用无机混凝剂聚合碱式氯化铝与有机高分子混凝剂聚丙烯酰胺作为处理长庆气田含醇废水的混凝剂。

一、聚合碱式氯化铝

聚合碱式氯化铝（PAC）是 20 世纪 60 年代后期，正式投入工业生产和应用的一种新型无机高分子混凝剂。我国是从 1971 年采用"酸溶铝灰一步法"生产聚合铝获得成功之后开始使用的。它的主要成分为 Al 和 Al_2O_3，其结构式为 $[Al_2(OH)_nCl_{6-n}]_m$ 或 $Al_n(OH)_mCl_{3n-m}$。由于在聚合铝中 OH^- 与 Al^{3+} 的比值对混凝效果有很大影响，一般可用盐基度 B 表示。

盐基度 B 的定义为：$B = \dfrac{[OH^-]}{[Al^{3+}]} \times 100\% = \dfrac{n}{3 \times 2} = \dfrac{n}{6}$，$n$ 为单体

$Al_2(OH)_2Cl_{6-n}$ 中的 OH^- 的摩尔数。例如 $n = 4$ 时，盐基度 $B = \dfrac{4}{6} \times 100\% =$

66.7%。一般要求 B 为 40% 以上。按行业标准，聚合铝产品要求 Al_2O_3 含量在 10% 以上，盐基度为 $50\% \sim 80\%$，不溶物在 1% 以下。

聚合碱式氯化铝作为混凝剂处理水时，有下列优点：（1）对污染严重或低浊度、高浊度、高色度的原水都可达到较好的混凝效果；（2）水温低时，仍可保持稳定的混凝效果；（3）矾花形成快，颗粒大而重，沉淀性能好，投药量一般比硫酸铝低；（4）使用的 pH 值范围较宽，在 $5 \sim 9$ 之间，当过量投加时也不会像硫酸铝那样造成水浑浊的反效果；（5）其盐基度比其他铝盐、铁盐高，因此药液对设备的侵蚀作用小，且处理后水的 pH 值下降较小。

二、聚丙烯酰胺

聚丙烯酰胺（PAM）俗称三号絮凝剂，是由丙烯酰胺聚合而成的有机高分子聚合物，无色、无味、无臭，能溶于水，没有腐蚀性。聚丙烯酰胺在常温下比较稳定，高温时易降解，并降低絮凝效果。国产的聚丙烯酰胺有粉剂和透明胶状两种。粉剂产品含聚丙烯酰胺 80% 以上，但目前产量较少。在我国大量使用的聚丙烯酰胺絮凝剂是黏稠的透明胶体，含聚丙烯酰胺为 $8\% \sim 9\%$。其产量占高分子混凝剂生产总量的 80%，是一种最重要的和使用最多的高分子混凝剂。它的结构式为：

$$\left[CH_2{-}CH \right]_n$$
$$\qquad\qquad |$$
$$\qquad\qquad CONH_2$$

聚丙烯酰胺可以通过碱化后水解使部分酰胺基转化为羧酸基，羧酸基离解成 $[{-}COO^-]$，其水解式示意如下：

$$\begin{array}{c} {-}[CH_2{-}CH]_n + mH_2O \xrightarrow{\ NaOH\ } [CH_2{-}CH]_{n-m}[CH_2{-}CH]_m + mNH_3 \\ \quad\ \ | \qquad\qquad\qquad\qquad\qquad\qquad\quad | \qquad\qquad\quad | \\ \quad\ \ CONH_2 \qquad\qquad\qquad\qquad\qquad\ \ CONH_2 \qquad COO^- \end{array}$$

作为高分子混凝剂，其凝聚作用主要是通过以下两方面进行的：

（1）由于氢键结合、静电结合、范德华力等作用对胶粒有较强的吸附结合力。

（2）因为高聚合度的线型高分子在溶液中保持适当的伸展形状，从而发挥吸附架桥作用把许多细小颗粒吸附后，缠结在一起。

第四节　气田采出水预处理工艺

一、榆林天然气处理厂气田采出水预处理工艺流程

各集气站拉运回来的含醇污水及集配气单元、脱水脱烃单元、榆林总站分离出的含醇污水，均进入卸车池，在卸车池内沉降后经转水泵抽至调节罐，在调节罐内静置 8h 左右，使油水得到充分分离。调节罐具有排油功能，在罐壁 3.2m 处开有排油孔，通过物位控制器监测油、水液位，当水位等于 3.2m、油厚大于 0.5m 时进行排油作业，排出的油进入 12m³ 地埋转油罐或 60m³ 凝析油储罐，工艺流程如图 2-1-4 所示。

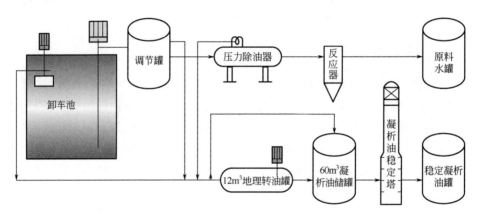

图 2-1-4　榆林天然气处理厂含醇污水预处理流程

调节罐内的污水通过转水泵抽出，经汽水混合器被蒸汽加热至 10~20℃后进入压力除油器，分离出来的油进入 12m³ 地埋转油罐或 60m³ 凝析油储罐；分离出的水经管道混合器，依次加入 NaOH、过氧化氢、絮凝剂后进入反应器，反应后加入助凝剂，再进入原料水罐，在原料水罐中静置 12h，作为甲醇回收装置料液。然后由调节罐、压力除油器将其排入 60m³ 凝析油储罐或排入 12m³ 地埋转油罐后再通过转油泵转至 60m³ 凝析油储罐。

1号、2号凝析油储罐底部的排污管线分为三路：一路排至小方池，用污水车倒入卸车池；第二路直接排入 2 号卸车池；第三路排至 5m³ 地埋乳化油罐，再由泵抽至乳化油搅拌器内，加破乳剂搅拌，油、水分离后排入卸车池。

二、米脂天然气处理厂气田采出水预处理工艺流程

自集气站拉运来的含醇污水卸至卸车池，经一次转水泵输送至两具立式除油罐（100m³），进行初步除油后进入调节水罐（100m³）。在调节罐出水口处加入处理药剂（NaOH、絮凝剂和过氧化氢）后经二次转水泵输送至高效聚结斜管除油器去除油和悬浮物，然后进入10m³中间罐，再由三次转水泵输送至粗过滤器和精细过滤器，经两级过滤后进入原料水罐，工艺流程如图2-1-5所示。

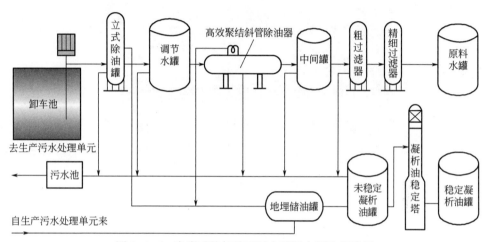

图2-1-5 米脂天然气处理厂含醇污水预处理流程

第五节 气田采出水预处理设备

一、压力除油器

如图2-1-6、图2-1-7所示，油水界面液位变送器将油水界面的高度（油位的高度）转化为4~20mA的标准信号，输入调节器，通过调节器上设定一定的界面高度（对应4~20mA的一个电流信号），并设定调节器的作用方式。当油水界面未到设定值时（高于设定值），调节器输出4mA电流，电动调节阀处于关闭状态。随着压力除油器积油包中油量的积存，积油包中的油量增多，油水界面下移，浮球下移，油水界面液位变送器的界面输出信号增大，与调节器的设定产生一个差值，调节器通过PID计算输出大于4mA的电信号，电动调节阀开启放油，油水界面上升，当上升到设定值时，变送器输出信号减小，调节器

输出恢复为 4mA 信号，电动调节阀关闭，停止放油。由于 PID 控制是一个连续在线的控制过程，使油水界面维持在设定高度。通过在调节器上的设定操作，也可以使系统以位控方式工作，即上下两个界面位置，下界面开阀放油，上界面停止放油。

图 2-1-6　压力除油器

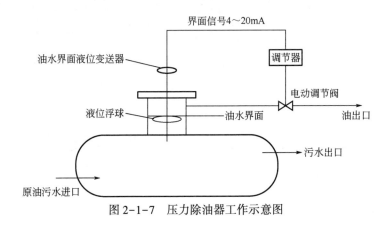

图 2-1-7　压力除油器工作示意图

二、高效聚结斜管除油器

为了能将含醇污水中的凝析油分离出来，采用此设备。

(一) 基本参数

处理量：10m³/h；

操作压力：不大于 0.6MPa；

质量：3600kg。

(二) 工作原理

当含油污水进入带泪孔的不锈钢波纹聚结板内，就像进入迷宫一般，流动方向及界面不断改变，使得油滴在浮升过程中相互碰撞聚结，使分散的细小油珠合并成大油珠，大大增大了油珠的上浮速度，进而使污水在斜管组中的向下速度加大，继而提高了除油设备的效率，而上浮的油珠通过收油槽收集到污油腔，定时排出罐体，分离后的水经集水管进入水腔，通过调节阀自动排液。

第二章　甲醇回收工艺

第一节　甲醇精馏工艺

甲醇精馏工艺是利用甲醇与水的挥发度不同，将液体混合物进行多次汽化，同时又把产生的蒸气多次部分冷凝，使混合物分离到所要求组分的操作过程。

一、甲醇精馏工艺原理

图2-2-1所示为连续精馏塔。料液自塔的中部某适当位置连续地加入塔内，塔顶设有冷凝器将塔顶蒸气冷凝为液体。冷凝液的一部分回入塔顶，称为回流液，其余作为塔顶产品（馏出液）连续排出。在塔内的上半部（加料位置以上）上升蒸气和回流液体之间进行着逆流接触和物质传递。塔底部装有重沸器以加热液体产生蒸气，蒸气沿塔上升，与下降的液体逆流接触并进行物质传递，塔底连续排出部分液体作为塔底产品。

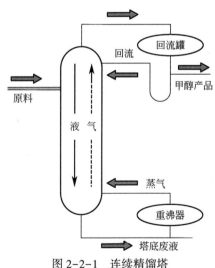

图2-2-1　连续精馏塔

在塔的加料位置以上，上升蒸气中所含的重组分向液相传递，而回流液中的轻组分向气相中传递。如此物质交换的结果，使上升气流蒸气中轻组分的浓度逐渐升高。只要有足够的相际接触表面和足够的液体回流量，到达塔顶的蒸气将成为高纯度的轻组分。

塔的上半部完成了上升蒸气的精制，即除去其中的重组分，因而称为精馏段。

在塔的加料位置以下，下降液体（包括回流液和加料中的液体）中的轻组分向气相传递，上升蒸气中的重组分向液相中传递。这样，只要两相接触面和上升蒸气量足够，到达塔底的液体中所含的轻组分可降至很低，从而获得高纯度的重组分。塔的下半部完成了下降液体中重组分的提浓，即提出了轻组分，因而称为提馏段。

一个完整的精馏塔应包括精馏段和提馏段，在这样的塔内可将一个双组分混合物连续地、高纯度地分离为轻、重组分。

精馏过程的基础是组分挥发度的差异。常压精馏的原理是利用甲醇和水的挥发度的差异，对气田采出水采取反复部分汽化和部分冷凝的精馏工艺使之分离。虽然甲醇与水都能挥发，但有难有易，甲醇较水易挥发，于是在部分汽化时，气相中所含的易挥发组分将比液相中的多，使原来的混合液达到某种程度的分离。同理，当混合气体部分冷凝时，冷凝液中所含的难挥发组分将比气相中的多。

设置精馏段的目的是除去蒸气中的重组分，回流液量与上升蒸气量的相对比值大，有利于提高塔顶产品的纯度。回流量的相对大小通常以回流比即塔顶回流量与塔顶产品量之比表示。设置提馏段的目的是脱除液体中的轻组分，提馏段内的上升蒸气量与下降液量的相对比值大，有利于塔底产品的提纯。

实际上，精馏过程是使部分汽化和部分冷凝同时连续进行来实现的。

其中回流的作用为：（1）提高塔顶产品的浓度；（2）补充易挥发组分，使各板上保持有一定的液层；（3）回流是精馏与简单蒸馏的重要区别。

重沸器的作用为提供气流和热，使其中液体（釜液或残液）部分汽化逐板上升，塔中各板上液体处于沸腾状态。

二、榆林天然气处理厂甲醇精馏工艺流程

如图 2-2-2 所示，原料水经原料水泵抽出，经滤料过滤器过滤掉部分机械杂质后，进入原料换热器，与塔底废液换热到 30~40℃后，进入原料加热器，被蒸汽加热到泡点温度，再经精细过滤器二次过滤，然后进入甲醇精馏塔，原料水进入精馏塔后分成气液两相：液相从上而下与从下而上的二次蒸汽逆流接触，完成传热传质过程，汇集于精馏塔底部，塔底水经塔底循环泵加压后一部分进入塔底重沸器，经蒸汽加热后部分汽化返回精馏塔；另一部分作为塔底产品，与原料换热至 40℃左右经纤维球过滤器再次过滤后回注地层。从进料段进入的气相从下而上与从塔顶下流的回流液逆流接触，完成传热传质过程，气相中的水分被冷

凝成液体流入塔底，从塔顶出来的甲醇（66~68℃）蒸气经塔顶冷凝器冷却成为20℃左右的液体甲醇，进入回流罐，一部分经回流泵加压回流至塔顶；另一部分则作为产品进入甲醇产品储罐。

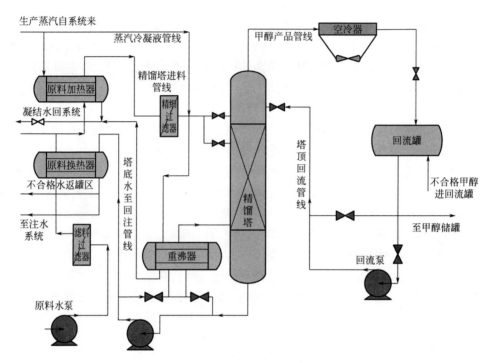

图 2-2-2　甲醇精馏工艺流程图

三、甲醇精馏塔结构

精馏塔是进行精馏的一种塔式气液接触装置，又称为蒸馏塔，有板式塔与填料塔两种主要类型，根据操作方式又可分为连续精馏塔与间歇精馏塔。

（一）复合塔结构

该精馏塔是填料、筛板（斜孔）复合塔，精馏段由高效规整填料组成，填料段高度为2.0m。它的结构简单，是在塔体内充填一定高度的填料，其下方有支撑板，上方为填料压板及液体分布装置。液体自填料层顶部分散后沿填料表面流下而润湿填料表面；气体在压强差推动下，通过填料间的空隙由填料层的下端流向上端。气液两相间的传质是在填料表面的液体与气相间的界面上进行的。为了防止精馏段的填料被污染，在填料段下方设置了一层浮阀塔盘，同时将精馏段与提馏段的间距增高到1.0m，消除液沫夹带。由于提馏段容易结垢堵塞，因此选用筛板结构，如图 2-2-3 所示。

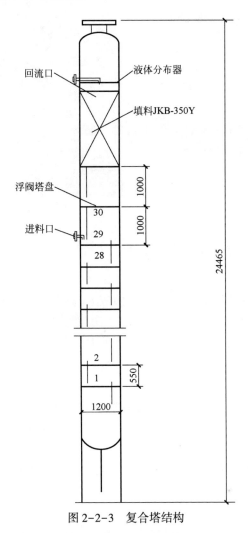

图 2-2-3 复合塔结构

该塔操作过程中严禁出现液泛现象，因为若发生液泛后原料水直接漫至填料层，这样填料层将被污染，给检修带来较大的工作量。

（二）榆林天然气处理厂筛板塔

板面斜孔孔口反向交错排列，避免了气液并流所造成的气流不断加速现象，改善了气液流动的合理性，板上低而均匀的稳定液层，降低了雾沫夹带量（图 2-2-4、图 2-2-5）。主要特点：生产能力大，塔板效率高，塔板压降小，结构简单，造价相对较低，特别适合于物料易自聚的精馏体系。

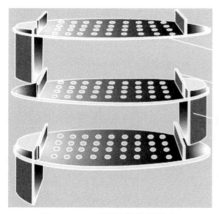

图 2-2-4　筛板塔内部结构

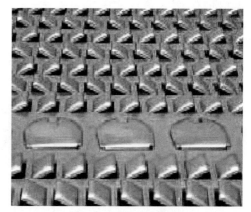

图 2-2-5　斜孔塔盘

（三）米脂天然气处理厂浮阀塔板

1. 结构

浮阀塔板的一般结构是在带降液管的塔板上开有许多孔作为气流通道，孔上方设有可上下浮动的阀片，上升的气流经过阀片与横流过塔板的液相接触，进行传质。塔板结构与泡罩塔相似，用浮阀代替升气管与泡罩。塔板由浮阀、溢流堰、降液管三部分组成。

1）浮阀

阀片开度可以随气速而变化，高气速时阀片打开，提供气体自下而上流动的通道；低气速时阀片在重力作用下自动关小，保证塔板上的液层厚度。

2）溢流堰

溢流堰使塔板上储有一定量的液体，保证气液两相在塔板上有足够的接触表面。

3）降液管

作为液体自上层塔板流至下层塔板的通道，每块塔板通常赋有一个降液管。板式塔在正常工作时，液体从上层塔板的降液管流出，横向流过开有筛孔的塔板，翻越溢流堰，进入该层塔板的降液管，流向下层塔板。降液管的下端必须保证液封，使液体能从降液管底部流出而气体不能窜入降液管。

2. 优点

（1）单位面积生产能力大，比泡罩塔高 20% ~ 30%。

（2）操作弹性大，可达 7% ~ 9%，而泡罩塔只有 4% ~ 5%。

（3）板效率高，比泡罩塔高 10%左右。

（4）气体通道简单，阻力小，浮阀塔整体压降小。

（5）塔板上无障碍物、液面梯度小，气流分布均匀。

（6）塔板结构简单，制造容易，造价为泡罩塔的50%~60%。

3. 缺点

因为浮阀频繁浮动，容易造成阀片爪子磨损脱落，或塔板阀孔增加，浮阀被气流吹出，引起气、液短路。要求精细安装，阀体与阀孔配合过紧浮阀容易卡死。

第二节 换热设备

换热器是化学工业部门广泛应用的一种设备，通过这种设备进行热量传递，达到冷却或升温的目的，以满足化工工艺的需要。

甲醇回收工艺中也应用到大量的换热设备，其中主要以管式换热器和喷淋式换热器为主。

一、管式换热器

管式（又称管壳式、列管式）换热器是最典型的间壁式换热器，在工业上的应用有着悠久的历史，而且至今仍在所有换热器中占据主导地位。管式换热器主要由壳体、管束、管板和封头等部分组成，壳体多呈圆形，内部装有平行管束，管束两端固定于管板上，如图2-2-6所示。

图2-2-6　管式换热器

在管式换热器内进行换热的两种流体，一种在管内流动，其行程称为管程；另一种在管外流动，其行程称为壳程。管束的壁面即为传热面。为提高管外流体给热系数，通常在壳体内安装一定数量的横向折流挡板。折流挡板不仅可防止流体短路，增大流体速度，还迫使流体按规定路径多次错流通过管束，使湍动程度大为增大。常用的挡板有圆缺形和圆盘形两种，前者应用更为广泛。流体在管内每通过管束一次称为一个管程，每通过壳体一次称为一个壳程。为提高管内流体的速度，可在两端封头内设置适当隔板，将全部管子平均分隔成若干组。这样，流体可每次只通过部分管子而往返管束多次，称为多管程。同样，为提高管外流速，可在壳体内安装纵向挡板使流体多次通过壳体空间，称为多壳程。在管式换热器内，由于管内外流体温度不同，壳体和管束的温度也不同。常见的管式换热器有固定管板式、浮头式和 U 形管式。

（一）固定管板式

固定管板式换热器是将两端管板直接与壳体焊接在一起。主要由外壳、管板、管束、封头等主要部件组成（图 2-2-7）。壳体中设置有管束，管束两端采用焊接、胀接或胀焊并有的方法将管子固定在管板上，管板外周围的法兰和封头法兰用螺栓紧固。固定管板式换热器的结构简单、造价低廉、制造容易、管程清洗检修方便，但壳程清洗困难，管束制造后有温差应力存在。当换热管与壳体有较大温差时，壳体上还应设有膨胀节。

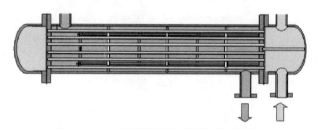

图 2-2-7　固定管板式换热器结构示意图

（二）浮头式

浮头式换热器（图 2-2-8）一端管板固定在壳体与管箱之间，另一端管板可以在壳体内自由移动，也就是壳体和管束热膨胀可自由，因此管束和壳体之间

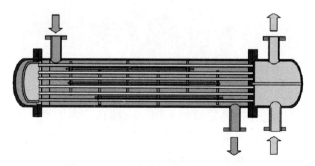

图 2-2-8　浮头式换热器结构示意图

没有温差应力。一般浮头可拆卸，管束可以自由地抽出和装入。浮头式换热器的这种结构可以用在管束和壳体有较大温差的工况。管束和壳体的清洗和检修较为方便，但它的结构相对比较复杂，对密封的要求也比较高。

（三）U形管式

U形管式换热器（图2-2-9）是将换热管做成U形，两端固定在同一管板上。由于壳体和换热管分开，换热管束可以自由伸缩，不会由于介质的温差而产生温差应力。U形管换热器只有一块管板，没有浮头，结构比较简单。管束可以自由的抽出和装入，方便清洗，具有浮头式换热器的优点，但由于换热管做成半径不等的U形弯，除最外层换热管损坏后可以更换外，其他管子损坏只能堵管。同时，它与固定管板式换热器相比，由于换热管受弯曲半径的限制，它的管束中心部分存在空隙，流体很容易走短路，影响传热效果。

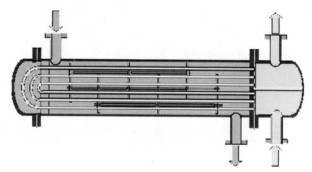

图2-2-9 U形管式换热器结构示意图

二、喷淋式换热器

甲醇回收工艺中常应用的喷淋式换热器为蒸发式冷凝器，它以水和空气作为冷却介质，利用部分冷却水的蒸发带走甲醇蒸气冷凝过程所放出的热量。蒸发式冷凝器由箱体、喷淋水装置、蛇形冷凝盘管、除水器、集水槽、软化水补水泵、轴流通风机等组成。

工作运行时，冷却水由水泵送至冷凝盘管上面的喷嘴，均匀地喷淋在冷凝盘管的外表面，形成很薄的一层水膜。甲醇蒸气从蛇形冷凝盘管的上部进入，被管外的冷却水冷凝的液体从冷凝盘管下部流出。水吸收了制冷剂的热量以后，一部分蒸发成水蒸气，被轴流通风机吸走排入大气，没有被蒸发的冷却水流过散热片填料时被空气冷却，冷却了的水滴落在下部的集水槽内，供水泵循环使用。轴流通风机由顶部引风，强化了空气流动，形成箱内负压，促使水的蒸发温度降低，促使水膜蒸发，强化了冷凝盘管的放热。蒸发式冷凝器工作原理如图2-2-10所示。

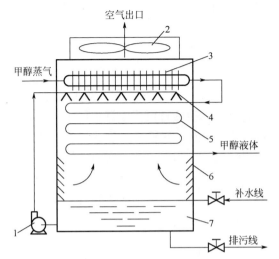

图 2-2-10　蒸发式冷凝器工作原理图

1—软化水补水泵；2—轴流通风机；3—除水器；4—喷淋水装置；
5—蛇形冷凝盘管；6—空气进口；7—集水槽

第三节　甲醇精馏装置操作与常见问题分析

一、精馏塔影响因素及调节

影响精馏塔操作的常见因素有操作压力变化、进料状态、进料量多少、进料组成变化、进料温度变化、回流比、塔顶冷剂量多少、塔顶采出量多少、塔底采出量多少等。

（一）精馏塔操作压力的变化对精馏操作的影响

塔的设计和操作都是基于一定的压力进行的，因此一般的精馏塔总是先要保持压力的恒定。塔压波动对塔的操作将产生如下的影响。

1. 影响产品质量和物料平衡

改变操作压力，将使每块塔板上的气液相平衡的组成发生改变。压力升高，则气相中的重组分减少，相应地提高了气相中轻组分的浓度；液相中的轻组分含量增加，同时也改变了气液相的质量比，使液相量增加，气相量减少。总的结果是塔顶馏分中的轻组分浓度增大，但数量却相对减少；釜液中的轻组分浓度增大，釜液量增加。同理，压力降低，塔顶馏分的数量增加，轻组分浓度降低；釜液量降低，轻组分浓度降低。正常操作中应保持恒定的压力，但若操作不正常，引起塔顶产品中重组分浓度增大时，则可采用适当提高操作压力的办法，使产品质量合格，但此时液相中轻组分的损失增加。

2. 改变组分间的相对挥发度

压力增大，组分间的相对挥发度降低，分离效率下降，反之亦然。

3. 改变塔的生产能力

压力增大，组分的重度增大，塔的处理能力增大。

4. 引起温度和产品质量对应关系的混乱

在操作中经常以温度作为衡量产品质量的间接标准，但这只有在塔压恒定的情况下才是正确的。当塔压改变时，混合物的露点、泡点发生改变，引起全塔的温度分布发生改变，温度和产品质量的对应关系也将发生改变。

从以上分析来看，改变操作压力，将改变整个塔的工作状况，因此在正常操作中应维持恒定的压力，只有在塔的正常操作受到破坏时，才可以根据上述分析，在工艺指标允许的范围内，对塔的压力进行适当的调整。

应当指出，在精馏操作过程中，进料量、进料组成和进料温度的改变，塔釜加热蒸汽量的改变，回流量、回流温度、塔顶冷剂量的改变以及塔板的堵塞等，都有可能引起塔压的波动，此时应先分析塔压波动的原因，及时处理，使操作恢复正常。

（二）进料状态对精馏操作的影响

进料情况有五种：冷进料；泡点进料；气液混合进料；饱和蒸气进料；过热蒸气进料。为了便于分析，令：

$$\delta = \frac{每千克分子进料液体变成饱和蒸气所需热量}{每千克分子进料的汽化潜热} \qquad (2-2-1)$$

从式（2-2-1）可以看出：冷进料时 $\delta>1$，泡点进料时 $\delta=1$，气液混合进料时 $0<\delta<1$，饱和蒸气进料时 $\delta=0$，过热蒸气进料时 $\delta<0$。

当进料状况发生变化（回流比、塔顶馏出物的组成为规定值）时，δ 值也将发生变化，这直接影响提馏段回流量的改变，从而使提馏段操作方式改变，进料板的位置也随之改变，将引起理论塔板数和精馏段、提馏段塔板数分配的改变。对于固定进料状况的某个塔来说，进料状况的改变，将会影响产品质量及损失情况的改变。

例如，某塔应为泡点进料，当改为冷液进料时，则精馏段塔板数过多，提馏段塔板数不足，结果是塔顶产品质量可能提高，而釜液中的轻组分的蒸出则不完全。若改为气液混合进料或者饱和蒸气、过热蒸气进料，则精馏段的塔板数不足，提馏段的塔板数过多，其结果是塔顶产品种重组分含量超过规定值，釜液中轻组分含量比规定值低，同时增加了塔顶冷剂的消耗量，减少了塔釜的热剂消耗。

生产中多用泡点进料，此时，精馏段、提馏段上升蒸气的流量相等，因此塔径也一样，设计计算也比较方便。

(三) 进料量的多少对精馏操作的影响

(1) 进料量变动范围不超过塔顶冷凝器和加热釜的负荷范围时，只要调节及时得当，对顶温和釜温不会有显著的影响，而只影响塔内上升蒸气速度的变化。进料量增加，蒸气上升的速度增大，一般对传质是有利的，在蒸气上升速度接近液泛速度时，传质效果为最好。若进料量再增加，蒸气上升速度超过液泛速度时，则严重的雾沫夹带会破坏塔的正常操作。进料量减少，蒸气上升速度降低，对传质是不利的，蒸气速度降低容易造成漏液，降低精馏效果。因此，低负荷操作时，可适当地增大回流比，提高塔内上升蒸气的速度，以提高传质效果。应该说明，上述结论是以进料量发生变动时，塔顶冷剂量或釜温热剂量均能作相应的调整为前提的。

(2) 进料的变动范围超出了塔顶冷凝器或加热釜的负荷范围，此时，不仅塔内上升蒸气的速度改变，而且塔顶温度、塔釜温度也会相应改变，致使塔板上的气液相平衡组成改变，塔顶和塔釜馏分的组成改变。

例如，液相进料时，若进料量过大，则引起提馏段的回流也很快增加，在热剂不够的前提下，将引起提馏段温度降低，釜温中轻组分浓度增大，釜液的流量增大，这同时也会引起上升蒸气中轻组分量增加，致使全塔温度下降，顶部馏出物中的轻组分纯度提高。

当气液两相混合进料时，若进料量突然增加过快，将使精馏段内蒸气量突然增加，同时使提馏段内回流液量也突然增加，在冷剂、热剂不够的前提下，前者使精馏段的温度上升，后者使提馏段的温度下降；前者引起塔顶馏分中重组分浓度增大，使产品质量不合格，后者引起塔釜馏分中轻组分的浓度增大，损失加大。

当全部为气相进料，进料量突然增加过快时，首先应想到的是精馏段内上升蒸气的量突然增加，随之而来的是塔顶的气相馏出物量增加，回流比减小，塔顶温度上升，提馏段的温度上升。前者使塔顶产品中重组分含量增加，塔内回流液体中重组分含量也增加；后者使塔底产品中重组分的浓度增大。

综上所述，不管进料状况如何，进料量过大的波动，将会破坏塔内正常的物料平衡和工艺条件，造成塔顶、塔釜产品质量不合格或者物料损失增加。因此，应尽量使进料量保持平衡，即使在需要调节时，也应该缓慢进行。

(四) 进料组成的变化对精馏操作的影响

进料组成的变化，直接影响精馏操作，当进料中重组分的浓度增大时，精馏段的负荷增大。对于固定了精馏段板数的塔来说，将造成重组分被带到塔顶，使塔顶产品质量不合格。

若进料中轻组分的浓度增大时，提馏段的负荷增大。对于固定了提馏段塔板数的塔来说，将造成提馏段的轻组分蒸出不完全，釜液中轻组分的损失加大。

同时，进料组成的变化还将引起全塔物料平衡和工艺条件的变化。组分变轻，则塔顶馏分增加，釜液排出量减少。同时，全塔温度下降，塔压升高。组分变重，情况相反。进料组成变化时，可采取如下措施：

（1）改进料口。组分变重时，进料口往下改；组分变轻时，进料口往上改。

（2）改变回流比。组分变重时，加大回流比；组分变轻时，减小回流比。

（3）调节冷剂和热剂量。根据组成变动的情况，相应地调节塔顶冷剂和塔釜热剂量，维持顶、釜的产品质量不变。

（五）进料温度的变化对精馏操作的影响

进料温度的变化对精馏操作的影响是很大的。总的来讲，进料温度降低，将增加塔底蒸发釜的热负荷，减少塔顶冷凝器的冷负荷。进料温度升高，则增加塔顶冷凝器的冷负荷，减少塔底蒸发釜的热负荷。当进料温度的变化幅度过大时，通常会影响整个塔身的温度，从而改变气液平衡组成。例如，进料温度过低，在塔釜加热蒸气量没有富余的情况下，将会使塔底馏分中轻组分含量增加。进料温度的改变，意味着进料状态的改变，而后者的改变将影响精馏段、提馏段负荷的改变。因此，进料温度是影响精馏塔操作的重要因素之一。

（六）塔内上升蒸气的速度和蒸发釜加热量的波动对精馏操作的影响

塔内上升蒸气的速度的大小，直接影响传质效果。板式塔（例如泡罩塔）内上升蒸气是通过泡罩的齿缝鼓泡的形式与液体进行热量和质量交换的，一般来说，塔内最大的蒸气上升的速度应比液泛的速度小一些。工艺上常选择最大允许速度为液泛速度的80%。速度过低会使塔板效率显著下降。

影响塔内上升蒸气速度的主要因素是蒸发釜的加热量。在釜温保持不变的情况下，加热量增加，塔内上升蒸气的速度加大；加热量减少，塔内上升蒸气的速度减小。

应该注意，加热量的调节范围过大、过猛，有可能造成液泛或漏液。

（七）回流比的大小对精馏操作的影响

操作中改变回流比的大小，以满足产品的质量要求是经常遇到的问题。当塔顶馏分重组分含量增加时，常采用加大回流的方法将重组分压下去，以使产品质量合格。当精馏段的轻组分下到提馏段造成塔下部温度降低时，可以用适当减小回流比的方法使釜温提起来。增大回流比，对从塔顶得到产品的精馏塔来说，可以提高产品质量，但是却要降低塔的生产能力，增加水、电、气的消耗。回流比过大，将会造成塔内物料的循环量过大，甚至能导致液泛，破坏塔的正常操作。

(八) 塔顶冷剂量的多少对精馏操作的影响

对采用内回流操作的塔（例如冷凝蒸出塔），其冷剂量的多少，对精馏操作的影响是比较显著的；同时，也是影响回流量波动的主要因素。内回流塔的回流量是靠塔顶冷凝器的负荷来调节的。当冷剂量无相变时，冷凝器的负荷主要由冷剂量进入的多少来调节。如果操作中冷剂量减少，塔顶温度升高，从而流量减少，塔顶产品中重组分的含量增加，纯度下降；如冷剂量增加，情况正相反。当冷剂有相变时，即液体冷剂蒸发吸热，在冷剂量充分的情况下，调节冷剂蒸发压力高低所带来的回流量变化，将更为灵敏。

对于外回流的塔，同样会由于冷剂量的波动，在不同程度上影响精馏塔的操作。例如，冷剂量的减少，将使冷凝器的作用变差，冷凝液量减少，而在对塔顶产品的液相采出量作定值调节时，回流量势必减少。假如冷凝器还有过冷作用（即通常所说的冷凝冷却器）时，则冷剂量的减少，还会引起回流液温度的升高。这些都会使精馏塔的顶温升高，塔顶产品中重组分含量增多，质量下降。

(九) 塔顶采出量的多少对精馏操作的影响

精馏塔塔顶采出量的多少和该塔进料量的多少有着相互对应的关系，进料量增加，采出量应增大。采出量只有随进料量变化时，才能保持塔内固定的回流比，维持塔的正常操作，否则将会破坏塔内的气液平衡。

例如，当进料量不变时，若塔顶采出量增大，则回流比势必减小，引起各板上的回流液量减少，气液接触不好，传质效率下降；同时操作压力也下降，各板上的气液相组成发生变化。结果是重组分被带到塔顶，塔顶产品的质量不合格。在强制回流的操作中，如果进料量不变，塔顶采出量突然增大，则易造成回流液储槽抽空。回流液一中断，顶温就升高，这同样也会影响塔顶产品的质量下降。

如果进料量加大，但塔顶采出量不变，其后果是回流比增大，塔内物料增多，上升蒸气速度增大，塔顶与塔釜的压差增大，严重时会引起液泛。

(十) 塔底采出量的多少对精馏操作的影响

塔釜保持稳定的液面，是维持釜温恒定的首要条件。塔釜液面的变化，又主要取决于塔底采出量的多少。

当塔底采出量过大时，会造成塔釜液面降低或抽空。这将使通过蒸发釜的釜液循环量减少，从而导致传热不好，轻组分蒸不出去，塔顶、塔釜的产品均不合格。如果是利用列管式蒸发釜，由于循环液量太大，使釜液经过上半部列管时形成过热蒸气，表现为挥发管的气体温度较高，而釜温却较低。如果塔底采出量过小，将会造成塔釜液面过高，增加了釜液循环阻力，同样造成传热不好，釜温下降。另外，维持一定的釜液面还起着液封的作用，以确保安全生产。

（十一） 塔的安装对精馏操作的影响

不同的物料和不同的工艺过程，对塔设备提出的要求是不同的。但是，一般总希望塔设备的分离能力高，生产能力大，操作稳定。对于一个定型的塔设备来说，如果安装上有问题，就可能会达不到以上的要求。如塔身、塔板、溢流口等，在安装时若不符合要求，都有可能对精馏操作带来影响。

1. 塔身

塔身要求垂直，一般的倾斜度不能超过千分之一，否则将会在塔板上造成死区，对于小直径的精馏塔来说，如果塔板的安装是先分节安装，然后再组装的话，则塔身的不垂直将直接影响全塔所有塔板的水平度，使塔的效率降低。

2. 塔板

塔板要求水平，其水平度用水平仪测定不能超过±2mm。如果塔板不水平，将造成板面上的液层高度不均，塔内上升蒸气易从液层高度较小的浅处穿过，从而降低塔板的效率。

3. 溢流口

溢流口与下层塔板的距离，根据生产能力和下层塔板的溢流堰的高度而定，但必须满足溢流口插入受液盘液体中的要求，以封住上升蒸气。如果溢流口与下层塔板的距离太近，则可能造成上层塔板的回流也不能顺利流入下层塔板，使上层塔板的液层增高，下层塔板的压力增大，严重时造成液泛。溢流口过高，超过溢流堰的高度时，上升的蒸气"短路"，从溢流管直接上升到上层塔板，起不到液封作用，影响塔板效率。

安装时，对各种具体的塔板类型都有不同程度的要求，如果不按要求去安装，将可能使塔的生产效率大大下降。

二、精馏操作常见问题及注意事项

（一） 液泛

直径一定的塔，可供气、液两相自由流动的截面是有限的。塔内气相靠压差自下而上逐板流动，液相靠重力自上而下通过降液管而逐板流动。液体靠重力自低压流至高压空间，因此，塔板正常工作时，降液管中的液面必须要有足够的厚度以克服两板间的压降。若气液两相中一相的流量增大至某个限度，使降液管中的液体不能顺利下流（即拦液），使管内液体累积到越过溢流堰顶部，就会使塔板产生不正常积液，并依次上升，最后可导致两层塔板之间被泡沫液充满，造成淹塔，这种现象，称为液泛，也称淹塔。

1. 液泛的现象

（1）塔底与塔顶的压差增大。

（2）塔底与塔顶的温差减小。

（3）塔顶、塔底产品采出量过小（塔顶回流罐的液位降低，塔底的新产品产量减少）。

（4）塔顶温度上升。

（5）塔顶、塔底产品质量均不合格。

2. 原因分析

（1）降液板底隙太小，造成降液管处液相成分增多，最后漫到上一层塔板。

（2）上升蒸气量太大，造成液相下降阻力增大。

（3）进料量增加，处理不过来，造成降液阻力太大。

（4）回流量、蒸气量同时增加，造成液层增加。

液泛形成的原因，主要是塔内上升蒸气的速度过大，超过了最大允许速度。另外在精馏操作中，也常常遇到液体负荷太大，使溢流管内液面上升，以致上下塔板的液体连在一起，破坏了塔的正常操作的现象，这也是液泛的一种形式。以上两种现象都属于液泛，但引起的原因是不一样的。

1）降液管内液体倒流回上层板

由于塔板对上升的气流有阻力，下层板上方的压力比上层板上方的压力大，降液管内泡沫液高度所相当的静压头能够克服这一压力差时，液体才能往下流。

当液体流量不变而气体流量加大，下层板与上层板间的压力差也随着增大，降液管内的液面随之升高。若气体流量加大到使降液管内的液体升高到堰顶，管内的液体便不仅不能往下流，反而开始倒流回上层板，板上便开始积液；继续操作时不断有液体从塔外送入，最后会使全塔充满液体，就形成了液泛。若气体流量一定而液体流量加大，液体通过降液管的阻力增大，以及板上液层加厚，使板上下的压力增大，都会使降液管内液面升高，导致液泛。

2）过量液沫夹带到上层板

气流夹带到上一层板的液沫，可使板上液层加厚，正常情况下，增加并不明显。在一定液体流量之下，若气体流量增加到一定程度，液层的加厚便显著起来（板上液体量增多，气泡增多、变大）。气流通过加厚的液层所带出的液沫又进一步增多。这种过量液沫夹带使泡沫层顶与上一层板底的距离缩小，液沫夹带持续地有增无减，大液滴易直接喷射到上一层板，泡沫也可冒到上一层板，终至全塔被液体充满。

3. 解决方法

出现液泛现象后，应停止或者减少进料量，减少蒸气量，降低重沸器温度，停止塔顶产品采出，进行全回流操作，使涌带到塔顶或上层的难挥发组分慢慢回流到塔下的正常位置。

当生产不允许停止进料时，可将重沸器温度控制在稍低于正常的操作温度下，加大塔顶采出量（该采出品质量不能保证），减小回流比，当塔压差降到正常值后，再将操作条件全面恢复正常。若是塔板的原因，则进行停运检修。

（二）雾沫夹带

上升气流通过塔板上的液层时，将板上液体带入上层塔板的现象称为雾沫夹带（图 2-2-11）。影响雾沫夹带量的因素有很多，最主要的是空塔气速和塔板间距。空塔气速增大，雾沫夹带量增大；塔板间距增大，可使雾沫夹带量减小。为维持塔的正常操作，通常用操作时的空塔气速与发生液泛时的空塔气速的比值作为估算雾沫夹带量的指标，此比值称为泛点率。

图 2-2-11　雾沫夹带

（三）漏液

对板面上开有通气孔的塔（如浮阀塔），当上升气体流速减小，气体通过升气孔道的动压不足以阻止板上液体流经孔道流下时，便会出现漏液现象，严重的漏液会使塔板上不能积液而无法操作。造成漏液的主要原因是气速太小和板面上液面落差所引起的气流分布不均。漏液往往出现在塔板入口的后液层处。

三、甲醇精馏操作的两点要求

精馏操作是一个系统性较强的操作，各个量之间有着复杂的联系，操作中必须严格控制进料量、蒸气量、冷却水量，以及回流量和塔顶、塔底产品量，使它们相互成为一定的平衡关系。如果在操作上任意调整一个方面或操作条件中有一个量变化，就会破坏这种平衡，造成生产过程混乱，甚至导致生产事故。因此操作上要求达到"二准""四稳"：计量准、分析化验准，压力稳、控制点（进料、塔顶、塔底）温度稳、产品量稳、进料量稳。

生产中任何一个环节都离不开计量和分析化验。通过计量和分析化验，了解生产中的各种基本情况，为操作提供依据，指导下一步的工作，如果计量和分析化验不准，生产就会失去其重要意义，甚至使生产人员作出错误的决定，造成误操作或生产损失。所以要强调计量准、分析化验准。

在精馏操作中压力、温度、产品量、进料量对生产影响很大，同时由于大孔径筛板塔本身的波动性较大，如果再加上气压、温度、产品量、进料量不稳，忽高忽低，忽多忽少，就会严重影响塔中气液两相的平衡和热处理效果，塔中就难以达到稳定状态，较多地出现塔顶、塔底控制指标超标现象。因而对精馏塔的生产能力产生较大的影响，使精馏效率明显下降。所以，在精馏过程中，在保证压力、温度稳定的同时，还要保证处理量与产品量的稳定，使整个蒸馏过程能稳步进行。

四、甲醇精馏操作调节方法

在化工生产中，如果精馏操作不当，将造成产品质量的降低。在精馏操作中可人为控制调节的量有回流比、重沸器蒸气量和塔内上升蒸气流量、塔顶冷凝器的冷却水量和传热量、进料温度和热状态、进料流量和塔底与塔顶流量。下面介绍精馏塔操作、调节方法。

（一）精馏塔要保持稳定高效操作

首先必须使精馏塔从下到上建立起一整套与给定操作条件对应的逐板递升的浓度和逐板递降的温度梯度。因此，在精馏操作开始时要设法尽快建立起这个梯度，操作正常后要努力维持这个梯度。当要调整操作参数时，尤其要注意采取一些渐变措施，使全塔的浓度梯度和温度梯度按需要渐变。所以，在精馏塔开车时，常先采取全回流操作，待塔内情况基本稳定后，再开始逐渐增大进料流量，逐渐减小回流比，同时逐渐增大塔顶、塔底产品流量。

（二）控制回流比

精馏塔操作时，若精馏段的高度已不能改变，则影响塔顶产品质量的诸因素中，影响最大而且容易调节的是回流比。所以若需提高塔顶产品易挥发组分的浓度，常采用增大回流比的办法。在提馏段的高度已不能改变的条件下，若需提高塔底产品中难挥发组分的浓度，最简便的办法是增大重沸器上升蒸气的流量与塔底产品的流量之比。由此可见，在精馏塔操作中，产品的浓度要求和产量要求是互相矛盾的，为此必须统筹兼顾，不能盲目地追求高浓度或高产量。一般是在保证产品浓度能满足要求以及能稳定操作的前提下，保证尽可能小的回流比和尽可能大的重沸器加热量。

（三）精馏塔操作的稳定性

精馏操作中的传质过程是否稳定与塔内流体流动过程是否稳定有关。由于精馏塔操作中有热交换和相变化，传质是否稳定还与塔内传热过程是否稳定有关，因此精馏操作稳定的必要条件是：（1）维持进出系统的总物料量和各组分的物料平衡且稳定；（2）回流比稳定；（3）重沸器的加热蒸气稳定，维持塔顶冷凝器的冷却水流量和进出口温度稳定；（4）塔系统与环境之间的散热情况稳定；（5）进料的热状态稳定。判断精馏操作是否已经稳定，通常是观测监视塔顶产品质量用的塔顶温度计读数是否稳定。

（四）塔顶冷凝器的操作

塔顶冷凝器的操作是精馏塔操作中需要注意的问题，开车时，务必先向冷凝器中通冷却水，然后对重沸器加热。停车时，则先停止重沸器的加热，再停止向冷凝器通冷却水。正常操作过程中，要防止冷却水突然中断，并考虑事故发生后如何紧急处理，以避免塔内物料蒸气外逸，造成环境污染、火灾。此外，塔顶全冷凝器冷却水的流量不宜过大，控制物料蒸气能够全部冷凝为宜。其目的一是为了节约用水，二是为了避免塔顶回流液的温度过低，造成实际的回流比偏离设计值或测量值。

第三章 生产污水处理及回注

第一节 废水概论

一、废水

在人类的生活和生产活动中，从自然界中取用的水受到污染，改变了原来的性质，甚至丧失了使用价值，于是将其废弃外排，这种水被称为废水。导致取用水丧失使用价值的基本原因是水中混进了各种污染物。废水是指废弃外排的水，强调"废弃"；污水是指被脏物污染的水，强调"脏污"。在水质污浊的情况下两种术语可以通用。工业用冷却水为废水却不脏。

二、废水的性质

废水造成的污染危害以及应采取的防范措施，都取决于废水的特性，即污染物的种类、性质和浓度。

三、废水分类

根据废水来源分为生活污水、工业废水，由城市排放的废水称为城市废水。

根据废水中的主要成分分为有机废水、无机废水、综合废水。

废水中某一种污染成分占有首要地位，则常常以该成分取名，如含醇污水、含氰废水等。根据废水的酸碱性，也可分为酸性废水、碱性废水及中性废水。此外，可根据产生污水的工业部门或生产工艺取名，如电镀废水、化工废水、印染废水等。

四、废水中主要污染物质

根据废水对环境污染所造成的危害不同，可把污染物划分为固体污染物、有机污染物、油类污染物、有毒污染物、生物污染物、酸碱污染物、营养物质污染物及感官污染物等。

（一）固体污染物

固体污染物的存在形态有悬浮状态、胶体状态和溶解状态三种。大量固体污染物排入水体，会造成水体外观恶化、浑浊度升高，改变水的颜色。固体污染物沉于河底淤积河道，危害水体底栖生物的繁殖，影响渔业生产；沉积于灌溉的农田，则会堵塞土壤孔隙，影响通风，不利于作物生长。

（二）有机污染物

有机污染物是指以碳水化合物、蛋白质、氨基酸及脂肪形式存在的天然有机物及某些其他生物可降解的人工合成有机物质。含有机污染物的水体中溶解氧长期处于 4~5mg/L 以上时，一般鱼类就不能生存，如果完全缺氧，有机污染物将转入厌氧分解，产生 H_2S、甲烷等还原性气体，使水中动植物大量死亡，而且可使水体变黑、变浑，发出恶臭，严重恶化环境。

（三）油类污染物

油类污染物主要来自含油废水。

（四）有毒污染物

有毒污染物主要有无机化学毒物、有机化学毒物和放射性物质。

（五）生物污染物

生物污染物主要是指废水中含有的致病性微生物。

（六）酸碱污染物

酸碱污染物是指废水中的酸性或碱性污染物。

（七）营养物质污染物

营养物质污染物（N、P）过量时可引起藻类及其他浮游生物迅速繁殖，水体溶解氧量下降，水质恶化，鱼类及其他生物大量死亡。这种现象为富营养化，浮游生物大量繁殖，因占优势的浮游生物的颜色不同，水往往出现蓝色、红色等，这种现象在江河湖中称为水华，在海中则称为赤潮。

（八）感官污染物

感官污染物是指废水中能引起人们不愉快的污染现象，如浑浊、恶臭、异味、颜色、泡沫等。

第二节　污水处理基本概念

一、溶解氧

溶解于水中的游离氧称为溶解氧（用 DO 表示），单位以 mg/L 表示。当水体受到有机物污染时，由于氧化污染物质需要消耗氧，此时水中所含的溶解氧逐渐减少，污染严重时，溶解氧会接近于零，此时厌氧菌便繁殖起来，造成有机污染物腐败而发臭，因此，溶解氧是衡量水体污染程度的一个重要指标。

二、水的 pH 值

水的 pH 值是表示水中氢离子浓度的负对数值，表示为 $pH = -\lg[H^+]$。$pH = 7$ 为中性水溶液，$pH < 7$ 为酸性水溶液，$pH > 7$ 为碱性水溶液。

三、凝聚

凝聚就是向水中加入硫酸铝、硫酸亚铁、明矾、氯化铁等凝聚剂，以中和水中带负电荷的胶体微粒，使离子变为稳定状态，从而达到沉淀的目的。

四、絮凝

絮凝是在水中加入高分子物质——絮凝剂，帮助已经中和的胶体微粒，使其更快地凝成较大的絮凝物，从而加速沉淀。

五、混凝

通过双电层作用而使胶体颗粒相互聚结过程的凝聚和通过高分子物质的吸附架桥作用而使胶体颗粒相互黏结过程的凝絮，这两者总称为混凝。

六、沉淀

水中固体颗粒依靠重力作用，从水中分离出来的过程称为沉淀。

七、澄清

澄清是指利用原水中加入的混凝剂与水中积聚的活性污泥渣相互碰撞接触、吸附，将固体颗粒从水中分离出来，而使原水得到净化的过程。

第三节　污水处理方法介绍

一、沉淀

水中悬浮颗粒的去除，可利用颗粒和水密度的不同，在重力作用下进行分离，密度大于水的颗粒将下沉，密度小于水的颗粒则上浮，沉淀法一般只适用于去除 $20 \sim 100 \mu m$ 以上的颗粒。胶体不能用沉淀法去除，需经过混凝处理后，使颗粒尺寸更大，提高下沉速度。

悬浮颗粒在水中的沉淀，可根据其浓度及特性，分为四种基本类型。

（一）自由沉淀

颗粒在沉淀过程中，呈离散状态，其形状、尺寸、质量均不改变，下降速度不受干扰。对于低浓度离散颗粒，如砂砾、铁屑等，沉淀可以不受阻碍，颗粒在水中将加速下沉。当作用于颗粒的推力与水的阻力达到平衡时，颗粒开始匀速下沉。

（二）絮凝沉淀

颗粒在沉淀过程中，其尺寸、质量均会随浓度增大而增大，沉速也随浓度增大而增大。如水中投加混凝剂后形成矾花，或者在生活污水中形成有机性悬浮物，或者形成活性污泥等，在沉降过程中，絮凝体互相碰撞凝聚，使颗粒尺寸变大，因此沉速将随深度增加而增大。

（三）拥挤沉淀（分层沉淀）

颗粒在水中的浓度较大时，在下沉过程中将彼此干扰，在清水和浑水之间形成明显的交界面，并逐渐向下移动。特点是沉淀过程中出现清水和浑水的交界面，沉淀过程也就是交界面的下沉过程，也称为分层沉淀。

（四）压缩沉淀

颗粒在水中的浓度增大到颗粒相互接触并部分受到压缩物支撑，通常发生在沉淀池底部。

二、过滤

浑水经砂层过滤就会变清，这个概念是从生活经验中得到的，最早的滤池就是根据这个概念建立起来的。滤池分慢滤池和快滤池。流速很慢的称为慢滤池。快滤池工作的机理主要是接触凝聚而不是靠筛除作用。例如，d_1 代表砂粒直径，d_2 代表通过孔隙的最大颗粒直径。$d_1 : d_2 = 6.5$。快滤池用的最小砂砾直径为 0.3mm，可得 $d_2 = 0.045$mm，即 45μm 以下的颗粒都可通过砂层，经过混凝沉淀进入滤池的最大颗粒尺寸一般为 $2 \sim 10\mu$m，还有很多更小颗粒。即快滤池可以去除这样的颗粒，说明不是筛除作用。

在过滤时，由于砂砾表面不吸附矾花，使砂砾间的孔隙不断减小，水流的阻力就会不断增大，当阻力过大，这些孔隙会迅速接近堵死，以至于滤池不能出水，这时需停止生产，进行反冲洗工作，即冲洗的流向与过滤完全相反。

三、消毒

消毒主要是杀死对人体健康有害的病原微生物。水消毒的常用方法有氯消毒、臭氧消毒、紫外线消毒。天然气处理厂采用的是电解氯化钠溶液，产生 ClO_2、O_3、H_2O_2、Cl_2 消毒液。ClO_2 长期以来主要用于饮用水的消毒，消除藻类和控制水的臭味。ClO_2 是一种爆炸性气体，在溶液中产生 ClO_2 比较方便安全。

四、气浮

气浮就是向水中通入空气，产生微细的气泡，有时还同时加入混凝剂或浮选剂，使水中细小的悬浮物黏附在气泡上，随气泡一起上浮到水面，形成浮渣，从而回收了水中的悬浮物质，同时改善了水质。对于废水中自然沉淀或上浮难去除的悬浮物，近年来广泛采用气浮法来处理。

第四节　回注污水杀菌处理方法

处理厂回注污水是由生活污水、生产污水、检修污水、锅炉排污水、循环水排污水、甲醇塔底水及钠离子树脂床排液等构成的混合污水。由于该混合水中含有一定量溶解状态的有机质和油污等，为微生物的生长、繁殖提供了充足的营养源。另外，混合污水在回注前，须在污水罐中存放一段时间，为微生物的生长、繁殖提供了良好的场所。由于微生物的大量生长、繁殖，给污水回注系统带来了诸多危害。

一、微生物大量繁殖带来的危害

污水中大量繁殖的微生物有硫酸盐还原菌、硝化细菌等厌氧菌，以及铁细菌、腐生菌等。这些微生物的大量繁殖不仅恶化了回注水水质，而且会加剧回注管线的腐蚀，缩短回注管线的使用寿命。另外，微生物的代谢产物和污水中的机械杂质、油污等黏合在一起容易造成回注管线和地层堵塞，增加回注压力。

（一）硫酸盐还原菌（SRB）

SRB 是在缺氧条件下生长在水中的一组特殊微生物。SRB 种类很多，按生长温度不同，分为中温型和高温型两类菌种。中温型适合在 30~35℃ 下生长、繁殖，高于 45℃ 后就停止生长；高温型在 55~60℃ 能很好地生长。其生长的 pH 值范围很广，在 5.5~9.0 之间均可生长。

SRB 的存在，对金属会产生严重腐蚀。在缺氧条件下引起碳钢腐蚀，并形成非晶形的硫化亚铁沉淀，造成地层堵塞，降低注水井的注入能力；同时产生的硫化氢气体恶化水质，污染周围环境（产生恶臭）。

（二）铁细菌（FB）

铁细菌是自养菌和兼性自养菌的统称，其种类很多，现在知道的就有 4O 多种。铁细菌的生长需要铁，但对铁浓度的要求并不苛刻，一般在总铁量为 1.0~6.0mg/L 的水中，铁细菌都能很好地生长。铁细菌是好氧菌，在弱酸性环境中对其发育有利，碱性水中不适宜铁细菌生长，最佳生长期是 7.0~10.0d。

铁细菌能够附着在金属表面，并能将水中的亚铁转化成高铁的氢氧化物，使其在铁细菌胶质鞘中沉积下来。这样形成了包含菌体和氢氧化铁等的锈瘤。铁细菌依此机理对金属产生腐蚀，使注水管线产生铁垢；另外由于锈瘤底部缺氧，能加速硫酸盐还原菌的繁殖，并造成注水井和过滤器的堵塞。

（三）腐生菌（TGB）

腐生菌在代谢过程中分泌出大量黏液，黏液与机械杂质黏合在一起形成生物黏泥，附着在管线和设备上，堵塞注水井和过滤器；进入地层，引起地层堵塞。同时，生物黏泥底部造成局部缺氧条件，给硫酸盐还原菌的生长繁殖提供了很好的条件。

硝化细菌等在代谢过程中，产生的 CO_2、NH_3（氨气）、CH_4（沼气的主要成分）、H_2S 等，不仅引起恶臭，而且容易对周围人员产生毒害。

因此，在污水回注前，必须加入杀菌剂，控制污水中微生物的繁殖。

二、污水回注系统微生物的控制方法

在污水回注系统多采用杀菌剂对微生物的生长、繁殖进行控制。污水回注系统使用的杀菌剂主要分为氧化性杀菌剂和非氧化性杀菌剂两种类型。

对于油田含油污水而言，由于水中硫酸盐菌、化学需氧量（COD）、生化需氧量（BOD）很高，并且含有较高浓度的机械杂质、油污、有机质等，采用季铵盐和醛类非氧化性杀菌剂进行杀菌处理的相对较多。如果采用氧化性杀菌剂（如 ClO_2），则药剂消耗量较大。

处理厂回注污水系统不同于油田回注污水系统。由于在经过一系列处理后，处理厂污水中微生物的量已大大降低，污水中有机质浓度、COD、BOD 也相对较低，对于此类系统，采用氧化性杀菌剂的效果要好于非氧化性杀菌剂。采用氧化性杀菌剂，一方面能杀灭污水中的微生物，另一方面可以利用其强氧化性破坏微生物代谢产物和有机质的黏性，防止其与水中的悬浮物等黏结。

针对天然气处理厂回注污水系统水质特点，特推荐使用溴类氧化性杀菌剂 WT-318 进行杀菌处理。WT-318 氧化性杀菌剂是一种广谱、高效的杀菌剂，在低剂量使用条件下具有很好的杀菌性能，不会与污水中的污染物（如氨、有机胺等）反应形成有毒的二次污染物。

WT-318 氧化性杀菌剂的使用方法如下：

（1）药剂使用浓度：40~60mg/L。

（2）加药地点：回注污水罐入口处。

（3）加药方法：采用计量泵，根据污水入罐量按使用浓度连续注入（加药计量泵最好与污水泵或流量计连锁，根据污水量确定计量泵的开启）。

（4）药剂浓度的控制：控制污水罐出口处（注水泵前）污水中游离卤素浓度为 0.10~0.20mg/L。

三、WT-318 氧化性杀菌剂介绍

本产品是一种以溴剂为主的氧化性杀菌灭藻剂，具有广谱的杀菌灭藻性能。与其他类型氧化性杀菌剂相比，在水溶液中不会产生对人体有害的物质。它能适应较宽的 pH 范围，特别是在高 pH 条件下显示出独特的良好杀菌性能；在含氨高的条件下，杀菌性能不受影响。

（一）理化特性

外观与性状：淡黄色、黄色至棕色液体，有刺激性气味。

pH 值：≥12.0。

活性物含量：≥5.0%。

相对密度（水=1.0）：≥1.20。

熔点：-35.0℃。

沸点：无意义（70℃时大部分分解）。

溶解性：与水混溶。

燃烧性：不燃。

（二）安全防护

本品为低毒产品。

本品是一种氧化剂，具有一定的腐蚀性，操作时戴胶皮手套、防护眼镜等劳保用品，接触皮肤或溅入眼睛，立即用碳酸氢钠溶液和清水冲洗，如有不适就医诊治。

如果发生泄漏，用水冲洗即可，冲洗水直接排入污水处理系统。本品残余物可以分解或自然降解，不会对环境造成污染。

（三）包装与储存

采用聚乙烯塑料桶包装。避免阳光直照，低温、荫凉、通风处储存。不可与还原剂、酸、易燃易爆或可燃物以及食品类产品等混储。

第五节 生产污水处理及回注工艺

一、各处理厂工艺流程简介

（一）榆林天然气处理厂生产污水处理及回注工艺流程

1. 生产污水的处理流程

生产污水（包括锅炉房排污、加药间排污等）经污水池后，由污水提升泵转至回注罐。

2. 污泥处理流程

污泥采取集中外运处理。

3. 生活污水处理流程

处理厂食堂的排污、卫生间的排污等生活污水，经生物降解处理后，进入回注罐，通过高压回注水泵回注地层。

4. 污水回注流程

全站处理后的生产污水全部进入污水回注罐，经过高压回注水泵加压后回注到地层。污水回注能力为 $7.8m^3/h$。

榆林天然气处理厂生产污水及回注工艺流程如图 2-3-1 所示。

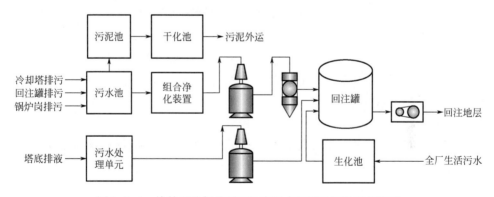

图 2-3-1　榆林天然气处理厂生产污水处理及回注工艺流程

（二）米脂天然气处理厂生产污水处理及回注工艺流程

1. 生产污水处理流程

厂区生产、检修污水通过排污系统进入生产污水池，由自吸泵输送至污水调节罐进行沉降，然后由调节罐转水泵输送至高效聚结斜管除油器进行除油，同时加入适量混凝剂和杀菌剂，再经橇装式过滤器过滤后进入回注罐，最后通过高压回注泵回注地层。

2. 污泥处理流程

自污泥池及除油器、过滤器、回注罐排污来的污泥进入泥水池，泥水经转水泵输送至泥水罐，经静置后上部清水排至卸车池，底部污泥经螺压脱水机处理变为泥饼后进行焚烧处理。

米脂天然气处理厂生产污水处理及回注工艺流程如图2-3-2所示。

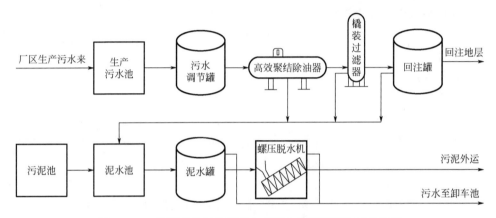

图2-3-2 米脂天然气处理厂生产污水处理及回注工艺流程

（三）神木天然气处理厂生产污水处理及回注工艺流程

神木天然气处理厂采出水来源包括神-1至神-8八座集气站脱出的采出水，其中神-1、神-2、神-3集气站已建，其余站场为拟建。气田采出水在各集气站分离后，可采用管道输送或汽车拉运至神木处理厂经处理后回注，神-1至神-4站管线输送，神-5站、神-6站、神-7站及神-8站采用汽车拉运方式。

处理厂的生产污水、废水主要为工艺装置、生产设施和供热系统等排出的污水，气田采出水主要来自气田各集气站、脱水脱烃装置分离出的污水，该部分污水采用管输或汽车拉运至天然气处理厂。

处理厂所在地没有收纳生产污水的天然水体，不存在外排污水的条件，污水采用分质处理后回注。处理厂的生产污水及气田采出水经处理后回注地层；含醇污水排入储运设施储存后外运至榆林处理厂集中处理。

1. 生产污水的处理流程

正常生产污水（包括集气站通过管输的生产污水，罐车拉运生产污水，工艺装置、生产设施和供热系统等排出的污水）首先进入沉降除油罐，油通过收油流程进入污油罐，水通过加入杀菌剂、絮凝剂沉降进入回注罐。目前污水接收量在 200m³/d 左右。

2. 污泥处理流程

生产污泥进入污泥池，通过污泥提升泵输至螺压脱水机，处理后集中外运。

3. 生活污水处理流程

处理厂食堂的排污、卫生间的排污、反渗透装置排污等生活污水，进入一元化污水处理设备处理后通过高压回注水泵回注地层。

4. 污水回注流程

全站处理后的生产污水全部进入污水回注罐，然后经过高压回注水泵加压后进入回注井。污水回注能力为 20m³/h。

神木天然气处理厂生产污水处理及回注工艺流程如图 2-3-3 所示。

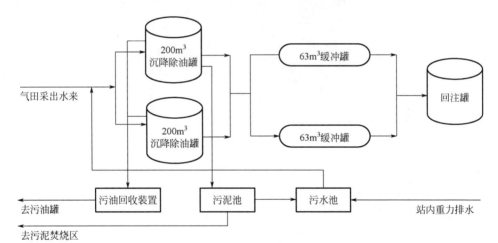

图 2-3-3　神木天然气处理厂生产污水处理及回注工艺流程

二、污水回注控制指标

长庆油田采出水回注水质标准见表 2-3-1。

表 2-3-1　长庆油田采出水回注水质标准

井口平均注水压力（MPa）	≥20	<20
悬浮固体含量（mg/L）	≤50	≤80
含油量（mg/L）	≤50	≤80

第六节　生产污水处理及回注主要设备

一、压紧式改性纤维球过滤器

本系统由两台压紧式改性纤维球过滤器组成二级串并联流程，出水水质达到回注水标准。单台滤罐反洗时，系统可正常运行，不受影响，如图2-3-4所示。

图2-3-4　压紧式改性纤维球过滤器

（一）主要性能参数

设备型号：WXGH（Y）-1000/0.6；

工作压力：≤0.6MPa；

工作温度：原油凝点+（10~80℃）；

滤料类型：改性纤维球；

处理量：10~12m³/h；

反洗泵参数：YGW50-160（Ⅰ），流量为25m³/h，扬程为32m，功率为4kW。

（二）结构及工作原理

1. 结构

过滤器结构包括罐体、搅拌器、压紧机构、滤料四部分。

（1）罐体：罐体是过滤器的主体，过滤器所有部件都连接在罐体上，整个过滤过程发生在罐体中，罐体由上下封头、筒体、上下支撑组成。

（2）搅拌器：在反洗过程中充分搅拌滤料，加速滤料清洗。搅拌器由电动机、摆线针轮减速器、密封盒总成、轴、桨叶等组成。电动机动力通过减速器减速后，带动轴及桨叶旋转，搅拌滤料。在压紧滤料时，不准转动搅拌器，必须在压紧装置到达最高点，且滤料松动后，方可启动搅拌器。

（3）压紧机构：在过滤时压紧纤维球，使得纤维球紧凑，减小纤维丝间隙，达到提高过滤精度的目的。压紧机构由液压站、液缸、油管、压紧盘组成。通过变换液压控制开关，液压站通过油管向液缸中注油，活塞杆带动压紧盘升或降，压紧盘上升时松开滤料，下降则压紧滤料。

（4）滤料：过滤器所使用的滤料是改性纤维球，它是由改性纤维丝结扎而成的 ϕ35mm 球体，填装在罐体中，填装高度为 1100mm（干状态）。

2. 工作原理

改性纤维球滤料有良好的厌油亲水性，所以具备易反洗、再生能力强、过滤精度高、抗油污染等优点，适合于油田过滤回注水使用。过滤时，压紧盘下降压紧纤维球，同时水流自上而下通过过滤罐及改性纤维球滤料，依靠直接拦截、惯性拦截、表面吸附等机理除去水中的机械杂质及油类。由于采用了新型的改性纤维球滤料，它的纳污量要比砂滤料的纳污量大，过滤阻力要小。当滤料污染到一定程度，超过滤料纳污量 20kg/m³ 时，过滤器就要进行反洗。反洗时，压紧盘上升，水流自下而上逆向流经过滤器，反洗时搅拌器桨叶不断旋转，使滤料上下运动，不断翻滚，进行反洗，其工作原理类似于洗衣机，待反洗完毕，设备进入过滤状态，进入下一个工作周期。

（三）维护保养

1. 排气与滤料清洗

设备长时间停机后再启动时，须打开排气阀，排出罐内及管中的空气，并进行滤料反冲洗操作。

2. 搅拌装置的保养与维修

（1）减速器不允许超负载工作。

（2）在使用中应检查电动机、减速器、轴承、密封盒的温度是否正常，如温度超过 60℃，应停机检查。

（3）减速器应定期进行保养，检查各连接处的紧固件等是否松动，要保持外表的整洁干净，如发现有零件损坏应及时处理。

（4）在日常运转过程中应注意油位，保持油位正常，按减速器使用说明书要求及时更换或补充润滑油。

（5）对长期停机不用的减速器，在启用前应更换新油，或对油品进行化验，认定合格后方可使用。

（6）当减速器发生某些异常时，应及时停机检查原因，待故障排除后方可启动运行。

3. 滤料补充

每年要检查一次滤料高度，作为定期保养，如果高度不够，应及时补充；每季度检查一次滤料磨损情况，必要时进行补充或更换；正常来水情况下，改性纤维球滤料使用寿命为 2~3 年。

4. 防腐

过滤器每 2 年必须试压一次，并检查内防腐层，对内防腐层损伤部位在除锈后，可用玻璃鳞片防腐涂料封闭；安装在室内的过滤器表面每 3 年刷漆保养一次，安装在室外的过滤器表面每年刷漆保养一次。

5. 润滑

经常检查各动力设备及阀门润滑点油位情况，润滑油或润滑脂要定期加入和及时更换。

6. 电气元器件及仪表

经常检查压力表的工作是否正常，电气元器件的使用和维护按其说明书执行。

7. 全面保养

整套设备每两年要进行一次全面保养，确保其安全、有效地运行。

（四）故障排除

压紧式改性纤维球过滤器常见故障及排除方法见表 2-3-2。

表 2-3-2　压紧式改性纤维球过滤器常见故障及排除方法

故障现象	原因	排除方法
连接法兰或螺纹处漏水	1. 连接螺栓松动	拧紧连接螺栓
	2. 密封件损坏	更换密封件
出水流量小	1. 进水流量小	调整进水流量
	2. 滤料层堵塞	对滤料进行反冲洗或更换滤料
出水水质差	1. 过滤时间设定得太长	缩短过滤工作时间
	2. 反冲洗不彻底	增加反冲洗时间或加药反冲洗
	3. 滤料少	补充滤料至设计高度
	4. 流量大于设计流量	将流量控制在设计流量内
	5. 来水水质太差	控制来水水质在设计要求范围内
处理量不够	1. 筛板或筛管堵塞	停机，取出滤料，用弱酸与铜刷清除楔形槽中的垢物
	2. 滤层板结	松动滤层或更换滤料
溢流管出现长流水	1. 密封圈螺栓松动	紧固螺栓
	2. 密封圈磨损严重	更换密封圈

续表

故障现象	原因	排除方法
电动机不转动	1. 熔断丝熔断	更换熔断丝
	2. 热继电器跳闸	检查热继电器
	3. 电路出故障	检修电路
水量较小，泵压较低	1. 供水不足	提高水罐的液面高度
	2. 泵的叶轮损坏	拆卸叶轮并检查

（五）注意事项

（1）过滤器进水水质必须满足设计要求，否则会破坏滤料预期性能，影响过滤效果。

（2）当单台过滤器过滤进出水压力差达到 0.2MPa 时，必须进行反冲洗操作。

（3）本设备应在小于 0.6MPa 的压力下工作。

（4）防止电动机及配电柜受潮。

（5）长期停用时，应把滤料取出，洗净晾干后备用，滤罐应加清洗剂、杀菌剂，清洗干净后备用。

（6）在气温低于零摄氏度环境下运行时，罐体及各管线应采用保温措施。

（7）不要快速开闭蝶阀，以防止产生水击现象，损坏设备。

（8）要求 DN100mm 以上蝶阀开关时间大于 3s，DN50mm 以上蝶阀开关时间大于 2s。

二、液压隔膜式高压往复泵

（一）主要性能参数

型号规格：3MDP1205-6.0/20 型；

流量：$10m^3/h$；

压力：25MPa；

所配电动机：90kW；

本系列泵由液力端、动力端、电器气分和减速传动部分组成，如图 2-3-5 所示。整套装置安装在同一整体金属底架上。泵的液力端进口管两端设有进出口，可左右互换，便于工艺安装。

（二）结构与工作原理

液压隔膜式高压往复泵的结构，如图 2-3-6 所示。

1. 液力端

（1）液力端由泵头总成、内循环压力平衡系统和隔膜片等组成。

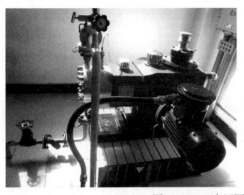

图 2-3-5　液压隔膜式高压往复泵

图 2-3-6　液压隔膜式高压往复泵结构

（2）泵头总成包括泵头、进排液单向阀、进排液管及法兰、前置护膜板等。

（3）内循环压力平衡系统由缸体、二阀组（泄压阀和排气阀）、补油阀以及油池等组成。

（4）隔膜片安装于泵头与缸体之间，其两侧分别为介质腔和液压腔。

（5）液压系统应采用 L-HM（耐磨型）N46 液压油，也可采用性能类似的液压油。

2. 动力端

动力端的灰铸铁机身为箱式结构，机身内曲轴端的下部存放润滑油，油面显示在油标上，正确油位应在油标的中线上，润滑油采用 N46～N68 机械油，也可使用相同牌号的液压机械油，对气候温差较大的地区，夏天可采用 N68 机械油，秋天采用 N46 机械油，严禁无牌号或废机油进曲轴箱润滑。

泵采取飞溅润滑与强制润滑两种方式。采用飞溅润滑方式时，十字头导轨上部的机身内设计一个小油池，对准十字头导轨孔上部中央钻一个小孔。若泵转速较低时，曲轴的圆形曲柄旋转时带上来的润滑油被刮油器导入小油池内，从而润滑十字头与十字头销。当柱塞力大于 10t 时采用强制润滑，连杆瓦片、十字头各部分所需要的润滑油由专用供油泵经滤油器从曲轴连杆内的油道送到各摩擦副进行润滑。曲轴两端的轴承用飞溅润滑。

采用飞溅润滑方式的泵，十字头与十字头销为全浮式结构；采用强制润滑方式的泵，十字头与十字头销为半浮式结构（即十字头与十字头销为过盈配合，连杆衬套与十字头销为动配合），十字头销装入十字头后两端用卡簧卡住，防止十字头销脱落。

中间杆往复运动时，中间杆部位采用密封件密封，动力端的润滑油不致被带出。

油池内设有磁性件以吸附润滑油内的金属杂质。

采用强制润滑的泵装有润滑油冷却器、滤油棒及油压控制器，调整油压在 0.3~0.4MPa 内，电控箱上黄色压力指示灯亮，泵开始启动。在泵运转中，若润滑油压力降至低于要求值时，电控箱的二次线路断开，泵停止运转。

3. 电气部分

电气部分由电控箱和电动机组成，电控箱内设置交流接触器、空气开关等。电动机采用星—△降压启动。

4. 减速传动部分

减速传动部分采用皮带轮或减速器。

若采用皮带轮，减速传动部分由大小皮带轮和一组 V 形皮带、皮带轮防护罩等组成，皮带采用抗静电型。对大、小皮带轮全部用防护罩进行包覆，达到手不可及，衣角、绳索不可进的目的。停泵检修时，防护罩拆装安全、方便。在防护罩的内侧面装有可开启的格栅门，用于盘车、观察皮带轮转动方向及皮带使用状况，在防护罩外侧位于大小皮带轮轴心处分别开有一个圆形观察孔。

若采用减速器，减速器的输入和输出轴均装有联轴器，分别与电动机和动力端上的曲轴连接。联轴器处设有防护罩。

5. 工作原理

电动机经减速器或皮带轮和皮带与曲轴连接，通过连杆带动柱塞做往复运动。当柱塞向后运动时，液压腔内产生负压，使膜片向后挠曲变形，介质腔产生负压，此时出口单向阀关闭，进口单向阀打开，介质从进口管路进入介质腔内，柱塞至后始点时，吸液过程结束；当柱塞向前运动时，液压腔中的液压油推动膜片向前挠曲变形，介质腔压力增大，使进口单向阀关闭，出口单向阀打开，介质从介质腔排出进入出口管路。柱塞连续往复运动，泵即可连续输送介质。

介质腔和液压腔均设有护膜板，当隔膜片抵达腔体内壁时，护膜板自动关闭，腔体内壁形成平整状态，使隔膜片不会因挤压变形而破损，从而有效提高了使用寿命。

在运行过程中，当液压腔内压力高于额定值时，二阀组内的泄压阀起跳，释放出来的液压油经过回油管进入油池；当液压腔内的液压油不足时，补油阀自动开启，油池内的液压油通过补油管进入液压腔，使液压腔内隔膜片两侧的压力始终保持平衡，是隔膜片使用寿命延长、泵稳定可靠运行的重要因素之一。

二阀组内的排气阀可使液压腔内的少量空气排出，避免产生气蚀现象，确保正常运行。在排气过程中，会有极少量液压油经回油管一起排出，此时补油阀也同时有相同量的液压油补充进入腔体内，形成液压油的内循环。

（三）运行现状与安全

（1）动力端曲轴箱内没有润滑油时，绝对不允许启动泵。

（2）严禁在进、出口管线上的阀门和旁通阀关闭的情况下启动泵。

（3）新泵或经过大修的泵，必须经过 2h 的空载运转后才能进行负荷运转，并且必须每隔 30min 按额定压力的四分之一逐级升压。如无逐级升压条件，可直接升压至额定压力，但泵的空载运转时间必须在 4h 以上。

（4）整个升压过程中，应对设备进行观察、检查：

① 检查有无异常噪声、撞击声，进、出水是否畅通，有无泄漏现象。

② 检查润滑系统的油压、油温是否正常，油温不得超过 75℃，柱塞与填料摩擦副处的温度不超过 65℃。

③ 检查出口压力是否波动，泵的排量是否符合要求，管线和泵有无异常振动。

④ 观察二阀组回油管内液压油的流动状况，若随柱塞往复运动有少量流动则为正常；若流动太快，则应调紧二阀组压紧螺帽或检查二阀组内泄压阀组，有异物卡住或密封面损坏均为不正常现象；若不流动或无液压油，则表明液压腔内有空气，可拧松二阀组压紧螺帽，让泄压阀起跳几次，直到回油管内无气泡或只有少量细小气泡排出即可恢复正常运行。

⑤ 检查各处螺栓、法兰、螺母有无松动。

（四）零部件的拆卸与装配

1. 拆卸连杆、十字头、曲轴

（1）拆去前盖板、上盖板、后盖板，拆去密封盒和油封，拧下中间杆，拧下连杆后盖压紧螺栓，取出连杆后盖，把连杆和十字头推进至死点，如图 2-3-7 所示。

（2）拆下电动机和减速机，拆下曲轴上的联轴器，再拆去轴两端轴承盖，取出曲轴。

图 2-3-7　液压隔膜式高压往复泵油封与传动轴

2. 装配连杆、十字头、曲轴

连杆、十字头、曲轴等的装配顺序与拆卸顺序相反。但在组装前必须去除零件的毛刺，清洗干净。组装时对各摩擦部位添加适量的润滑油。内部零件组装后，马上盖好盖板，防止污物进入。

3. 拆卸单向阀

拆下单向阀套上的压盖，把专用工具的螺杆拧入阀体的螺孔内，上下滑动专用工具上的铁块，将单向阀整体从阀套内取出。

4. 装配单向阀

单向阀的装配顺序与拆卸顺序相反，但在装配前应清洗干净，涂适量的润滑油。

5. 更换膜片的方法

（1）停泵，关闭泵进出口管道上的阀门。在泵头下方安放一个盆子，使介质和液压油不至于流淌到地面。

（2）拧下泵头前端的大螺母，在泵头左右两边的螺孔中拧入 T 形螺杆，将泵头顶出并取下，此时可看到里面的膜片。

（3）取下需更换的膜片，装上新膜片，再装上泵头，均匀拧紧所有压紧螺帽。

6. 向液压腔内补足液压油的方法

（1）拧下缸体上的二阀组，装上油杯。

（2）将油倒入油杯，用手盘动电动机风叶，随着柱塞缓慢往复运动，液压油被吸入腔内，同时排出空气，直至空气排尽。

（3）装上电动机风叶罩，装上二阀组，开泵空载运转，拧松二阀组压紧螺帽继续放空，直至所有二阀组回油管内无明显空气排出，再将压紧螺帽拧紧到泄压阀不起跳为止，然后拧紧螺帽锁紧。设置于二阀组下的阀门可用来调节液压油的释放量。

7. 更换柱塞和柱塞密封填料

（1）拔下液压油管上的二阀组回油管，拧下液压油管两端法兰的压紧螺帽，手动盘车，将柱塞退到后始点，拧下密封填料压盖，将柱塞从中间杆上拧下，即可把柱塞填料函和压紧法兰整体取出，然后将需要更换的柱塞和填料拆下，按原样装上新的柱塞和填料。

（2）把填料函装入动力端原先位置，套上压紧法兰和填料压盖，再将柱塞拧紧于中间杆上，把液压油管按原样装上，均匀拧紧所有螺帽，此时应手动盘车检查柱塞往复运动是否顺畅，如有卡阻现象，则应进行必要的调整。

（3）适当拧紧填料压盖，再手动盘车检查，如一切正常，则该项工作完成。

（五）维护保养

1. 常规维护

（1）检查润滑油油质。采用 46~48 号机械油或相同牌号液压机械油，新泵所加润滑油在工作 40h 后应全部更换，以后逐渐延长至 80h，直至最长为 500h 更换一次。每次更换润滑油时应将曲轴箱及内部零部件用汽油或煤油冲洗一次。加润滑油应经滤网过滤。

（2）定期清洗油滤器和磁性棒。

（3）检查进、出水管路线及进水过滤器是否有堵塞或损坏。

（4）定期检查和校正安全阀的释放压力为额定工作压力的 1.15 倍。

（5）检查各处密封的完好性。

（6）定期检查皮带松紧度、压力表的准确性。

（7）泵的大修理周期为运行后的 1000h。

（8）冬天使用时，应注意防冻。防冻剂可加在进水箱，开机打循环，使防冻剂能流过设备所有流道；若没防冻剂，则必须将进水箱、泵头腔体内所有流道内的水全部排尽。

2. 日常维护项目

（1）检查二阀组回油管内液压油的流动状况。

（2）检查曲轴箱中润滑油油位、润滑油温度及润滑油污染程度。

（3）检查泵排出压力。

（4）检查润滑油泄漏情况。

（5）检查液力端泄漏情况。

（6）检查中间杆密封泄漏情况。

（7）检查曲轴输出轴端的密封泄漏情况。

（8）检查出口缓冲器的使用情况。

（9）检查各法兰连接紧固情况。

3. 每月检查项目

（1）检查中间杆磨损情况。

（2）检查、清洁曲轴箱通气帽。

（3）检查单向阀。

4. 每六个月检查项目

（1）检查十字头间隙。

（2）检查十字头销间隙。

（3）检查主轴承间隙。

（4）检查曲柄轴瓦间隙。

（5）检查皮带轮、皮带或联轴器。

（6）更换曲轴箱、齿轮箱润滑油。

（7）更换液压系统的液压油。

（六）常见故障排除方法

液压隔膜式高压往复泵常见故障及排除方法见表2-3-3。

表2-3-3　液压隔膜式高压往复泵常见故障及排除方法

故障现象	可能原因	排除方法
不排液，不上压，或排量明显不足，压力表指针急剧摆动	1. 进水管道或介质腔内有空气	开泵低压放空或拧开介质放空阀
	2. 液压腔空气未排净	拧松二阀组压紧螺帽放空
	3. 单向阀失效	更换单向阀
	4. 泵没有注入水	把水注入泵
	5. 泵的净正吸入压力不足	增大泵吸入系统的净正吸入压力
	6. 吸入管内有异物堵住或管径太小	清除管内障碍物或增大吸入管径

续表

故障现象	可能原因	排除方法
排出压力低	1. 单向阀泄漏	更换单向阀上的阀片或整组阀门
	2. 泵的排液量不足	增加供液量
	3. 液体在吸入过程中汽化	增大吸入压力，避免汽化
液力端产生不均匀的冲击声	1. 进、排液阀启闭受阻或损坏	消除运动的阻碍或更换阀座、阀芯
	2. 进、排液阀弹簧断裂	更换弹簧
	3. 泵体上法兰的液压油过多	拧紧法兰螺栓
液力端产生振动	液压腔内的液压油过多	拧松二阀组压紧螺帽，适量排出液压油
泵的进、排液管道剧烈振动	1. 进、排液阀工作不正常，出液量不均匀	排除进、排液阀故障
	2. 缓冲器充气压力不当	充气压力调整到规定值
	3. 进、排液管支撑点不当	变换或加固管道支撑点位置
	4. 进、排液管管径太小造成流速过快	适当增大管径
柱塞及填料函温度过高	1. 填料压得太紧	适当拧松填料压盖
	2. 填料装配不当	纠正填料安装方法
动力端有撞击声	1. 泵的旋转方向不对	纠正安装方法
	2. 连杆大头瓦磨损，间隙过大	更换轴瓦
	3. 连杆小头衬套磨损，间隙过大	更换衬套
	4. 十字头磨损，间隙过大	更换十字头或调整十字头与滑道的间隙
	5. 连杆螺母松动	拧紧螺母
	6. 主轴承磨损	调整或更换主轴承
	7. 柱塞与中间杆或中间杆与十字头连接松动	拧紧松动处
	8. 曲轴轴向间隙过大，轴向窜动	调整曲轴轴向间隙

（七）启停操作程序

1. 启运前检查

（1）检查泵各部位连接紧固，地脚螺栓无松动现象。

（2）检查压力表、安全阀齐全、完好、有效、投运。

（3）检查皮带松紧度正常，盘动皮带轮两圈以上，确认无卡阻现象。

（4）检查润滑油、液压油油位在1/2~2/3之间，油质无乳化、无污染。

（5）检查液压油路连接紧固，补油阀、补油二阀组控制阀门处于打开状态。

（6）检查缓冲器、防护罩完好。

（7）检查控制面板供电正常，电气线路绝缘良好。

2. 导通流程

（1）导通回注井井口流程。

（2）打开回注罐出口阀、回注罐高压回流阀。

（3）打开泵进口阀、高压回流阀。

3. 启动

（1）按启动按钮启泵。

（2）空载运行 5min 后，缓慢关闭高压回流阀。

4. 运行中检查

（1）检查泵体无异响。

（2）检查各连接部位无泄漏。

（3）检查二阀组回油管内液压油流动正常。

（4）检查泵体、电动机温度不大于 65℃。

（5）检查泵出口压力正常。

5. 停泵

（1）缓慢关闭高压回流阀，空载运行 5min。

（2）按停止按钮停泵。

（3）关闭泵进口阀、泵高压回流阀、回注罐出口阀、回注罐高压回流阀、回注井井口流程。

第三部分
自动化控制及计量仪表

第一章　计量基础知识及常用计量装置

第一节　计量基础知识

一、概述

计量是一项复杂的社会活动，是通过技术和法制的手段，实现测量的单位统一和量值准确可靠，是技术与管理的结合，不管处于社会发展的哪个阶段，计量均与社会经济的各个部门、人民生活的各个方面有着密切的关系。

计量单位：为定量表示同种量的大小而约定地定义和采用的特定量。同类的量纲必然相同，但相同量纲的量未必同类。在国际单位制中基本计量单位有 7 个：米、千克、秒、安培、开尔文、摩尔、坎德拉。

米(m)：长度单位，是光在真空中于 1/299792458s 时间间隔内所经路径的长度。

千克(kg)：质量单位，等于国际千克原器的质量。

秒（s）：时间单位，是与铯 133 原子基态的两个超精细能级间跃迁相对应的辐射的 9192631770 个周期的持续时间。

安培（A）：电流单位，在真空中截面可忽略的两根相距 1m 的长平行圆直导线内通以等量恒定电流时，若导线间相互作用力在每米长度上为 $2 \times 10^{-7}N$，则每根导线中的电流为 1 安培。

开尔文（K）：热力学温度单位，一开尔文等于水的三相点热力学温度的 1/273.16。

摩尔（mol）：物质的量单位，是一个系统的物质的量，该系统中所包括的基本单元数与 0.012kg 碳−12 的原子数目相等。在使用摩尔时应指明基本单元，可以是原子、分子、离子电子或其他粒子，也可是这些粒子的特定组合。

坎德拉（cd）：发光强度单位，是一个光源在给定方向上的发光强度，该光源发出频率为 $540 \times 10^{12}Hz$ 的单色辐射，且在此方向上辐射强度为 1/683W/sr。

国际单位制的基本单位见表 3−1−1。

表 3-1-1　国际单位制的基本单位

量的名称	单位名称	单位符号
长度	米	m
质量	千克（公斤）	kg
时间	秒	s
电流	安［培］	A
热力学温度	开［尔文］	K
物质的量	摩［尔］	mol
发光强度	坎［德拉］	cd

二、计量学分类

计量学可分为通用计量学、技术计量学、理论计量学、品质计量学、法制计量学、经济计量学。可以说一切可计量的量的计量测试皆属于计量学的范围，当前比较成熟和普遍开展的计量科学领域有十二大计量：几何量（长度）、力学、热工、电磁、电子、时间频率、声学、光学、化学、电离辐射、振动转速、气象。

几何量：长度、角度、工程参量等。

力学：质量、密度、力、功、能、流量。

热工：热力学、温度、热量、热容、热导率。

电磁：电流、电势、电压、电容、磁通、磁导。

电子：噪声、功率、调制脉冲、失真、衰减、阻抗、场强等。

时间频率：时间、频率、波长、振幅、阻尼系数。

声学：声压、声速、声功率、声强。

光学：发光强度、光通量、照度、辐射强度、辐射通量、辐射照度等。

化学：标准物质、物质的量、阿伏伽德罗常数、摩尔质量、渗透压等。

电离辐射：粒子能量密度、能通量密度、活度、吸收剂量等。

振动转速：振动幅度、振动频率、转速等。

气象：气温、气压、风速、相对湿度等。

三、计量的特点

（一）准确性（精确性）

准确性是计量的基本特点，是计量科学的命脉，计量技术工作的核心。它表征计量结果与被测量真值的接近程度。量值的准确可靠是计量的目的和归属，

"准"是计量工作的核心。只有量值，而无准确程度的结果，严格来说不是计量结果。准确的量值才具有社会实用价值。所谓量值统一，说到底是指在一定准确程度上的统一。

（二）一致性

一致性是指在统一计量单位的基础上，无论在何时何地，采用何种方法，使用何种计量器具，以及由何人测量，只要符合有关要求，其测量结果就应该在给定的区间内一致。计量单位统一和量值统一是计量一致性的两个方面。然而，单位统一是量值统一的重要前提。量值的一致是指在给定误差范围内的一致。计量的一致性，不仅限于国内，也适用于国际。

（三）溯源性

溯源性是指任何一个测量结果或计量标准的值，都能够通过一条具有规定不确定度的连续的比较链，与计量基准联系起来。正是计量的这种特性，使所有的同种量值，都可以按照这条比较链通过校准向测量的源头溯源，也就是任何量值均能追溯到"源"头。换句话说，为了使计量结果准确一致，任何量值都必须由同一个基准（国家基准或国际基准）传递而来。

（四）法制性

计量不论是单位制的统一，还是计量标准的建立，量值传递网的形成，检定的实施等各个环节，不仅要有技术手段，还要有严格的法制监督管理，都必须以法律法规的形式作出相应的规定。尤其是那些重要的或关系到国计民生的计量，诸如贸易结算等必须要有法制保障。法制性一方面体现在计量依法监督管理；另一方面体现在法定的计量机构出具的证书、报告及给出的测量结果具有法律效力。

第二节　流量测量基础知识

一、概述

流量就是在单位时间内流体通过一定截面积的量。这个量用流体的体积来表示称为瞬时体积流量（q_v），简称体积流量；用流体的质量来表示称为瞬时质量流量（q_m），简称质量流量。

体积流量常用单位有：m^3/s；m^3/d；$\times 10^4 m^3/d$。

质量流量常用单位有：kg/s；kg/d。

气体的体积是随温度和压力而变化的，因此在测量天然气体积流量时，必须指定某一温度和压力作为计量的标准温度和压力，称为"基准状态""标准状态"。我国以压力 101.325kPa、温度 20℃ 作为天然气计量的标准条件。在上述标准条件下的天然气流量称为标准流量，其单位可用 m^3/d、m^3/h 等表示。

二、流量计量

测量流量的仪器或仪表称为流量计。测量体积流量的流量计称为体积流量计，测量质量流量的流量计称为质量流量计。

工业上常用的流量仪表可分为速度式流量计和容积式流量计两大类。

（一）速度式流量计

速度式流量计是以测量流体在管道中的流速作为测量依据来计算流量的仪表，如差压式流量计、变面积流量计、电磁流量计、漩涡流量计、冲量式流量计、激光流量计、堰式流量计和叶轮水表等。

（二）容积式流量计

它以单位时间内所排出的流体固定容积的数目作为测量依据，如椭圆齿轮流量计、腰轮流量计、孔板式流量计和活塞式流量计等。

常用的流量计主要有差压式流量计、容积式流量计、速度式流量计、质量式流量计等。我国目前使用最多的是标准孔板流量计。

孔板流量计在 20 世纪初即使用于天然气流量测量，经过一个世纪漫长的发展过程，它已成为全世界最主要的天然气流量计，是国内外研究最早、最细、试验数据最多、使用经验最丰富、标准化程度最高的计量手段。据估计，目前在国外它约占 60%，而在国内占 90% 以上。目前在国际上仍无统一的国际标准用于天然气流量计量，利用标准孔板流量计测量流体流量有两个平行标准 ISO 5167-1、API 2530。

由于在标准制定方面起步较晚，一直到 1978 年底才在国际标准 ISO/R541 的基础上制定和通过了我国第一个节流装置国家标准 GB 2624—1981《流量测量节流装置 第一部分：节流件为角接取压、法兰取压标准孔板和角接取压标准喷嘴》。1978 年通过的国家标准是流体流量测量通用标准，但它不适应天然气行业准确计量的具体需要。

1981 年 9 月原石油工业部下达了《天然气流量标准孔板计量方法》的编写任务，该标准以国家标准 GB 2626—1981 为依据，参考 AGA NO.3 报告与 ISO 5167-1 某些内容，只规定了孔板一种节流件，法兰与角接两种取压方式，于 1983 年 10 月发布实施，是我国第一个天然气流量的计量标准（SYL040—1983《天然气流量的标准孔板计量方法》）。

三、标准孔板计量装置

(一) 测量原理

天然气流经节流装置时，流束在孔板处形成局部收缩，从而使流速增大，静压力降低，在孔板前后产生静压力差（差压），气流的流速越大，孔板前后的差压也越大，从而可通过测量差压来衡量天然气流过节流装置的流量大小，如图 3-1-1 所示。

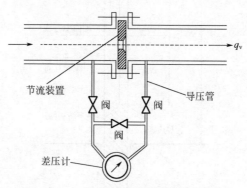

图 3-1-1　标准孔板计量装置原理示意

这种测量流量的方法是以能量守恒定律和流动连续性方程为基础的。

处理厂主要用在集气区、配气区、增压区的天然气计量，使用高级阀式孔板节流装置+差压变送器+压力变送器+温度变送器。

(二) 计量装置的组成

计量装置由孔板节流装置、信号引线、二次仪表组成。孔板节流装置又包括孔板、孔板夹持器、上下游直管段。

1. 孔板

孔板（图 3-1-2）是机械加工获得的一块圆形穿孔的薄板，它是由持有有效生产许可证的厂家和专业加工者加工的，并经过严格检验才能作为成品出厂的。应当注意：孔板即使有很小一点不标准，如开孔的入口边缘缺口、板面弯曲、加工粗糙、边缘不尖锐、板面脏、板面方向错误，都会造成严重的测量附加误差。所以在设计、加工、检验、安装、使用过程中，一定要符合标准的要求，确保孔板平整干净、不变形、无缺口和无撞擦伤，直角入口边缘尖锐，安装正确。

2. 孔板夹持器

孔板夹持器是用来输出孔板产生的静压力差并安置和定位孔板的带压管路组件。

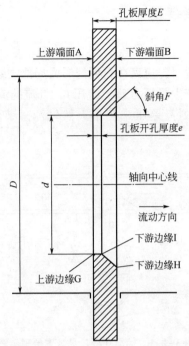

图 3-1-2 标准孔板结构示意

（1）夹式孔板夹持器：是我国早期用的孔板夹持器，这种夹持器清洗和更换孔板困难，需中断供气或旁通供气。

（2）阀式孔板夹持器：有简易型和高级型，高级型可在不停气的情况下直接更换、清洗孔板，也是目前用得最多的孔板夹持器。

（3）取压方式：每个孔板夹持器至少有一个上游取压孔和下游取压孔，上下游取压孔位置应符合不同取压方式的位置要求。一块孔板可采用不同的取压方式，如果在同一个孔板夹持器上有不同取压方式的取压孔时，为了避免相互干扰，在孔板同一侧的几个取压孔应至少偏移 30°。

① 法兰取压：取压孔的中心线距孔板上下游端面的距离为 25.4mm，如图 3-1-3 所示。

（a）当 D（计量管段公称直径）小于 150mm 时，取压孔 1 和 2 的位置应在 （25.4±0.5）mm 之间；当 D 大于 150mm 时，取压孔 1 和 2 的位置应在 （25.4±1.0）mm 之间。

（b）取压孔的轴线应与测量管轴线相交，并与其成直角。

（c）取压孔直径应小于 0.13D，同时小于 13mm。

② 角接取压：取压孔设置在孔板的上下游端面处，有环隙取压和单独钻孔取压。

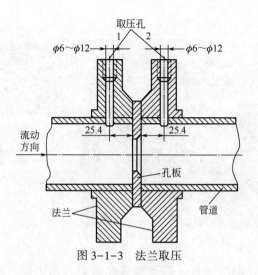

图 3-1-3　法兰取压

技术要求：孔板夹持器和测量管连接处不应出现台阶，夹持器与孔板的接触应平齐。孔板夹持器外圆柱表面上应该有表示安装方向的符号、出厂编号和测量管内径的实测尺寸值，如图 3-1-4 所示。

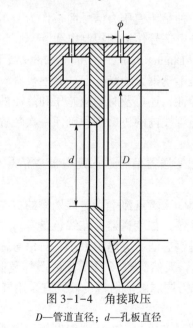

图 3-1-4　角接取压

D—管道直径；d—孔板直径

3. 测量管

测量管是指孔板上下游所规定直管段长度的一部分，各横截面面积相等、形状相同、轴线重合且邻近孔板，是按技术指标加工的一段直管，如图 3-1-5

所示。

图 3-1-5　测量管

节流装置安装在两段等直径圆形横截面的直管段之间，在此之间除了取压孔、测温孔之外，无障碍和连接支管。直管段毗邻孔板上游 10D 或流动调整器后和下游 4D 处的直管段部分需机加工，并符合标准规定。

4. 信号引线

信号引线有两种：一种是传递压力信号而被作为引压管线的无缝钢管，另一种是传递电信号而被用作电信号传输的控制电缆。

引压管线通常采用 $\phi18mm\times3mm$、$\phi18mm\times2mm$ 或 $\phi14mm\times2mm$ 的无缝钢管，最理想的引压管线是不锈钢无缝管，但一次性投资较贵。引压管线应尽可能短，以便降低泄漏的可能性，还可及时响应差压和静压的波动。其设计选型、安装敷设应有利于排除引压管线内的析出物和确保一次装置所产生的测量信号正确传递。

电信号引线主要是把变送器信号送入配电器或信号分配器，然后进行 A/D 转换输入计算机。

随着计量技术的发展和天然气流量计量准确率的提高，许多电子仪器仪表和设备都运用到流量测量系统，如变送器、在线色谱等。这就涉及电信号引线传输信号的问题，最理想的是铜芯线，它电阻率小，对信号输送损失小，常选用的是 BV 铜芯聚氯乙烯绝缘线。天然气现场属于 2 区爆炸危险场所，宜采用 KVV2-500 铠装控制电缆。特殊需要屏蔽的信号传输线宜采用屏蔽电线或屏蔽电缆。

5. 二次仪表

孔板流量计的二次仪表是压力、差压、温度等检测元件直至显示和记录出流量所用的流量计算机等的总称。它包括所需参数测量仪表，如压力、差压、温度变送器和密度传感器、组分检测仪器等，也包括转换装置所需转换、计算、输出、显示、记录的仪表，如配电器、信号分配器、A/D 转换板、通道接口、计算机、打印机、记录仪等。

二次仪表到目前已出现了三代产品：第一代机械式仪表进行手工计算；第二代力平衡式的电动单元组合仪表 DDZ 型；第三代微位移检测原理的智能仪表。第三代产品具有准确度高、稳定性好的特点，其通信功能可实现在线故障诊断、组态和校验。

6. 孔板流量计的操作

1）提出孔板的步骤

（1）首先逆时针打开平衡阀，平衡上、下腔室压力。

（2）用专用摇把顺时针摇动滑阀轴，全部打开滑阀，使上、下腔室连通。

（3）逆时针摇动下腔室提升轴将孔板提升，当观察到上腔室提升轴转动 2~3 圈，代表孔板导板已经和上腔室提升轴咬合，此时再逆时针转动上腔室提升轴，直到摇不动为止，代表孔板已经完全摇到上腔室。

（4）用专用摇把逆时针摇动滑阀轴，全部关闭滑阀，使上、下腔室隔断。

（5）顺时针关闭平衡阀，使上、下腔室彻底隔断。

（6）逆时针打开放空阀 2~3 圈直到上腔室内的压力全部放完为止。注意为了防止上腔室憋压，上腔室内压力放完后也不能关闭放空阀。

（7）用专用六角扳手拧松孔板流量计顶部压盖顶丝，抽出顶盖。

（8）逆时针转动上腔室提升轴可将压盖顶出后取掉压盖。

（9）逆时针转动上腔室提升轴直到全部把导板摇出，如图 3-1-6 所示。

图 3-1-6　摇出导板

（10）取出导板后小心地将孔板取出，注意不要损伤孔板，如图 3-1-7 所示。

2）放入孔板的步骤

（1）首先确认孔板不能反装，且孔板胶圈完全放到导板内。

图 3-1-7 取出孔板

（2）用专用摇把顺时针摇动上腔室提升轴将导板完全放入上腔室。

（3）确认顶盖密封垫子到位后用专用六角扳手拧紧孔板流量计顶部压盖顶丝，关闭放空阀。

（4）逆时针打开平衡阀，给上腔室充压，检查上腔室顶盖是否有泄漏，如果有则关闭平衡阀，打开放空阀重新紧固或更换顶盖垫子。

（5）逆时针打开平衡阀，给上腔室充压，确认上腔室顶盖无泄漏后顺时针全部打开滑阀，使上下腔室连通。

（6）顺时针摇动上腔室提升轴将孔板放入，当观察到下腔室提升轴转动 2~3 圈，代表孔板导板已经和下腔室提升轴咬合，此时再顺时针转动下腔室提升轴，直到摇不动为止，代表孔板已经完全摇到下腔室。

（7）逆时针关闭全部滑阀，顺时针关闭平衡阀，使上下腔室隔断。

四、电磁流量计

天然气处理厂主要在水源系统中应用电磁流量计，如图 3-1-8、图 3-1-9 所示。

图 3-1-8 电磁流量计示意图

图 3-1-9 电磁流量计安装位置

（一）原理

根据法拉第电磁感应定律，当一个导体在磁场中运动切割磁力线时，在导体的两端即产生感应电势 e，其方向由右手定则确定，其大小与磁场的磁感应强度 B、导体在磁场内的长度 L 及导体的运动速度 u 成正比。在磁感应强度为 B 的均匀磁场中，垂直于磁场方向放一个内径为 D 的不导磁管道，当导电液体在管道中以流速 u 流动时，导电流体就切割磁力线。如果在管道截面上垂直于磁场的直径两端安装一对电极则可以证明，只要管道内流速分布为轴对称分布，两电极之间也会产生感生电动势，体积流量 q_v 与感应电动势 e 和测量管内径 D 呈线性关系，与磁场的磁感应强度 B 成反比，与其他物理参数无关。

（二）操作

（1）检查之前必须通知中控室现场配合。

（2）可通过红外线触摸传感器设定和查看转换器（表头）的参数，无须打开转换器的盖子进行参数检查和设定。一般情况下表头内的参数在出厂时已全部设定整定完毕，无须现场设定。

（3）主要查看流量计内的量程是否和中控设置对应。

（4）用万用表检查流量计的输出电流值是否和表头对应。

（5）如果流量计波动大，则分析流量计周围是否有强的外磁场干扰及强烈的机械振动。

（6）如果拆卸流量计，则必须通知工艺将流量计的流程导入旁通或备用管路。

（7）拆卸之前要将流量计内的介质压力泄放完毕方可操作。

（8）检查流量计的衬里是否完好，在拆装过程中一定要注意保护衬里不能损坏。

（9）检查流量计的电极是否清洁，如果附着脏污、杂质，用工具小心清理，避免操作过猛损坏电极。

五、智能旋进流量计

天然气处理厂主要在空氮站、燃料气区应用智能旋进流量计，如图 3-1-10、图 3-1-11 所示。

（一）概述

智能旋进流量计是集流量、温度、压力检测功能于一体，并能进行温度、压力、压缩因子自动补偿的新一代流量计，该仪表采用先进的微机技术与微功耗高新科技，功能强，结构紧凑，操作简单，是石油、化工、电力、冶金等行业气体计量的理想仪表。当沿着轴向流动的流体进入流量传感器入口时，螺旋形叶片强迫流体进行旋转运动,于是在旋涡发生体中心产生旋涡流,旋涡流在文丘利管中旋进,到达收缩段突然节流使旋涡流加速,当旋涡流进入扩散段后,因回流作用强迫进行二次旋转。此时旋涡流的旋转频率与介质流速成正比,并为线性。两个压电传感器检测的微弱电荷信号同时经前置放大器放大、滤波、整形后变成两路频率与流速成正比的脉冲信号,计算仪中的处理电路对两路的脉冲信号进行比较和判别,剔除干扰信号,而对正常的流量信号进行计数处理。

图 3-1-10 智能旋进流量计

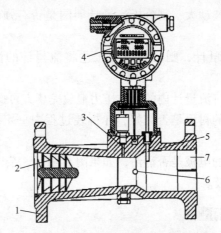

图 3-1-11 智能旋进流量计结构示意图

1—壳体;2—旋涡发生体;3—压力传感器;4—流量计算仪;

5—温度传感器;6—压电传感器;7—出口导流体

流量计算式为:

$$K = f/q \qquad (3-1-1)$$

式中 K——流量仪表系数,$1/m^3$;

f——旋涡频率,Hz;

q——体积流量，m^3/s。

流量计的仪表系数在一定的结构参数和规定的雷诺数范围内与流体的温度、压力、组分和物性（密度、黏度）无关。

智能旋进流量计主要特点如下：

（1）内置压力、温度、流量传感器，安全性能高，结构紧凑，外形美观。

（2）就地显示温度、压力、瞬时流量和累计流量。

（3）采用新型信号处理放大器和独特的滤波技术，有效地剔除了压力波动和管道振动所产生的干扰信号，大大提高了流量计的抗干扰能力，使小流量具有出色的稳定性。

（4）特有时间显示及实时数据存储功能，无论什么情况，都能保证内部数据不会丢失，可永久性保存。

（5）整机功耗极低，能凭内电池长期供电运行，是理想的无须外电源的就地显示仪表。

（6）防盗功能可靠，具有密码保护，防止参数改动。

（7）表头可180°随意旋转，安装方便。

（二）操作

（1）流量计参数设定见表3-1-2。

（2）参数设置时显示内容须在按 SET 键进入设置时才可存入，否则设置无效。

（3）为了保证参数在掉电后仍可保存，必须按 RST 键，返回正常工作状态，在设置时掉电不能保存设置值。

表3-1-2　智能旋进流量计参数设定操作表

序号	操作	显示内容	定义	备注
1	第1次 按 SET 键	总量×××××××m³ LF××× N×× ng—n（y） ——————	标准体积总量基数下限 截止频率 压缩因子是否修正 通信序号	ng—n 时压缩因子不修正 ng—y 时压缩因子修正
2	第2次 按 SET 键	d_n　×.×× —— N₂　××.× —— CO₂××.× —	相对密度 N_2 摩尔百分含量 CO_2 摩尔百分含量	当进行压缩因子修正时必须正确设置
3	第3次 按 SET 键	××××××× ×××× PE—4（8）—	北京标准时间设置 最大体积流量设置 温度取样周期（s）	应按规定设定流量计最大体积流量
4	第4次 按 SET 键	20mA—×××× ×××× ×××——	20mA 对应标准体积流量 上限压力报警值（kPa） 下限压力报警值（kPa）	在带 4~20mA 输出时必须设定该值，且不得为0

序号	操作	显示内容	定义	备注
5	第5次 按SET键	1—×××××. ×× ××××——	第1段仪表系数 K_1 分段频率 F_1	1. 当不进行分段修正时一般 为5000即可，再将 K_1 正确 设定。
6	第6次 按SET键	2—×××××. ×× ××××——	第2段仪表系数 K_2 分段频率 F_2	2. 分段方法：当 $F_{n-1} \leqslant F < F_n$ 时，取 K_n 计算，F 为流量 频率
7	第7~12次 按SET键	n—×××××. ×× ××××——	第 n 段仪表系数 K_n 第 n 段分段频率 F_n	
8	第13次 按SET键	同第一次内容		
9	按SET键	进入正常工作状态		RET键将所有设置参数存储

（4）设置方法：打开后盖，按表3-1-2依次设置SET键，选择欲设定的参数，然后按移位键（SFT），选择欲修改的字位，该位即不停闪烁，再按修改键（INC）使该位为预定值，待全部参数设定完毕后，再按复位键（RST），即退出设定状态，进入正常工作状态。

六、超声波流量计结构和计量原理

（一）结构

超声波流量计的结构如图3-1-12所示。

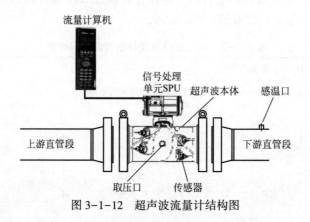

图3-1-12　超声波流量计结构图

（二）原理

气体超声波流量计是采用绝对数字时间差法，通过测量高频声波脉冲在气体中顺流传播和逆流传播的时间差与气体流速成正比这一原理来测量气体流量的速度式流量计，如图3-1-13、图3-1-14所示。

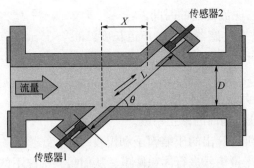

图 3-1-13　超声波流量计工作原理图

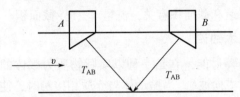

图 3-1-14　气体超声波流量计测量原理示意图

当管道中有气体流过时，传感器 1 和传感器 2 所发射的超声波脉冲分别被传感器 2 和传感器 1 接收，由于超声波脉冲在气流中传播速度受到气流的影响，导致超声波脉冲顺流传播的速度要比逆流时快。在超声波声道长度内，其顺流、逆流方向的传播时间分别为：

$$t_s = \frac{L}{c + v\cos\theta} \tag{3-1-2}$$

$$t_n = \frac{L}{c - v\cos\theta} \tag{3-1-3}$$

沿声程测得的被测气体的平均流速为：

$$v = \frac{L}{2\cos\theta}\left(\frac{1}{t_s} - \frac{1}{t_n}\right) \tag{3-1-4}$$

v 表示被测气体的平均流速，是沿声道长度上平均线性加权的气体流速，需进行气体流速的修正，得出计算气体流量的方程式：

$$q_f = AKv = \frac{\pi D^2}{4}K \frac{L}{2\cos\theta}\left(\frac{1}{t_s} - \frac{1}{t_n}\right)$$

$$= \frac{\pi D^2}{4}K \frac{L}{2\cos\theta t_s t_n}\ (t_n - t_s) \tag{3-1-5}$$

式中　q_f——工况体积流量，m^3/s；

A——管道流通面积，m^2；

t_s——超声波顺流传播的时间，s；

t_n——超声波逆流传播的时间，s；

L——超声波在传感器之间的声道长度，m；

D——管道内径，m；

θ——管轴线与传感器声道之间的夹角，(°)；

c——声波在气流中的传播速度，m/s；

K——速度分布剖面的修正系数。

利用流量计算机计算出的压缩因子和温度/压力变送器来的温压信号对气体超声波流量计来的流量信号进行体积修正，从而得到标况下的流量。

流量计本身的超声波工作范围为 80~180kHz，中心频率为 120kHz。

流量与流体的流速和截面积有关，流量=流速×截面积。

(三) 声波的基本知识

声波是一种机械辐射能，它是一种以实际物质为载体的纵向压力波（注意它不是一种横截面或横向波）。当振动体与介质相接触时，便产生声波。

声波的频率（Hz）：单位时间内通过某一给定点的声波的数量。

声波的速度：声波通过某一介质的速率（m/s 或 ft/s），它是独立于频率的一个概念，介质的弹性越大，声波传播的速度越快，介质的密度越大，声波传输的速度越慢，如果气体的密度已知的话，声波的速度是可以计算出来的。

声波的波长等于声波的速度除以声波的频率。

声波的强度随介质密度的降低而变弱。

超声波是高频率的声波，人类可以通过听觉感知到的声波频率范围为 20~20000Hz。超声波的频率在 20000Hz 以上，丹尼尔超声波流量计的工作频率是 120kHz。

(四) S600 流量计算机操作规程

S600 流量计算机操作按键示意图如图 3-1-15 所示。

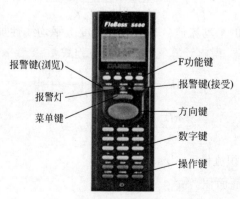

图 3-1-15　S600 流量计算机操作按键示意图

1. F 键（功能键）

在键区的顶部有四个功能键，为 F1~F4。每个 F 键都可以被编成连接到一个经常使用的显示页的快捷方式。设置功能键需要：

（1）首先进入要求的显示页面。

（2）按下 Decimal Point（小数点）键。

（3）按下对应 F 键，将该页面赋予该 F 键。

一旦设定，F 键的特定功能便被确定，除非 SRAM 被清除或者 Daniel FloBoss S600 设备被冷启动。当然，用户可以将 F 键重新赋予其他显示页面。

2. 方向和菜单键

指向四个方向的方向键就位于 Menu（菜单）键的下面。通过它们，用户可以浏览显示矩阵并选择参数或数据项目来进行浏览或者修改。

（1）在数据页中，可以分别使用◀键或者▶键来浏览前一个或者下一个显示。当前显示的页码显示在状态/ID 行中的小数点后。

（2）当垂直地移动来显示另外一行时，所显示的数据项目总是该行的第一个显示单元。

（3）在输入或者更改数据的过程中，◀键还可以用作删除/退格键。

（4）按下 Menu（菜单）键可以返回到显示层的上一个层次。在一个数据页中，这个键可以将用户带回到母菜单中。在任何一个菜单页中，只要在按下 Menu（菜单）键后按▲键，则可以直接返回到主菜单。

3. 报警灯和报警键

在 F 键和 Menu（菜单）键之间是报警灯和两个报警键，两个报警键分别为 View（浏览）和 Accept（接受）键。

（1）在正常操作的过程中，没有警报，则报警灯为绿色。

（2）如果出现警报，则报警灯会显示闪动的红色，直到造成发生警报的原因已经分别通过 View（浏览）和 Accept（接受）键被检查出并接受为止。

（3）如果警报未被接受，则警报发生的日期及时间则会被逆向显示。而一旦警报得到接受，则会被正常显示。多个警报则会按照时间的顺序被显示出来。

（4）在警报被解除之前，将显示为持续的红色。黄色的报警灯表示显示器或者键区发生故障，也可能表示面板和 CPU 模块之间的通信发生了故障。

4. 数字键

键区的下部为数字键。数字键中包括整个数字集合（0~9）、小数点和一个减号（-）。

（1）数字 0~9 用于输入或者修改数据，并被用于浏览显示矩阵。

（2）减号用于定义 Daniel FloBoss S600 设备中的默认显示。为了对默认显示进行定义，需要：

① 首先进入要求的显示页面。

② 按下 Minus（小数点）键。

③ 重新按下 Minus（小数点）键进行确认。

④ 用户不可以取消对菜单页的默认显示的指定。为了取消默认显示，需要进入菜单页并重复步骤②和步骤③。

⑤ 用户还可以使用 Minus（小数点）键进行负数的输入。

（3）Decimal Point（小数点）键在输入分数的过程中，可以用作小数点的输入。它还可以被用于定义访问经常使用的显示的快捷方式。

5. 操作键

操作键需要和数字键结合使用，以便完成一系列的操作，其中包括：

（1）Exponent（指数）键。Exponent（指数）键用于科学计数的输入。如果将要输入的值超过了可以用于显示的空间（20 个字节），则有必要通过指数的方式显示数据。

（2）Clear（清除）键。Clear（清除）键用于取消或者从当前的操作中退出并返回到先前的数据显示中。同时，它也可以用于启动默认显示。

（3）Display（显示）键。Display（显示）键用于输入必要的显示路径。该路径被显示在每个页面的底部的状态/ID 行中。

（4）Print（打印）键。Print（打印）键被用于显示打印菜单。通过它将各种预配置报告或日志命令传送到一个打印机或者计算机终端中。

（5）Change（更改）键。Change（更改）键用于编辑一个显示的数据库项目。只有带星号（＊）的项目才是可以修改的。编辑步骤如下：

① 按下 Change（更改）键。如果在数据显示中显示了一个以上的星号，则 Daniel FloBoss S600 设备将突出显示该页面上的第一个项目。通过使用▲键和▼键可以将突出显示的目标转移到需要的点上。

② 再次按下 Change（更改）键来改变数据值。系统会自动判断用户是否有足够的安全级别，可以对选择的数据进行修改。为了防止出现意外的重新配置操作，一些必要的数据输入相关事项需要进行确认。

③ 在更改模式的过程中，可以使用更改键通过显示数据中的退格来删除数字或者字符。可以随时通过按下 Clear（清除）键的方式终止当前的操作或者任务。

（6）Enter（回车）键。连同数字键和 Change（更改）键共同使用。该键可以用于确认数据已经被正确输入，并且一个操作序列已经完成。

第三节　压力测量基础知识

一、概述

压力是连续生产过程的重要工艺参数。在化工生产中，压力往往决定化学反应的方向和速率。此外，压力测量的意义还不局限于它自身，压力的测量在自动化过程中具有特殊的地位。物理上把单位面积上所受的作用力称为压强，而把某一面积所受力的总和称为压力。

均匀垂直作用在物体单位面积上的力称为压力。压力的单位是帕斯卡，符号为 Pa，即：$1Pa = 1N/m^2$。

绝对压力：以绝对压力零位为基准，高于绝对压力零位的压力。

正压：以大气压力为基准，高于大气压力的压力。

负压（真空）：以大气压力为基准，低于大气压力的压力。

差压：两个压力之间的差值。

表压：以大气压力为基准，大于或小于大气压力的压力。

绝对压力、表压力、真空压力关系示意如图 3-1-16 所示。

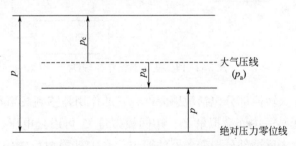

图 3-1-16　绝对压力、表压力、真空压力关系示意图

工程上常用压力表测压力。压力表测压都是在当地大气压力下进行的，在当地大气压力下，压力表指针指示为零。因此，绝对压力（即真实压力）应等于表压力加当地大气压力，即：

$$p_{绝对} = p_{表压} + p_{大气(当地)} \qquad (3-1-6)$$

若绝对压力小于大气压力，压力表测得的压力为负压力或真空度。这种情况下，绝对压力等于大气压力减去负压力，即：

$$p_{绝对} = p_{大气(当地)} - p_{负压} \qquad (3-1-7)$$

二、变送仪表工作原理

变送器的理想输入输出特性如图 3-1-17 所示。Y_{max} 和 Y_{min} 分别为变送器输出信号的上限值和下限值。变送器的输入、输出成线性比例关系。

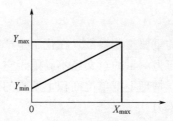

图 3-1-17 变送器理想输入输出特性曲线

通常，变送器由输入转换部分、放大器和反馈部分组成，其原理结构如图 3-1-18 所示。

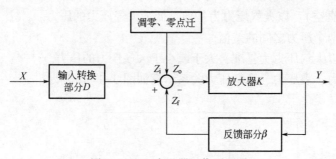

图 3-1-18 变送器工作原理图

变送器的输入转换部分包括敏感元件，它的作用是感测被测参数 X，并把被测参数 X 转换成某一中间模拟量 Z_i，中间模拟量 Z_i 可以是电压、电流、位移和作用力等物理量。反馈部分把变送器的输出信号 Y 转换成反馈信号 Z_f，Z_f 与 Z_i 是同一类型的物理量。放大器把 Z_i 和 Z_f 的差值（$\Sigma = Z_i - Z_f$）放大，并转换成标准输出信号 Y。

可以求得整个变送器输出与输入关系为：

$$\frac{Y}{X} = \frac{DK}{1+K\beta} \tag{3-1-8}$$

式中 D——输入转换部分的转换系数；

K——放大器的放大系数；

β——反馈部分的反馈系数。

当满足 $K\beta \geq 1$ 的条件时：

$$\frac{Y}{X} = \frac{D}{\beta} \qquad (3-1-9)$$

式（3-1-9）表明，在满足 $K\beta \geqslant 1$ 的条件时，变送器输入转换部分的输出信号 Z_i，与整机输出信号 Y 经反馈部分反馈到放大器输入端的反馈信号 Z_f 基本相等，即放大器的净输入 ε 趋向于零（$\varepsilon \to 0$）。

三、压力变送器

压力变送器是一种将压力变量转换为可传送的标准输出信号的仪表，而且输出信号与压力变量之间有一定的连续函数关系（通常为线性函数）。压力变送器主要用于工业过程压力参数的测量和控制，实物和工作原理如图 3-1-19、图 3-1-20 所示。

图 3-1-19　压力变送器

图 3-1-20　压力变送器工作原理图

压力变送器和绝对压力变送器的工作原理与差压变送器相同，所不同的是低压室压力是大气压或真空。也就是说表压变送器（GP），大气压如同施加在传感膜片的低压侧一样；绝压变送器（AP），低压侧始终保持一个参考压力。

压力变送器是工业实践中最为常用的一种传感器，其广泛应用于各种工业自控环境，涉及水利水电、生产自控、航空航天、军工、石化、电力、管道等众多行业。

（一）压力变送器的分类

压力变送器的种类繁多，按照原理分可分为电阻应变片、半导体应变片、压阻式、压差式、力平衡式、电容式等。目前在长庆油田采气专业范围内应用最为广泛的是电容式压力变送器，它具有较高的精度以及较好的线性特性。下面简单介绍这几类变送器。

1. 应变式压力变送器

应变式压力变送器是将应变片通过特殊黏合剂紧密地黏合在产生力学应变基

体上，当基体受力发生应力变化时，电阻应变片也产生形变使阻值改变，从而使加在电阻上的电压发生变化。

这种应变片在受力时产生的阻值变化通常较小，一般都组成应变电桥，并通过后续的仪表放大器放大，再传输给处理电路显示或执行机构。

2. 压阻式压力变送器

压阻式压力变送器是压力直接作用在膜片的前表面，使膜片产生微小的形变，厚膜电阻在感压膜片的背面，连接成一个惠斯通电桥（闭桥），由于压敏电阻的压阻效应，使电桥产生一个与压力成正比、与激励电压也成正比的高度线性电压信号。

3. 压差式压力变送器

压差式压力变送器的结构如图 3-1-21 所示。

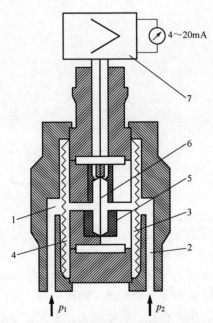

图 3-1-21　压差式压力变送器结构

1—负压室；2—正压室；3—正压室隔离膜片；4—负压室隔离膜片；

5—硅油；6—测量膜片；7—电子放大电路

电介质在沿一定方向上受到外力作用变形时，其内部产生极化现象，同时在它的两个相对表面出现正负相反的电荷，当去掉外力，又恢复到不带电的状态，这种现象称为正压电效应。当作用力的方向改变时，电荷的极性也随之改变，如图 3-1-21 所示。

当在电介质的极化方向上施加电场，电介质也发生变形，电场去掉后，电介质的变形随之消失，这种现象称为逆压电效应（电致伸缩现象）。依据电介质压电效应研制的变送器称为压电变送器。

压电变送器主要应用在加速度、压力和力等的测量中，主要应用于飞机、汽车、船舶、桥梁和建筑的振动和冲击、航空航天、军事及生物医学测量中。

4. 力平衡式压力变送器

被测压力通过弹性敏感元件（弹簧管或波纹管）转换成作用力，使平衡杠杆产生偏转，杠杆的偏转由检测放大器转换为 0~10mA 的直流电流输出，电流流入处于永久磁场内的反馈动圈中，使之产生与作用力相平衡的电磁反馈力。当作用力与该反馈力达到动平衡时，杠杆系统就停止偏转，此时的电流即为变送器的输出电流，它与被测压力成正比。

5. 电容式压力变送器

被测介质的两种压力通入高、低两压力室，作用在敏感元件的两侧隔离膜片上，通过隔离膜片和元件内的填充液传送到测量膜片两侧。测量膜片与两侧绝缘片上的电极各组成一个电容器，如图 3-1-22 所示。

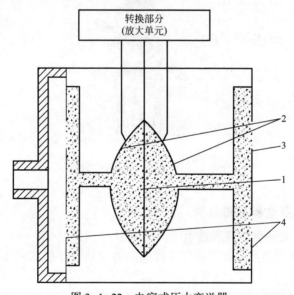

图 3-1-22　电容式压力变送器
1—中心膜片；2—电容固定极板；3—镀膜绝缘体；4—硅油填充液

当两侧压力不一致时，致使测量膜片产生位移，其位移量和压力差成正比，因此两侧电容量就不相等，通过振荡和解调环节，转换成与压力成正比的电流、电压或数字 HART（高速可寻址远程发送器数据公路）输出信号。

电容式压力变送器有电动和气动两大类。电动的标准化输出信号主要为 0~

10mA 和 4~20mA（或 1~5V）的直流信号。气动的标准化输出信号主要为 20~100kPa 的气体压力。但不排除具有特殊规定的其他标准化输出信号。

（二）压力变送器的组成结构

压力变送器通常由两部分组成：感压单元、信号处理和转换单元。有些变送器增加了显示单元，还有些具有现场总线功能，如图 3-1-23 所示。

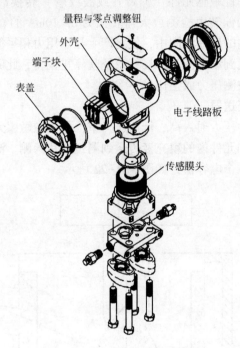

图 3-1-23　压力变送器分解图

（三）压力变送器故障分析

1. 导致压力变送器损坏和精度下降的原因

（1）变送器内隔离膜片与传感元件间的灌充液漏，使其感压元件受力不均，导致测量失准。

① 零点和量程不断偏移，或工作点输出不断偏移，或两种现象都有。

② 对压力增大或减小的低敏感性或两者均不敏感。

③ 非常严重的非线性输出。

④ 工作点输出发生明显的漂移。

⑤ 零点或量程的偏移值突然增大，或两者都增大。

⑥ 输出不稳定。

⑦ 饱和输出值为低或高。

（2）由于被雷击或瞬间电流过大，变送器膜盒内的电路部分损坏，无法进行通信。

（3）变送器的电路部分长时间处于潮湿环境或表内进水，电路部分发生短路损坏，使其不能正常工作。

① 接线端子损坏：完好的接线端子块 PWR（电源指示灯）两端的电阻值应为无穷大，被击穿的接线端子 PWR 两端的电阻值往往只有几千或者十几千欧，一般情况下，接线端子损坏的变送器无法进行 HART 通信，且显示电流值超量程。

② 电子线路板损坏：电子线路板采用高度集成电路技术，它接收来自传感器膜盒的数字输入信号及其修正系数，然后将信号进行修正和线性化，同时电子线路板还与 HART 手抄器进行通信。所以损坏了电子线路板的变送器往往不能进行 HART 通信，输出电流值与膜头感受压力下的电流值不一致，通信的结果是电压、电流超量程。

③ 感压膜头损坏：当确认变送器的测试线、HART 通信线完好，变送器的电子线路板、接线端子完好，仍出现电流、压力值超量程时，可以确定变送器的感压膜头损坏。

（4）变送器量程选择不当，压力、差压变送器长时间超量程使用，造成感压元器件产生不可修复的变形。

（5）变送器取压管发生堵塞、泄漏，导致压力变送器受压无变化或输出不稳定。

（6）差压变送器取压管发生堵塞、泄漏或操作不当，因感压膜片单向受压，使变送器损坏。

（7）气体中的黏污介质在变送器隔离膜片和取压管内长时间堆积，导致变送器精度逐渐下降，仪表精度失准。

（8）由于介质对感压膜片的长期侵蚀和冲刷，使其出现腐蚀或变形，导致仪表测量失准。

2. 压力变送器故障处理

1）输出信号为零

（1）检查管道内是否存在压力。

（2）检查电源极性是否接反。

（3）检查仪表供电是否正常。

（4）检查并更换变送器电源端子块。

2）变送器不与手操器通信

（1）检查变送器的电源电压是否符合仪表要求。

（2）检查并更换电子线路板。

（3）检查并更换感压膜头。

3）压力变量读数不稳定

（1）检查隔离膜片是否变形或坑蚀。

（2）检查导压管、变送器有无泄漏或堵塞。

（3）检查是否有外界干扰，应避开干扰源，重新配线并接地。

（4）检查管道是否存在杂物，使管道内出现气流扰动。

（5）更换感压膜头。

4）对于所加压力的变化无反应

（1）检查取压管上的阀门是否正常。

（2）检查取压管路是否发生堵塞。

（3）检查变送器具有保护功能的跳线开关是否正常。

（4）核实变送器零点和量程。

（5）更换传感膜头。

5）压力变量读数为低或高

（1）检查取压管上的各阀门是否正常。

（2）检查取压管路是否发生泄漏。

（3）进行传感器完全微调。

（4）更换传感膜头。

3. 差压变送器的相关操作

在检查变送器之前必须将所要检查的点调为手动状态。

1）启运差压变送器的基本步骤

（1）在导通流程之前，关闭上、下游的取压阀。

（2）打开平衡阀。

（3）导通流程，同时缓慢打开上、下游的取压阀。

（4）缓慢关闭平衡阀。

（5）试漏。试漏范围为从引压孔到变送器的过程接头。试漏方法为用洗衣粉水覆盖在试漏位置，看是否有气泡产生。

若漏失可以紧固，需要先停运变送器（方法见停运变送器的基本步骤），紧固后，重复以上第（5）步，直至不漏为止，此时即可投运变送器。

2）停运差压变送器的基本步骤

（1）打开平衡阀。

（2）关闭上、下游取压阀。

（3）由放空阀泄掉取压系统压力。

4. 计量点变送器（差压变送器/压力变送器）的启停操作

1）启运变送器的基本步骤

（1）在导通流程之前，关闭上、下游的取压阀。

（2）打开平衡阀。

（3）导通流程，同时缓慢打开上、下游的取压阀。

（4）缓慢关闭平衡阀。

（5）试漏。试漏范围为从引压孔到变送器的过程接头。试漏方法为用洗衣粉水覆盖在试漏位置观察。

若漏失可以紧固，需要先停运变送器（方法见停运变送器的基本步骤），紧固后，重复以上第（5）步，直至不漏为止，此时即可投运变送器。

2）停运变送器的基本步骤

（1）打开平衡阀。

（2）关闭上、下游取压阀。

（3）由放空阀缓慢泄掉取压系统压力。

5. 吹扫导压管路的基本步骤

（1）停运变送器。

（2）关闭变送器前平衡阀两侧的高、低压室取压阀。

（3）吹扫导压管，并注意如下事项：

① 对于压力变送器，只能从泄压螺钉处进行吹扫，但要特别注意缓慢进行。

② 对于差压变送器，需隔离变送器，然后从放空阀进行吹扫。

③ 如果从放空阀到变送器过程接头的一段导压管堵塞或冻结，则要通过取压阀缓慢控制阀的开度，从变送器的泄压螺钉处进行吹扫，注意要缓慢进行。

④ 要特别注意的是，一定要隔离变送器（即以上步骤的（1）、（2）项），对于差压变送器一定要先打开平衡阀，然后再进行其他操作。

6. 其他操作注意事项

（1）停产检修时，为保护变送器，要求隔离变送器。

（2）停运变送器时，对于差压变送器，需打开平衡阀。

（3）吹扫导压管路时，需关闭变送器前平衡阀两侧的高、低压室取压阀。

四、压力表

（一）压力表的工作原理

压力表中的弹性敏感元件随着被测介质压力的变化而产生弹性变形，该变形通过压力表的齿轮传动机构放大，使压力表的指针产生偏转，从而在压力表面板的刻度标尺上指示出被测压力的数值，如图 3-1-24 所示。

（二）压力表的读值

首先要计算该压力表最小单元格的数值，例如，图 3-1-25 所示压力表的量程为 0~10.0MPa，该压力表刻度共分了 50 小格，那么每小格为 0.2MPa，通常为了读数方便，每隔 10 小格就标示一个刻度值。读值时，必须将眼睛、指针、刻度成一条直线来读数。

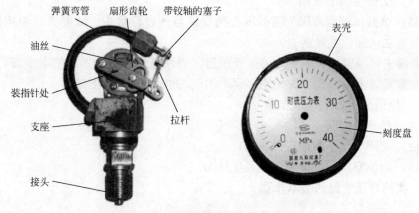

图 3-1-24 弹簧管压力表的结构

图 3-1-25 压力表刻度盘

（三）压力表的拆卸

（1）首先顺时针关闭压力表取压阀。

（2）左手用一个扳手拧住压力表取压活接头不动，右手逆时针用另一个扳手将压力表卸松几圈，观察压力表是否落零。

（3）如果压力表落零，则代表压力表内介质压力被放空。

（4）压力表落零后再完全卸松压力表即可将其完全拆除。

（5）拆除下来的压力表要注意保护，不能掉落，以免打破玻璃和摔坏压力表。

（四）压力表的安装

（1）首先检查压力取压活接头内的白色垫片是否完好，如果垫片无严重变形开裂，则可继续使用。

（2）左手用一个扳手拧住压力表取压活接头不动，右手顺时针用另一个扳手将压力表完全安装到活接头上拧紧。

（3）逆时针缓慢地将压力表取压阀打开，观察活接头或压力表是否有泄漏。如果有泄漏，则立即关闭一次阀，检查压力表是否上紧或垫片是否损坏，必要时更换垫片。如果压力表有严重泄漏，则说明压力表的弹簧弯管有砂眼或开裂，应将这块压力表进行报废处理后更换一块新的压力表。

（4）如果无泄漏，则逆时针缓慢地将压力表取压阀全部打开后回关半圈，观察压力表的指示值是否正确。

（5）安装压力表后要填写压力表更换安装记录。

（五）压力表的使用

（1）压力表校验标签超过有效期不能使用，应进行更换处理。

（2）压力表无校验标签不能使用，应进行更换处理。

（3）压力表无铅封不能使用，应进行更换处理。

（4）压力表表盘刻度模糊不清不能使用，应进行更换处理。

（5）压力表表盘玻璃破裂不能使用，应进行更换处理。

第四节　温度测量基础知识

一、概述

温度是表示物体冷热程度的物理量。温度只能通过物体随温度变化的某些特性来间接测量，而用来量度物体温度数值的标尺称为温标。它规定了温度的读数起点（零点）和测量温度的基本单位。目前国际上用得较多的温标有华氏温标、摄氏温标、热力学温标和国际实用温标。

华氏温标（℉）规定：在标准大气压下，冰的熔点为 32℉，水的沸点为212℉，中间划分 180 等分，每等分为 1℉。

摄氏温标（℃）规定：在标准大气压下，冰的熔点为 0℃，水的沸点为100℃，中间划分 100 等分，每等分为 1℃。

热力学温标又称开尔文温标，或称绝对温标，它规定分子运动停止时的温度为绝对零度，记符号为 K。

国际实用温标是一个国际协议性温标，它与热力学温标相接近，而且复现精度高，使用方便。目前国际通用的温标是 1975 年第 15 届国际权度大会通过的《1968 年国际实用温标—1975 年修订版》，记为：IPTS-68（Rev-75）。但由于

IPTS-68 温标存在一定的不足，国际计量委员会在第 18 届国际计量大会第七号决议授权 1989 年会议通过了 1990 年国际温标 ITS-90，ITS-90 温标替代 IPTS-68。我国自 1994 年 1 月 1 日起全面实施 ITS-90 国际温标。

热力学温度（符号为 T）是基本物理量，它的单位为开尔文（符号为 K），定义为水三相点的热力学温度的 1/273.16。由于以前的温标定义中，使用了与 273.15K（冰点）的差值来表示温度，因此现在仍保留这个方法。根据定义，摄氏度的大小等于开尔文，温差亦可以用摄氏度或开尔文来表示。国际温标 ITS-90 同时定义国际开尔文温度（符号为 T90）和国际摄氏温度（符号为 t90）。

二、温度测量仪表分类

温度测量仪表按测温方式可分为接触式和非接触式两大类。

通常来说接触式测温仪表测温仪表比较简单、可靠，测量精度较高；但因测温元件与被测介质需要进行充分的热交换，还需要一定的时间才能达到热平衡，所以存在测温的延迟现象，同时受耐高温材料的限制，不能应用于很高温度的测量。

非接触式仪表测温是通过热辐射原理来测量温度的，测温元件不需与被测介质接触，测温范围广，不受测温上限的限制，也不会破坏被测物体的温度场，反应速度一般也比较快；但受到物体的发射率、测量距离、烟尘和水汽等外界因素的影响，其测量误差较大。

常用的温度测量仪表介绍如下。

（一）热电偶

热电偶是工业上最常用的温度检测元件之一。

1. 优点

（1）测量精度高。因热电偶直接与被测对象接触，不受中间介质的影响。

（2）测量范围广。常用的热电偶从 $-50 \sim +1600℃$ 均可延续测量，某些特殊热电偶最低可测到 $-269℃$（如金铁镍铬），最高可达 $+2800℃$（如钨-铼）。

（3）构造简单，使用方便。热电偶通常是由两种不同的金属丝组成，而且不受大小和接头的限制，外有保护套管，用起来非常方便。

2. 热电偶测温基本原理

热电偶测温的基本原理是热电效应。把任意两种不同的导体（或半导体）连接成闭合回路（图 3-1-26），如果两接点的温度不等，在回路中就会产生热电动势，形成电流，这就是热电效应。热电偶就是用两种不同的材料焊接而成的。焊接的一端叫作测量端，未焊接的一端叫作参考端。如果参考端温度恒定不变，则热电势的大小和方向只与两种材料的特性和测量端的温度有关，且热电势与温度之间有固定的函数关系，利用这个关系，只要测量出热电势的大小，就可达到测量温度的目的。

3. 热电偶的种类及结构形式

1）热电偶的种类

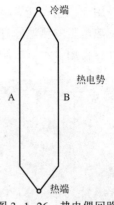

图3-1-26　热电偶回路

常用热电偶可分为标准热电偶和非标准热电偶两大类。所谓标准热电偶是指国家标准规定了其热电势与温度的关系、允许误差，并有统一的标准分度表的热电偶，它有与其配套的显示仪表可供选用。非标准热电偶在使用范围或数量级上均不及标准热电偶，一般也没有统一的分度表，主要用于某些特殊场合的温度测量。

2）热电偶冷端的温度补偿

由于热电偶的材料一般都比较贵重（特别是采用贵金属时），而测温点到仪表的距离都很远，为了节省热电偶材料，降低成本，通常采用补偿导线把热电偶的冷端（自由端）延伸到温度比较稳定的控制室内，连接到仪表端子上。必须指出，热电偶补偿导线的作用只起延伸热电极的作用，使热电偶的冷端移动到控制室的仪表端子上，它本身并不能消除冷端温度变化对测温的影响，不起补偿作用。因此，还需采用其他修正方法来补偿冷端温度 $t_0 \neq 0℃$ 时对测温的影响。在使用热电偶补偿导线时必须注意型号相配，极性不能接错，补偿导线与热电偶连接端的温度不能超过100℃。

3）热电偶参考端温度补偿的意义和方法

根据热电偶测温原理，要求热电偶参考端温度应恒定，一般恒定在0℃。同时热电偶分度表又是在参考端温度为0℃的条件下制作的显示仪表，使用中应使热电偶参考端温度保持在0℃，如果不是0℃，甚至是波动的，则必须对参考端温度进行修正。

热电偶参考端温度补偿方法一般有两种，即恒温法和补偿法。

恒温法是用恒温器或冰点器（或零点仪等），要求热电偶参考端所处的温度恒定在某一温度或0℃。

补偿法就是采用补偿措施来消除因环境温度变化造成的热电偶测量结果的误差。

（二）热电阻

热电阻是中低温区最常用的一种温度检测器，如图3-1-27所示。它的主要特点是测量精度高，性能稳定。其中铂热电阻的测量精确度是最高的，它不仅广泛应用于工业测温，而且被制成标准的基准仪。

1. 热电阻测温原理及材料

热电阻大都由纯金属材料制成，目前应用最多的是铂和铜，此外，现在已开始采用镍、锰和铑等材料制造热电阻。

热电阻的测温原理是基于导体和半导体材料的电阻值随温度的变化而变化的特性，再用显示仪表测出热电阻的电阻值，从而得出与电阻值相对应的温度值。

图 3-1-27　热电阻

2. 热电阻温度计的特点

（1）有较高的精度。例如，铂电阻温度计被用作基准温度计。

（2）灵敏度高，输出的信号较强，容易显示和实现远距离传送。

（3）金属热电阻的电阻温度关系具有较好的线性度，而且复现性和稳定性都较好。

但热电阻温度计体积较大，因此热惯性较大，不利于动态测温，不能测点温。

3. 热电阻的分类

1）普通型热电阻

普通型热电阻由感温元件（金属电阻丝）、支架、引线、保护套管及接线盒等基本部分组成。为避免电感分量，热电阻丝常采用双线并绕，制成无感电阻。

2）铠装热电阻

铠装热电阻是由感温元件（电阻体）、引线、绝缘材料、不锈钢套管组合而成的坚实体，外径为 $\phi 2 \sim \phi 8mm$，最小可达 $\phi 1mm$。与普通型热电阻相比，它有下列优点：

（1）体积小，内部无空气隙，热惯性小，测量滞后小。

（2）机械性能好，耐振，抗冲击。

（3）能弯曲，便于安装。

（4）使用寿命长。

3）端面热电阻

端面热电阻感温元件由特殊处理的电阻丝绕制而成，紧贴在温度计端面。它与一般轴向热电阻相比，能更正确和快速地反映被测端面的实际温度，适用于测量轴瓦和其他机件的端面温度。

4）隔爆型热电阻

隔爆型热电阻采用特殊结构的接线盒，把其外壳内部爆炸性混合气体因受到火花或电弧等影响而发生的爆炸局限在接线盒内，生产现场不会引起爆炸。隔爆型热电阻可用于具有爆炸危险场所的温度测量。

4. 热电阻测温系统的组成

热电阻测温系统一般由热电阻、连接导线和显示仪表等组成，如图 3-1-28、图 3-1-29 所示。必须注意以下两点：

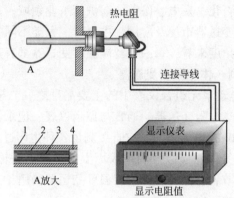

图 3-1-28　热电阻温度计

1—保护套管；2—小金属套；3—电阻感温元件；4—绝缘瓷管

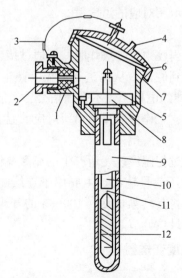

图 3-1-29　旁通型热电阻结构

1—引出线孔；2—引线孔螺母；3—链条；4—盖子；5—接线柱；6—密封圈；7—接线盒；
8—接线座；9—保护套管；10—绝缘管；11—引出线；12—电阻体

（1）热电阻和显示仪表的分度号必须一致。

（2）为了消除连接导线电阻变化的影响，必须采用三线制接法。

（三）几种常见温度变送器

温度变送器是现场安装式温度变送单元，变送器可以安装于热电偶、热电阻的接线盒内与之形成一体化结构，也可单独安装于仪表盘内作转换单元，该仪表以十分简捷的方式把-200~1300℃的温度信号转换为标准4~20mA电流信号，实现对温度的精确测量与控制。温度变送器可与显示仪、控制系统等调节器配套使用，并被广泛应用于石化、发电、医药、锅炉等工业领域。

纵观当前的温度变送器市场及应用，主要有三大类不同的智能温度变送器产品。从应用和成本的角度来看，每一类智能温度变送器都有其优点和不足之处。

1. WR、WZ 系列一体化温度变送器

它是DDZ-S型电动单元组合仪表中的主要品种之一。按其测温元件不同可分为热电偶变送器和热电阻变送器，通常与显示仪表、记录仪表、电子计算机等配套使用，输出4~20mA电流信号。它直接测量各种生产过程中的-200~1800℃范围内液体、蒸汽和气体介质以及固体表面温度。特点为输出4~20mA电流信号，抗干扰能力强；节省补偿导线及安装温度变送器费用；节省范围大；冷端温度自动补偿，非线性校正电路。

工作原理：热电偶（阻）在工作状态下所测得的热电势（电阻）的变化，经过温度变送器的电桥产生不平衡信号，经放大后转换成为4~20mA电信号给工作仪表，工作仪表便显示所对应的温度值。

2. 隔爆温度变送器

利用间隙隔爆原理，当腔内发生爆炸时，能通过接合面间隙熄火和冷却，使爆炸后的火焰和温度传不到腔外，从而进行测温。热电偶（阻）产生的热电势（电阻值）经过温度变送器的电桥产生不平衡信号，经放大后转换成为4~20mA的直流电信号给工作仪表，工作仪表显示出所对应的温度值。

3. 气动温度变送器

按力矩平衡原理，通过把温度改变所产生的充氮温包的压力变化转换为杠杆的位移，使放大器产生气压信号输出。主要用于连续测量生产流程中气体、蒸汽、液体的介质温度，并将其转换成20~100kPa的气压信号，输出到气动显示调节等单元进行指示、记录或调节。

（四）智能一体化温度变送器

1. 原理

智能一体化温度变送器一般由测温探头（热电偶或热电阻传感器）和两线制固体电子单元组成。采用固体模块形式将测温探头直接安装在接线盒内，从而

形成一体化的变送器。热电阻温度变送器是将测温热电阻信号转换放大后，再由线性电路对温度与电阻的非线性关系进行补偿，经 V/I 转换电路后输出一个与被测温度呈线性关系的 4~20mA 的电流信号。测温热电阻是利用导体或半导体的电阻值随温度变化而变化来测量温度的元件或仪器，如图 3-1-30 所示。

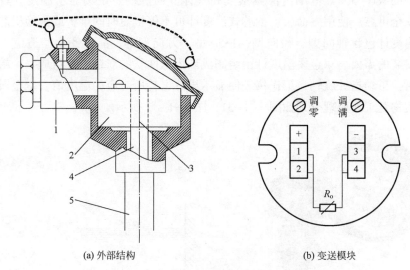

(a) 外部结构　　　　　　　　　　(b) 变送模块

图 3-1-30　四引线两输出线配阻连体式温度变送器

1—进线；2—变送模块；3—穿线孔；

4—热电阻元件；5—保护套管

2. 操作

（1）确认中控操作员将变送器温度调节阀打到手动状态。

（2）拆掉 24V 线后用绝缘胶布包缠线头。

（3）对于整体套管型要将热电阻传感器的线全部拆掉后，先将表头取出，再将传感器取出。

（4）整体拆除、更换温度变送器时，一定要告知并配合工艺人员一起对该工艺管段进行完全泄压。

（5）整体拆下温度变送器时，对信号线进行标识，做好记号，对拆下的温度变送器也做好标记。

（6）检查保护套管，不应有弯曲、压扁、扭斜、裂纹、砂眼、磨损和显著腐蚀等缺陷，套管上的螺栓应光洁完整，无滑牙、卷牙现象。

（7）检查感温元件的绝缘、焊接点。用 500V 兆欧表检查绝缘电阻，输入端子对接地端子不小于 20MΩ；输出端子对接地端子不小于 20MΩ。

（8）元件经标准检定室校验合格后复装，安装时感温元件要插入根部，要拧紧卡套螺帽。

（9）温度变送器恢复安装，要注意正确接线。

（五）双金属温度计

双金属温度计是一种测量中低温度的现场检测仪表，可以直接测量各种生产过程中的-80~500℃范围内液体蒸气和气体介质温度。现场显示温度，直观方便、安全可靠，使用寿命长；抽芯式温度计可不停机短时间维护或更换机芯。双金属温度计包含轴向型、径向型、1350型、万向型等，品种齐全，适应于各种现场安装的需要。双金属温度计由绕制成环形弯曲状的双金属片组成。一端受热膨胀时，带动指针旋转，工作仪表便显示出热电势所对应的温度值。双金属温度计的实物及工作原理分别如图3-1-31、图3-1-32所示。

图3-1-31　双金属温度计

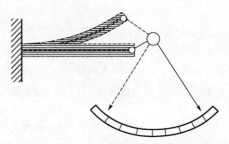

图3-1-32　双金属温度计工作原理图

双金属温度计的拆卸操作步骤如下：

（1）由于双金属温度计的测量部位直接和工艺设备及管道内的介质接触，因此拆卸前必须将工艺设备及管道内的介质泄压放空，对于易燃易爆有毒的介质要进行置换。

（2）确认介质泄压放空置换后，可用活动扳手缓慢逆时针拆卸双金属温度计，拆卸时要站在双金属温度计的侧面，对于拆卸高度与人体眼睛平行的双金属温度计，要尽可能调整人体操作高度，对于无法调整人体操作高度的，必须佩戴护目镜进行防护。

（3）拆卸过程中要缓慢，避免损伤套管和面盘玻璃，对拆卸部位的双金属温度计进行标识和登记。

（六）便携式红外测温仪（非接触类）

由于电子器件的发展，便携式红外测温仪已逐渐得到应用，如图3-1-33所示。它配有各种样式的热电偶和热电阻探头，使用比较方便灵活。便携式红外测温仪的发展也很迅速，装有微处理器的便携式红外测温仪具有存储计算功能，能显示一个被测表面的多处温度，或一个点温度的多次测量的平均温度、最高温度和最低温度等。

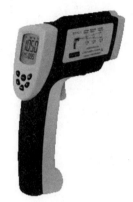

图 3-1-33　便携式红外测温仪

第五节　液位测量基础知识

一、概述

液位是工业控制四大参数之一。液位计量的主要目的：一是通过物位测量来确定容器中的原料和产品或半成品的数量；二是通过物位测量，了解物位是否在规定的范围内。

液位测量的常用仪表为液位计，液位计根据其工作原理的不同，可分为玻璃板式液位计、差压式液位计、浮力式液位计、电容式液位计、超声波式液位计等。除此之外，还有核辐射式、光学式、称重式、重锤式、旋转翼板式、音叉式、吹气式、微波式、电阻式等液位测量仪表。

玻璃板式液位计是根据连通器的原理进行测量的，它的特点就是直观，便于检测，同时对容器工作状况的观察也有一定的助益。

差压式液位计是利用容器内的液位改变时，液柱产生的静压力也相应变化的原理而工作的，如图 3-1-34 所示。

浮力式液位计是根据浮在液面上的浮球随液位的高低而产生上下位移，或浸于液体中的浮筒随液位变化而引起浮力变化的原理而工作的，如图 3-1-35 所示。

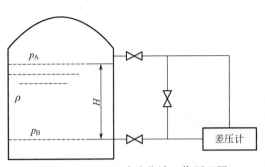

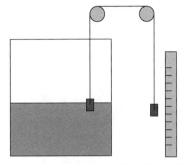

图 3-1-34 差压式液位计工作原理图   图 3-1-35 浮力式液位计工作原理图

二、几种常见的液位测量仪表

（一）静压式液位变送器

1. 原理

静压式液位变送器是通过测量液体高度而产生的静压力来测定液体液位的。当把液位变送器的传感器部分投入到液体介质中时，传感器把液体的静压转换为电压信号，该电压信号经放大后转化成 4～20mADC 的标准电流信号输出，实现对储罐、池子等内的水、油等介质体积、液高、重量的标准测量和传送，如图 3-1-36、图 3-1-37 所示。

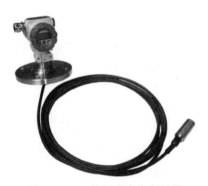

图 3-1-36 静压式液位变送器   图 3-1-37 静压式液位变送器实物

2. 操作

（1）通知中控室检查静压液位变送器，记录该变送器的铭牌测量范围及显示值，记录储罐或池子实际液位。

（2）使用防爆工具，站到上风侧拆卸法兰。

（3）戴手套将传感器的空心电缆慢慢拉出，此时表头显示值会相应减小并与抽出电缆的长度一致。

（4）按上述方法在测量范围内均匀观察 2~3 个点，观察仪表表头显示及输出电流值。

（5）完全把探头取出，清洗探头，在清洗过程中不能够使用锐利的工具将感压膜片损坏。

（6）如果表头显示不变化，则说明转换单元有严重故障，应将该变送器拆回校验室内进行校验，对无法修正的变送器采取更换措施。

（二）浮球液位控制器

1. 概述

ZBQKa 系列防爆浮球液位控制器，适用于对各种容器内液体的液位控制，当液位到达上、下切换值时，控制器触点发出通断开关式信号，如图 3-1-38 所示。

图 3-1-38　浮球液位控制器

2. 操作

（1）首先确认被测容器内无介质压力后，将液位控制器从容器设备上拆除下来（注意不要碰伤浮球），小心谨慎清洗浮球。

（2）打开拆除下来的浮球液位控制器的接线盒，用万用表测量其端子状态。

（3）上下活动浮球，其输出端子的通断会发生变化。如果不发生变化，则检查磁性非接触式传动部件。

（三）音叉液位开关

1. 原理

音叉液位开关是在其顶端设计两个一直振动的音叉片，利用音叉在气体介质和液体介质中的振动频率各不相同的原理，当实际液位变化到音叉开关安装位置时，音叉的振动频率发生显著改变，通过相应的转换将该变化转换成无源继电器开关信号输出到中控室，从而可知实际液位变化位于该音叉液位开关的安装位置。因此高低液位的报警点完全取决于音叉液位开关的安装位置，只有液位变化到音叉液位开关的安装位置后音叉液位开关才会动作，如图3-1-39所示。

图3-1-39　音叉液位开关

2. 操作

（1）确认被测容器内无介质压力后，将音叉液位开关从容器设备上拆除下来（注意不要碰伤音叉振动片），用软毛刷或软布小心谨慎清洗音叉振动片。确认调整开关在MAX状态。

（2）打开拆除下来的音叉液位开关接线盒，用万用表测量3、4号端子应该为通路状态，4、5号端子应该为断路状态；之后将音叉投入提前准备好的一盆清水中（注意不要碰伤音叉振动片），用万用表测量3、4号端子应该为断路状态，4、5号端子应该为通路状态。

（3）校验结束后，将音叉液位开关安装到设备上（注意不要碰伤音叉振动片），如果该音叉液位开关用于高液位报警，则要将现场线接到4、5号端子上，如果该音叉液位开关用于低液位报警，则要将线接到3、4号端子上。

（4）音叉液位开关如果出现动作异常，通常是由音叉振动片受到严重的损坏或被较多的介质严重黏结后音叉传感器无法正常工作所引起。

（5）在运输、保存、安装、拆卸、校验音叉液位开关的过程中，一定要注意保护音叉液位开关不受损伤变形，且不能弯曲、截短及延长音叉片。

（四）磁性浮子液位计

1. 原理

磁性浮子液位计是根据连通器原理，在液位计筒体内有一个全密封、内部空心、带磁性的浮球会浮在液体表面，并随着容器内部液面的升降变化而上下移动，外面指示面板内的红白相间的磁翻转机构也带有磁性，因此浮球的上下移动会吸引着红白相间的磁翻转机构产生翻转，从而将容器内的液位指示出来。磁翻转机构有柱形、球形、板形三种。磁性浮子液位计的实物、结构及工作原理分别如图 3-1-40、图 3-1-41、图 3-1-42 所示。

图 3-1-40　磁性浮子液位计

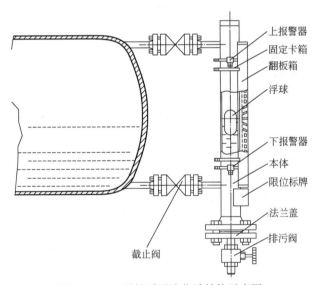

图 3-1-41　磁性浮子液位计结构示意图

2. 操作

（1）液位计投入运行时，应先打开上面的气相阀门，然后慢慢打开下面的液相阀门，避免容器内受压介质快速进入筒体，使浮球急速上升，造成现场指示器失灵。

（2）如果介质有沉淀或不清洁物存在，应定期清洗。

（3）停运仪表时，关闭上、下阀门，打开排液阀。

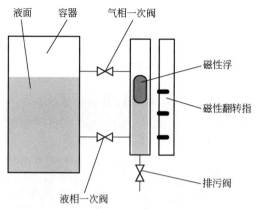

图 3-1-42　磁性浮子液位计工作原理图

（4）判断液位计是否正常的方法：首先完全关闭液相一次阀，再缓慢打开液位计排污阀排液到提前准备好的水桶中，观察液位计的液位是否有下降。

如果液位计的液位不下降，则说明磁性浮球被污物卡住，应关闭液位计上面的气相一次阀，打开排污阀，将液位计内的压力释放后将磁性浮球拆出，清除脏物，注意安装时浮球上的箭头要朝上，不能反装。

如果液位计指示液位下降，则说明磁性浮球工作正常。关闭排污阀，再打开液位计下面的液相一次阀，观察液位计的液位是否有上升，如果上升则说明液位计工作正常。如果上升速度很缓慢，则说明浮球卡住或液相阀、管路有堵塞不畅现象。

如果液位计的液、气两相管路畅通，且磁性浮球也清洁，最后还是工作不正常，则说明磁性浮球有砂眼或使用时间过久失去磁性，一般来讲磁性浮球每 3 年更换一次，磁性翻转指示面板每 4 年更换一次。

第二章 自动化控制系统

第一节 自控仪表概述

本节以神木天然气处理厂的自动化控制系统为例进行介绍。

神木天然气处理厂自动化控制系统由相对独立并相互联系的过程控制系统（PCS）、紧急停车系统（ESD）、火气系统（FGS）组成。

PCS 系统完成全厂各工艺系统的生产运行集中监控和操作管理，使各主要生产装置自动生产运行。

ESD 系统完成异常工况或重大事故状况时全厂或某一装置的紧急停车。

FGS 系统完成各装置可燃气体泄漏监测、报警及连锁保护，火灾集中监测、报警及连锁保护。

全厂设 1 座中心控制室（CCR），在中心控制室设置 1 套计算机监控系统（由 PCS、ESD 和 FGS 三部分组成），在现场设置各种温度、压力、液位、流量等过程工艺参数的检测仪表和各种气动、电动执行机构。中控室的监控系统和现场的检测仪表、执行机构等通过各种连接电缆、光缆共同组成处理厂自动化控制系统，对整个处理厂的生产过程进行集中监控、连锁保护及紧急停车、火气监测报警。系统各节点通过冗余高速局域网络，以 TCP/IP 协议进行组网连接，人机接口采用操作员站进行监视、操作和管理，并向第二采气厂 SCADA 中心系统传送重要生产数据。自动化控制系统结构如图 3-2-1 所示。

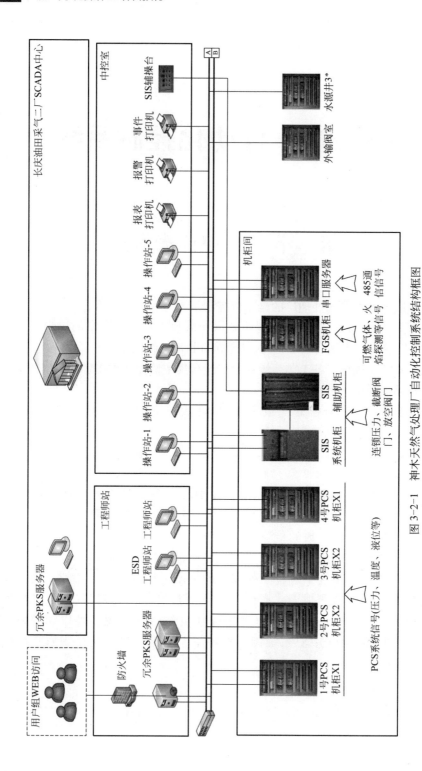

图 3-2-1　神木天然气处理厂自动化控制系统结构框图

第二节 PCS 系统

天然气处理厂采用 PCS 系统对全厂包括集配气区、脱油脱水装置、增压装置、公用工程和辅助生产设施的所有工艺变量及设备运行状态进行数据采集和实时监控。

一、主要功能

采集集配气装置区、脱油脱水装置区、增压装置区、凝析油稳定装置区、储运设施、燃气系统、闪蒸分离及丙烷储罐区、放空火炬系统、采出水处理及回注系统、供热系统、供水站、空氮站、甲醇回收装置（预留）等设施的生产运行参数，接收天然气压缩机组、丙烷制冷系统、热媒炉等自配套监控系统的运行参数，建立神木天然气处理厂统一的生产数据库及管理数据库。

多画面动态模拟、集中显示各生产系统的带运行参数的工艺流程图、各主要参数当前变化曲线图和历史趋势图等，对各工艺装置进行生产运行的自动控制。

完成全厂各生产装置的事故和事件报警，定期生成生产报表。

二、系统配置

PCS 系统主要配置如图 3-2-2 至图 3-2-6 所示。

硬件配置：1 套冗余服务器，1 套 Web 服务器，1 套冗余控制网络，4 套 PCS 控制器，4 套操作员站，1 套工程师站/操作员站，3 台打印机等。各监控设备均采用局域网技术，以 TCP/IP 协议进行组网连接。

图 3-2-2　中控室操作台

图 3-2-3　PCS 系统机柜

图 3-2-4 视频监控系统机柜

图 3-2-5 枪形防爆摄像机

图 3-2-6 球形防爆摄像机

软件配置：PCS 系统有相应的组态软件、数据库及管理软件、人机界面软件、操作系统和通信软件等。

根据生产管理的需要，每台操作员站负责不同生产区域的监控和管理，且各操作员站之间均为互备冗余。

1 号操作员站负责集配气装置区、放空火炬等主要生产单元的生产过程监视、操作。

2 号操作员站负责增压装置区、脱油脱水装置区、闪蒸分离及丙烷储罐区、燃气系统等主要生产单元的生产过程监视、操作。

3 号操作员站负责供热设备、供水设备、采出水处理设备、水源系统、空氮站、总图等公用单元的生产过程监视、操作。

4号操作员站负责凝析油稳定和储运设施、甲醇回收（预留）设备等辅助单元的生产过程监视、操作。

三、控制器任务划分

PCS 控制器按装置划分为 4 组：

1号 PCS 控制器负责 1号脱油脱水装置。

2号 PCS 控制器负责集配气装置区、增压装置区、放空火炬等装置。

3号 PCS 控制器负责闪蒸分离及丙烷储罐区、燃气系统、凝析油稳定和储运设施、甲醇回收（预留）设备等辅助装置。

4号 PCS 控制器负责供热设备、供水设备、采出水处理设备、水源系统、空氮站、总图等公用装置。

第三节　ESD 系统

天然气处理厂设置独立的 ESD 系统，用于在异常工况或重大事故状况等紧急情况下实施紧急切断、泄压等连锁保护，并实现全厂或某一装置的紧急停车。

一、主要功能

ESD 系统完成脱油脱水装置、增压区、集配气装置区、燃料气区等设施的安全监控，对人身及设备安全进行保护和控制，并向 PCS 提供 ESD 状态信号。

中心控制室 ESD 操作台上设置全厂关闭、泄压按钮。当有火灾或地震等重大事故时，手动触发按钮，启动全厂紧急停车程序，关断所有集配气装置、脱油脱水装置、增压站等设施，根据事故不同级别，选择关闭+连锁放空或关闭+人工判断放空，实现全厂安全停车。

天然气压缩机组、丙烷制冷系统、导热油炉设备的 ESD 设施，由机组配套并同时可接收处理厂 ESD 发出的紧急停车命令。

二、系统配置

硬件配置：ESD 系统设置 1 套冗余控制器、1 套工程师站/操作站、1 套辅助操作盘，如图 3-2-7 所示。

软件配置：ESD 系统有相应的组态软件、数据库及管理软件、人机界面软件、操作系统和通信软件等。

图 3-2-7　ESD 系统机柜

三、ESD 系统逻辑方案

ESD 按功能设置四级关断方式（图 3-2-8、图 3-2-9）：

图 3-2-8　井场 BETTIS 气动截断阀

图 3-2-9　站内 BETTIS 气动截断阀

一级关断：全厂紧急停车。全厂停车、厂内紧急放空泄压（厂外截断阀室管线不自动放空）。在重大事故发生时，手动启动该级关断（包含给橇装设备发送停车信号），关断全厂所有工艺装置，以确保操作人员及设施的安全，启动一级关断信号声光报警系统。

二级关断：工艺系统关断。在天然气泄漏，仪表风、电源等系统故障发生时执行该级关断，并启动二级关断声光报警系统。此级生产系统关断，需人工确认开启泄压阀放空。

三级关断：单元连锁关断。该级关断是由单元故障引起的关断，仅关断故障单元，其他单元不受影响。

四级关断：设备级关断。此级关断是由手动控制或设备故障产生的关断，只关断发生故障的设备，其他设备不受影响。

另外，ESD 与 PCS 过程控制系统进行通信，为过程控制系统的主服务器提供生产运行的各类数据，包括过程参数、设备状态以及顺序事件记录（SOE）等。

第四节　FGS 系统

一、主要功能

FGS 系统包括可燃气体检测与报警系统、火灾检测与报警系统（图 3-2-10），完成全厂的可燃气体泄漏和火灾监测，在中心控制室实现集中报警，并向 ESD 发送连锁保护信号。

可燃气体检测与报警系统：自动采集集配气装置区、脱油脱水装置区、增压装置区、闪蒸及丙烷储罐区、注醇区、燃气系统、放空火炬系统、供热站、凝析油稳定装置区、储运设施、甲醇回收装置（预留）等区域可燃气体检测变送器的输出信号，完成可燃气体泄漏浓度监测报警及连锁启动风机控制，如图 3-2-11 所示。

火灾检测与报警系统：接收火灾报警控制系统上传的火灾信号、手动火灾报警按钮信号及供水站消防液位、压力、消防泵（2 台）状态等信号，完成消防和火灾集中监视报警。同

图 3-2-10　火灾检测与报警系统机柜

时，设有联动控制按钮，可手动直接控制消防泵，消防泵状态回灯显示。将厂区消防、火警信号通过通信屏蔽总线回传至供水站消防值班室区域，显示屏进行屏显、语音报警。

厂区各工艺装置区设置声光报警设备，完成现场声光报警。在装置区设置防爆操作柱（HS），作为手动火灾报警设备；报警信号引至中心控制室的 FGS 进行报警，同时 FGS 以开关量输出驱动各区域声光报警器报警。声光报警设备如图 3-2-12、图 3-2-13、图 3-2-14 所示。

FGS 系统与 PCS 系统进行数据连接，建立动态数据库，当有报警信号时，

能准确地切换到相应画面，显示出报警部位、报警性质等，具有进行语音及图像操作提示功能。

图 3-2-11 可燃气体检测器

图 3-2-12 防爆扩音对讲系统（话站）　　图 3-2-13 防爆扩音对讲系统（扬声器）

图 3-2-14 防爆扩音对讲系统机柜

二、主要配置

硬件配置：FGS 系统采用 1 套冗余控制器，完成数据采集、处理和控制。

FGS 系统设置 1 套工程师站/操作员站，完成组态和实时监视操作。

火灾报警控制系统设置满足 CCCF 认证的报警控制器和区域显示屏，完成各区域的火灾监测及自动、手动报警。

软件配置：FGS 系统有相应的组态软件、数据库及管理软件、人机界面软件、操作系统和通信软件等。

三、火灾消防报警系统组成

火灾消防报警系统组成框图如图 3-2-15 所示。

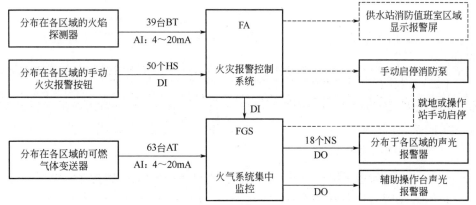

图 3-2-15 火灾报警系统组成框图

四、火灾报警发生后的处置

首先与现场人员确认报警情况，假报警与真火灾报警的处置方法如下。

（一）假报警的消除

如果是火焰探测器 BT 触发的假火警报警，报警消除方法如下：

（1）在火灾报警盘 FA 面板上依次点"火警确认""消音""系统复位"。

（2）如果是现场手报 HS 触发的报警，首先在现场将手报按钮复位，然后依次点"火警确认""消音""系统复位"。

（二）真火灾报警

如果是真火灾发生，立即按照处理厂火灾应急预案处置，根据情况确定是否启动 ESD 系统、消防泵。

第五节　计算机监控系统操作界面介绍

一、操作员站界面

（一）操作员如何进入 Station

（1）系统通上电后，进入一系列硬件、软件检测和装载过程。在未进入开始登录对话框前，请勿随意动键盘和鼠标。

（2）当出现"Welcome to Windows"对话框后，按照系统提示同时按"Ctrl+Alt+Delete"三键开始登录。

（3）接下来将出现"Log On to Windows"登录信息对话框，在"User name"栏输入用户名，在"Password"栏输入密码，然后点击 OK 按钮。

（4）当用户正确登录后，点击桌面上的 Station 图标即可登录到操作界面。

（二）操作员关闭系统的操作步骤

在关闭系统之前，关闭任务栏中所有已打开的窗口，然后单击开始菜单选项中的关闭系统，在弹出的关闭 Windows 2000 窗口中选择关闭计算机，单击确定，确认计算机关闭后再断电。

（三）操作界面介绍

1. PKS 系统启动界面介绍

工作站窗口主要由以下八个部分组成：菜单栏、工具栏、信息区、命令区、页面调用区、显示区、报警行、状态行，如图 3-2-16 所示。

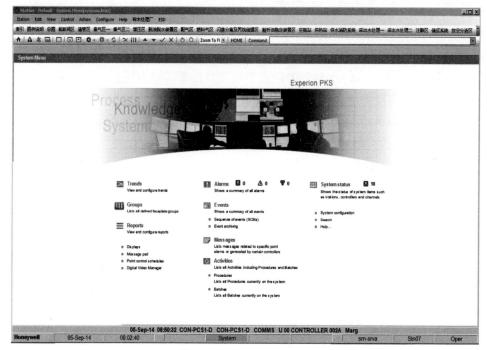

图 3-2-16　工作站窗口

2. 菜单栏介绍

菜单栏的组成及功能见表 3-2-1。

表 3-2-1 菜单栏的组成及功能

Station	Connect	重新与 Server 连接	Connection Properties	重新连接属性
	Log on	登录	Exit	退出 station
Edit	Cut	剪切	Copy	拷贝
	Paste	粘贴		
View	Detail	查看细节	Group Summary	组汇总
	Associated Display	浏览所选项的相关页	Message Pad	信息总汇
	Reload Page	刷新页面	Report Summary	报表
	Alarm	报警总汇	System Status Display	系统状态汇总
	Messages	信息总汇	System Status	浏览控制器、通道、工作站及打印机等状态
	Alert	告警汇总	Trend Summary	趋势总汇
	Display Summary	流程图	Show Full Page	全屏显显示
	Events	事件总汇		
Control	Raise	增加所选项的值	Control to Manual	手动操作
	Lower	减小所选项的值	Control to Automatic	自动控制
	Select Setpiont	选择 SP 点	Control to Normal	常规
	Select Output	选择 OP 点	Enable/Disable	开关状态转换
Action	Acknowledge Alarm	确认报警	Print	打印
	Silence	静音	Page Setup	页面设置
	Request Report	报表选项	Print Preview	打印预览
	Load Recipe	装载脚本		
Configure	Configuration Tools	组态工具	Reports	报表
	Server License Details	服务器 License 详细信息	Schedules	点控制、日历、定时切换等设置
	System Hardware	系统硬件组态	Trend and Group Display	趋势和组显示
	Operators	管理员登录、操作员等操作	Acronyms	镜像
	Alarm Event Management	报警事件管理	Applications	应用
	History	历史	Server Scripiing	服务器脚本

续表

Station	Connect	重新与 Server 连接	Connection Properties	重新连接属性
	Log on	登录	Exit	退出 station
Help	Help for This Display	当前页面帮助	Knowledge Buidler Help	Knowledge Buidler 帮助
	Operators Guide	操作指南	Knowledge Buidler Search	Knowledge Buidler 查找
	Station Help	Station 帮助	About Station	关于 Station

3. 工具栏按钮介绍

工具栏按钮如图 3-2-17 所示。

进入Station主菜单　　　　进入报警总汇

确认报警　　　　浏览所选项的相关页

依据页号浏览　　　　浏览下一页

浏览上一页　　　　浏览前页

依据趋势号浏览趋势　　　　依据组号浏览组

增加所选项的值　　　　减少所选项的值

确认输入　　　　取消输入

所选项的状态开关转换　　　　查看点的细节

图 3-2-17　工具栏按钮

4. 其他区域介绍

（1）信息区：此区域给出提示信息（如 PAGE 等）。

（2）命令区：操作员从此区域可输入一些命令，例如输入点名（PI_ 3301 等）。

（3）页面调用区：点击任意一个按钮，当前操作界面将切换到该按钮所链节的流程画面。

（4）显示区：此区域显示各种系统流程图及客户流程图。

（5）报警行：此区域显示最近、优先级最高并且还没有被确认的报警。

（6）状态行：从左至右依次为公司名称"Honeywell"；PKS 系统时间；报警状态（闪烁红色表示有未确认的报警，平稳红色表示有报警但均已被确认，空表示无报警，单击此区域可调出报警总汇）；通信状态（闪烁蓝色表示有未确认的通信报警，平稳蓝色表示有通信报警但均已被确认，空表示无通信报警，单击此区域可调出通信状态总汇）；信息总汇状态（闪烁绿色表示有未确认的信息，平稳绿色表示有信息但已被确认，空表示无信息）；未组态；与 Station 相连的

PKS Server 名；Station 名；操作级别显示。

二、相关面板介绍

（一）AI 面板详细画面

AI 面板画面如图 3-2-18 所示，打开 AI 面板详细画面的方法：在操作画面上，双击该参数显示区，系统自动弹出该参数详细画面。

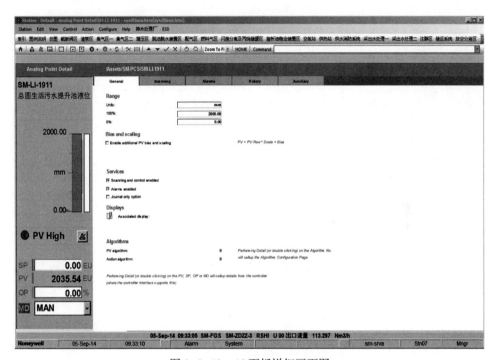

图 3-2-18 AI 面板详细画面图

参数共有 General、Scanning、Alarms、History、Auxililary 五种属性，General、Scanning、Alarms 属性界面所显示的相关信息如下。

1. General 属性界面

SP 栏：操作员输入设定值。Faceplate 的 SP 值棒状显示条上，绿色小三角号表示当前的 SP 值，此绿色小三角号随着 SP 值的不同而上下移动。

PV 栏：显示参数当前实际值。

Range：主要用于显示参数单位、量程上/下限。

Services：主要用于显示该参数经组态后，系统为参数所提供的功能。

Displays：浏览所选项的相关页。

2. Scanning 属性界面

Scanning 属性界面如图 3-2-19 所示。

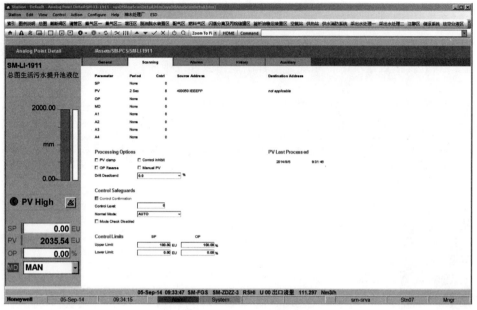

图 3-2-19　Scanning 属性界面

Parameter：SP、PV、OP、MD 等参数名称。

Period：对应参数取样频率。

Cntrl：对应参数所在控制器地址。

Source Address：对应参数数据源地址。

Processing Opiions：过程参数选项。

Control Safeguards：Control Level 表示控制级别；Normal Mode 表示控制模式；选择 Mode Check Disabled 后，控制模式将失灵。

Control Limits：Upper Limit——对应参数上限；Lower Limit——对应参数下限。

PV Last Processed：上次采集 PV 值时间。

3. Alarm 属性界面

Alarm 属性界面如图 3-2-20 所示。

PV Limit Alarms：Type——报警类型，处理厂所有报警共有高高报、高报、低报、低低报四种；Limit——报警限；Priority——报警优先级。

Control Fail Alarms：控制失败报警。

External Change Alarms：外部改变报警选项。

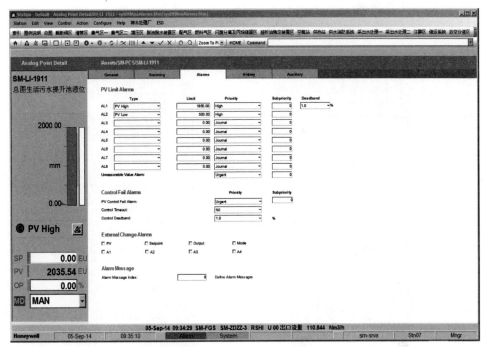

图 3-2-20　Alarm 属性界面

Alarm Message：报警信息。

（二）AO 点面板

AO 点面板界面如图 3-2-21 所示。

锁定按钮：点击该按钮后变成 图标，此时打开其他界面，该面板仍然能够在窗口显示；再次点击 图标后，它将恢复成原来的 图标，此时打开其他界面，该面板将自动从窗口消失。

报警：当发生报警时，面板上自动出现闪烁的报警指示灯，点击确认报警按钮后，报警指示灯自动消失。

OP 栏：人工控制设备开度时，操作员手动输入设备开度的百分数。自动控制模式下，手动输入无效。

PV 栏：显示当前压力值。

MD：设备控制模式选择，分手动 MAN（Manual）和自动 AUTO（Automatic）两种。当选择 AUTO 模式时，设备将根据程序进行自动调节开度；当选择 MAN 模式时，设备不能实现自动调节，设备的开度需要人工控制，方法是由 OP 栏手动输入。

（三）DI 点面板

DI 点面板界面如图 3-2-22 所示。

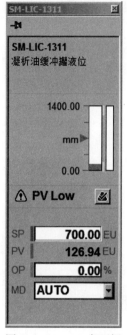

图 3-2-21 AO 点面板

图 3-2-22 DI 点面板

状态显示区：显示设备当前运行状态，当前状态显示为黑色，非当前状态显示为灰色。

PV：设备当前状态，与状态显示区状态显示应一致。

OP：操作员进行开/关操作。

MD：设备控制模式选择，分手动 MAN（Manual）和自动 AUTO（Automatic）两种。当选择 AUTO 模式时，设备将根据程序进行自动开/关；当选择 MAN 模式时，设备不能实现自动开/关操作，需人工控制，方法是由 OP 栏手动操作。

（四）DI 点详细画面

1. General 属性界面

General 属性界面如图 3-2-23 所示。

Range：Input states——输入状态数量；Output states——输出状态数量。

其他属性功能与 AI 点详细画面相应功能相同。

2. Scanning 属性界面

Scanning 属性界面如图 3-2-24 所示。

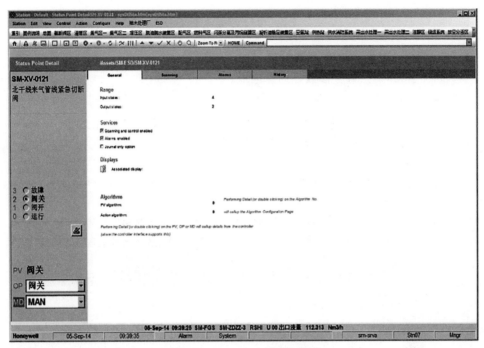

图 3-2-23 General 属性界面

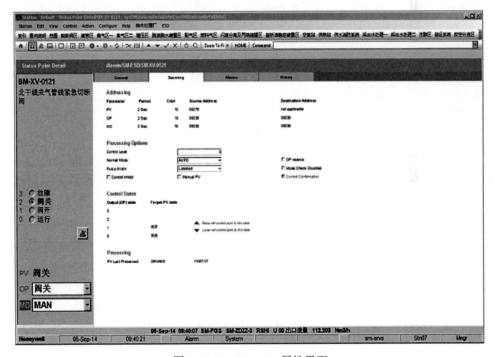

图 3-2-24 Scanning 属性界面

Parameter：PV、OP、MD 等参数名称。

Period：对应参数取样频率。

Cntrl：对应参数所在控制器地址。

Source Address：对应参数数据源地址。

Processing Opiions：过程参数选项。

Control States：Output（OP）state——OP 状态。

PV Last Processed：上次采集 PV 值时间。

3. Alarm 属性界面

Alarm 属性界面如图 3-2-25 所示。

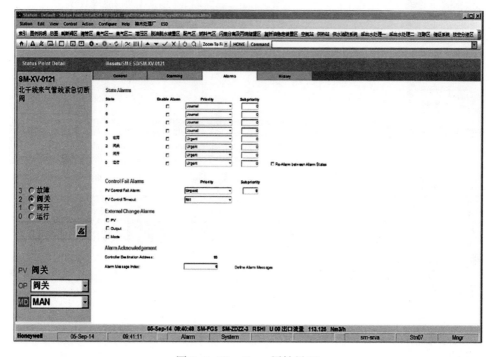

图 3-2-25　Alarm 属性界面

State：报警状态，图中 0 状态对应移动，1 状态对应设备开，2 状态对应设备关，3 状态对应设备故障。

Enable Alarm：选择复选框表示对应的报警功能已激活。

Priority：报警优先级别，分低、高、紧急三个级别。

（五）DO 点面板

DO 点面板界面如图 3-2-26 所示。

状态显示区：显示设备当前运行状态，当前状态显示为黑色，非当前状态显示为灰色。

PV：设备当前状态，与状态显示区状态显示应一致。

OP：操作员进行开/关操作。

操作模式反馈：分 Remote（远程）、Local（就地）两种，操作模式由操作员在现场切换。当反馈为 Remote 模式时，操作面板上的开/关设备操作有效；当反馈为 Local 模式时，操作面板上的开/关设备操作无效，必须由操作员在现场进行开/关设备操作。

（六）PID 面板

PID 面板界面如图 3-2-27、图 3-2-28 所示。

PID：P（proportional）比例作用，I（integral）积分作用，D（derivative）微分作用。

访问面板操作：操作界面位号显示为×IC××××的，均为 PID 控制，此类回路都有一个白色的背板，单击背板弹出操作面板（图 3-2-29），双击背板弹出详细画面。

图 3-2-26 DO 点面板

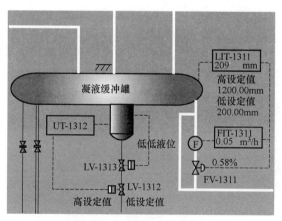

图 3-2-27 PID 面板图一

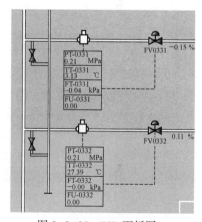

图 3-2-28 PID 面板图二

锁定按钮：点击锁定按钮，该面板将被锁定在当前的显示位置，不能被移动；再点击，则解锁，解锁后面板才能被移动。

SP 参数值按照工艺要求，人工输入，此参数为压力值。

PV 为当前压力值。

OP 为阀开度的百分数。

FV 为阀开度百分数的反馈值，理论上 FV 值应与 OP 值相同，如这两个值相

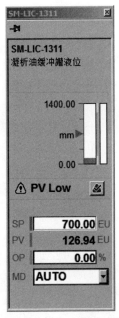

图 3-2-29　PID 操作面板

差很大，表明有故障情况。

当 MD 在 AUTO（自动）模式时，FV_ 3102 阀根据程序进行自动开度调节，此时不能手动输入阀的开度；当 MD 在 MAN（手动）模式时，阀门不能实现自动调节，阀的开度需从 OP 栏人工输入。

访问详细画面操作：在操作界面上，双击 PIC_ 3102 背板即弹出该点的详细画面。

三、流程画面介绍

（一）增压站流程界面

增压站流程界面如图 3-2-30 所示，点击压缩机面板弹出压缩机参数界面（图 3-2-31）。

（二）孔板界面

孔板界面如图 3-2-32 所示，点击各路孔板参数调用按钮即可弹出孔板计量参数画面（图 3-1-33）。

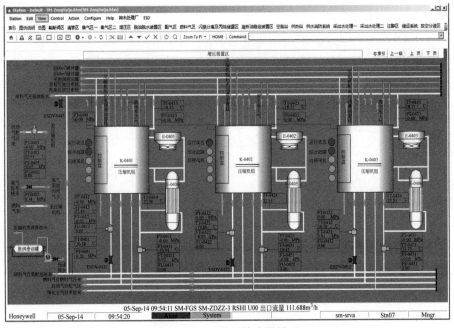

图 3-2-30　增压站流程界面

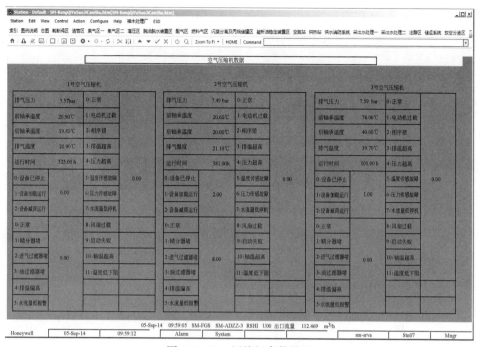

图 3-2-31　压缩机参数界面

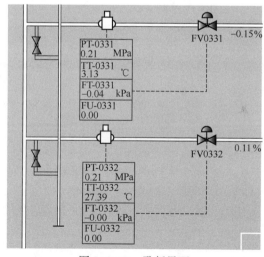

图 3-2-32　孔板界面

修改孔板参数时，点击相应的参数，输入修改后的数值，按 Enter 键即可。

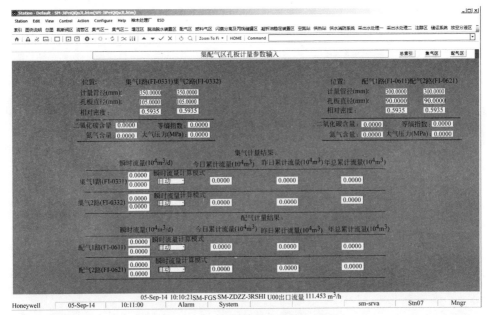

图 3-2-33 孔板计量参数输入界面

(三) 空氮站界面

空氮站界面如图 3-2-34、图 3-2-35 所示。

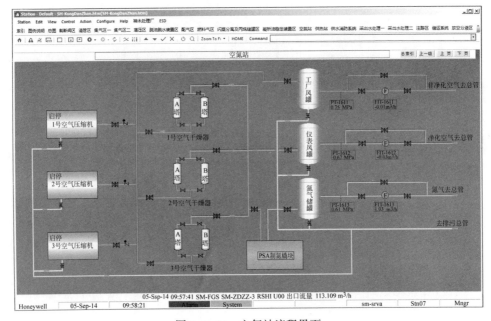

图 3-2-34 空氮站流程界面

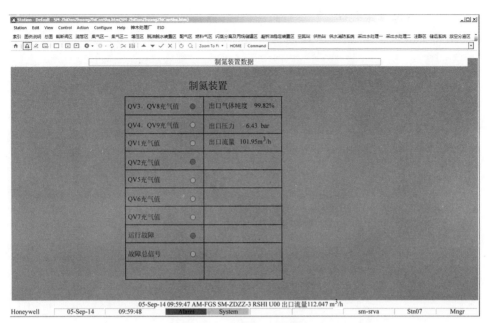

图 3-2-35 制氮装置参数界面

（四）火炬及放空系统界面

火炬及放空系统界面如图 3-2-36 所示。

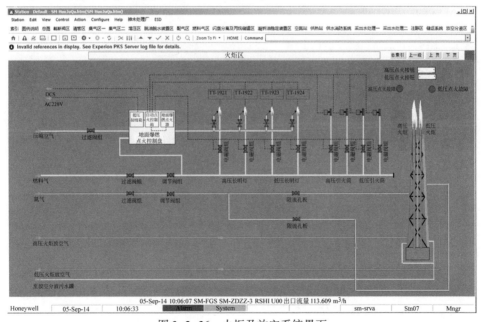

图 3-2-36 火炬及放空系统界面

（五）液位报警界面

液位报警界面如图 3-2-37 所示。

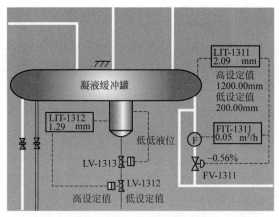

图 3-2-37　液位报警界面

四、历史记录及报警记录

（一）过程历史记录

在过程历史记录界面中（图 3-2-38），对历史趋势的设置共有 View as、Time Period、Interval 三种工具。

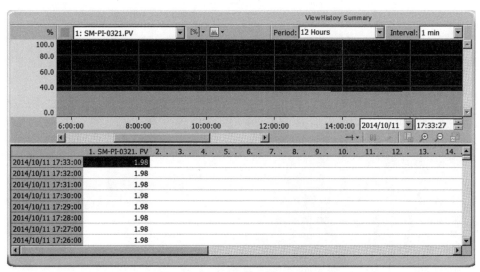

图 3-2-38　过程历史记录画面图

View as：选择该参数历史数据显示类型，共有 Bar Trend（历史曲线图）和 Numeric History（历史数据表）两种。

Time Period：选择当前屏所能浏览数据的时间段长度，有 1Minute（1min）、5Minute（5min）、20Minute（20min）、1Hour（1h）等共 17 种选项，最长为 1Year（1 年）。

Interval：选择采样频率，有 5sec（5s）、1Minute（1min）等共 9 种选项。

（二）报警

1. 访问报警汇总

报警汇总的主要作用是对整个系统的报警进行集中管理和描述，查看系统有无报警，只需查看状态栏的报警状态区便可知道。访问报警汇总操作：单击操作界面下面的报警状态区 ▉ Alarm ，或单击系统菜单的 view | Alarms，访问报警汇总画面，可浏览到报警栏上没有显示的其他报警。

2. 报警方式

系统报警有声音报警和报警事件记录两种方式，报警被确认后报警声音随即消失，报警事件记录被保存。

3. 报警状态及优先级

报警的状态主要有三种：Unack knowledged alarm（正在报警并且没有被确认）、Unack&returned to nomal（发生过报警但已恢复正常，不过这个报警始终没有被确认）、Acknowledged&in alarm（正在报警但已被确认）。

报警优先级如下：

未确认的报警：比已确认报警优先。

具有相同确认状态的报警：激活的报警比已失效的报警优先。

具有相同确认和激活状态的报警：报警优先级越高，报警越优先。

具有相同确认、激活状态和优先级的报警：越新的报警越优先。

4. 报警种类

PKS 中报警主要分为三类：Urgent（紧急报警）、High（高报警）、Low（低报警）。

5. 报警汇总

报警汇总界面如图 3-2-39 所示。

报警图标代表的意义：█ 闪烁时，报警等级为"紧急"，报警未被确认，且报警未消除；不闪烁时，报警等级为"紧急"，报警已被确认，但报警未消除。▣ 闪烁时，报警等级为"紧急"，报警已消除，但报警未被确认。▲ 闪烁时，报警等级为"高"，报警未被确认，且报警未消除；不闪烁时，报警等级为"高"，报警已被确认，但报警未消除。△ 闪烁时，报警等级为"高"，报警已

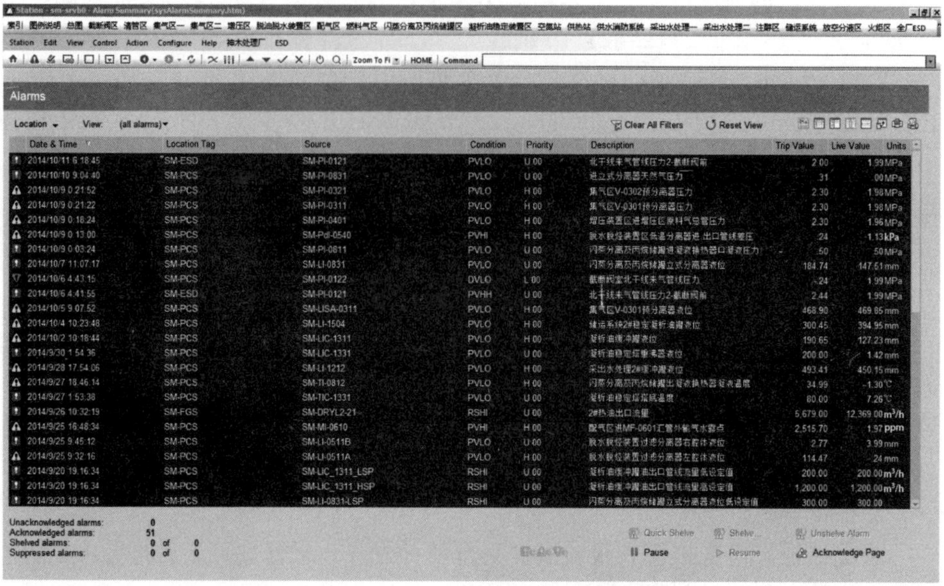

图 3-2-39　报警汇总界面

消除，但报警未被确认。 [?] 表示未知报警，源参数通信中断。

Location：按区域分类方式浏览报警。点击下拉菜单按钮，显示所有的区域，选择任意一个区域，窗口显示所选区域的所有报警信息。

View：按报警性质浏览报警。点击下拉菜单按钮，显示报警浏览项，包括所有报警（All alarms）、未确认的报警（Unacknowledged alarms）、紧急和高报（Urgent and high priority alarms）、紧急报警（Urgent priority alarms）。

在报警汇总界面，报警信息一般按照报警等级由高到低的顺序排列，排序较前的报警等级一般较高，排序较后的报警等级一般相对较低。

Pause：暂停报警信息刷新。

Resume：恢复报警信息刷新。

Acknowledge Page：确认本页所有报警。

6. 消除报警操作

（1）进入报警汇总界面。

（2）按照报警等级由高到低的顺序确认报警，确认报警方法：选中报警，右击鼠标，选择 Acknowledged Alarm。

（3）查看报警相关内容（报警细节查看：选中报警，右击鼠标，选择 Detail Display），根据报警原因，按照工艺要求现场排除报警。

7. 操作画面各种颜色代表的意义

（1）管线颜色所代表的意义：黄色代表天然气管线，浅黄色代表蒸汽管线，蓝色代表甲醇管线，浅紫色代表导热油管线，浅蓝色代表空气管线，浅棕色代表污水管线，红色代表放空管线，粉红色代表丙烷管线，绿色代表水管线，浅绿色代表凝析油管线，银色代表氮气管线，橙色代表脱油脱水液管线。

（2）阀门、泵颜色所表示的意义如下：

只有开关状态的：绿色表示打开状态；红色表示关闭状态。

有四种状态的：绿色表示打开状态；红色表示关闭状态；黄色表示故障状态；灰色表示正在动作。

五、常见故障及注意事项

（一）常见故障及解决方法

1. Station 无法与 Server 连接上

1）Server 没有处于运行状态

出现这类状况需要打开 PKS 的 Server 下启动程序，正常情况下 PKS 在站控计算机启动后会在后台自动开始运行。如果 HMIWEB 正在运行时有非正常关机或系统遭到病毒攻击造成 PKS 系统文件丢失时，PKS 将会停止运行，这时 Station 将无法打开。或者没有插上 DONGLE 卡时，系统运行 15min 后会自动停止。出现这种情况时，需要手动启动 PKS。如果手动还不能启动，就要对系统进行检查，一般要恢复系统。

启动时选择 PKS 程序组中的"Start-Stop PKS"程序项，如图 3-2-40 所示。

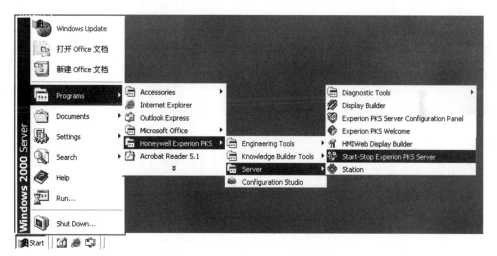

图 3-2-40　手动启动 PKS 示意图

弹出 PKS 窗口，将出现 PKS 的运行状态，然后单击 Start 或 Stop 按钮，即可对 PKS 进行相应的启停，如图 3-2-41 所示。

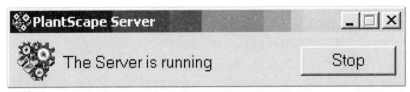

图 3-2-41　PKS 运行状态画面图

2）Setup 设置错误

及时报告相关技术人员予以解决。

2. Station 可与 Server 连接上，但所有数据均不正常或为死数据

此时首先检查 Station 中通道和控制器的状态开关状态，如图 3-2-42、图 3-2-43 所示。

图 3-2-42　Station 中通道和控制器的开关状态画面（一）

图 3-2-43　Station 中通道和控制器的开关状态画面（二）

正常情况下，Station 中通道和控制器的状态开关应该为绿色。如果出现红色，说明通道或控制器连接状态出现错误。此时将右下角的 oper 身份切换为 mngr 身份，重新激活通道或控制器，或者重新启动计算机让网络重新连接一次；如果还不能正常运行，就要检查上位机与下位机之间的通信电缆接头是否出现松动或电缆线中间是否断开，以及 CPU 模块是否处于 Fail 模式或 RTU 是否掉电。

3. 某点出现了死值

如果单就某个点出现了死值，而其他点能够正常显示，则说明整个系统的通信没有问题。这个时候就要检查点的属性设置是不是出现了问题，点击 oper，切换为 mngr 身份查看点的通道、控制器、参数设置等相关属性。如果该值的数值显示框为黑色填充状态，则可能为该参数的当前值超过量程范围。需现场检查、确认设备运行情况，并保证设备在正常工艺参数下运行。

4. 操作员无法登录 Station

操作员有三次错误登录机会，否则系统会默认为这是病毒在进行系统密码测试，Station 界面自动锁定 5min，如果显示为 SYSTEM LOCKED OUT 字样，请耐心等待 5min，确认你的用户名和密码是正确的，使用小键盘时确认小键盘功能打开。

5. 操作员无法登录开机画面

在打扫卫生等情况下，无意触碰电源可能会导致操作站关机，开机后请在登陆口（Login）的地方输入 slg，按回车键即可，开机后会发现一个黑色小画面，请不要关闭该画面，这是系统自动调用 cmd 开始启动 Station 画面，耐心等待 1min 就好。

（二）系统日常操作注意事项

1. 关于连锁和控制回路

每天查看所有控制回路所处的状态是否处于正常情况，若发现某个回路不在正常状态下，需及时通报工艺工程师或相关领导并作好记录，注明原因；在对有关连锁条件的仪表进行维护时，仪表工程师应先通告操作员，相互配合完成。

2. 控制器报警的确认与处理

在日常操作中，操作员对一般性的报警均能根据生产工艺的要求调节参数，但对控制器的报警没有足够的了解和重视，出现报警时要求必须按照正常的操作进行确认，不得直接删除，从而影响生产的平稳运行。

3. 关注各个等级的报警

由于报警点是在设计基础上进行设定的，在生产运行过程中作了进一步的更正，但是并不代表报警点已经全部在报警等级上有了正确的设置，所以请关注每个等级的报警，而不仅仅是关注紧急报警，对报警的声音敏感而对报警不敏感。

4. 关注关键点的历史趋势

关键点的历史趋势反映了整个装置的运行情况，请密切关注它的历史趋势是否平稳，一旦发生大的变化，即使没有报警也要及时与现场取得联系，并及时上报车间。

5. 没有运行装置的参数也要关注

在装置没有运行的情况下，由于管线内的介质原因、员工误操作、装置间互相影响等因素，可能会发生一些意外，所以即使没有运行，也要对这些装置的压力与温度给予足够的关注。

6. 压力调节阀

（1）对于取压在阀前的压力调节阀，如果要提高压力，则减小开度；如果要降低压力，则增大开度。

（2）对于取压在阀后的压力调节阀，如果要提高压力，则增大开度；如果要降低压力，则减小开度。

7. 调节阀如何投自动

（1）调节阀投自动要根据生产现场的温度、流量、压力、液位等关键参数的工艺要求来设定，多次调节试验其开度，当控制参数等于或者逼近设定值时，投为自动，观察调节阀的开度变化以及相关参数的变化情况。

（2）当压力、温度、流量等关键控制参数为初次投运，参数处于稳定状态时，可以将设定参数更改为现场值，即让现场值与设定值相等，此时阀门投自动，然后逐步增大或减小其设定值，当阀门开度稳定后，再次增大或者减小其设定值，依次重复。

8. 流量计量

当流量（如瞬时流量、累计流量）出现问题时，应及时与自控技术员取得联系，上报调度，说明情况，由技术员来解决相关问题。

如需更换孔板，相关操作人员在征得调度同意后，在计量参数区，将瞬时计量的状态由 Auto 改为 Man 状态，输入手动流量，流量必须等于当前的瞬时流量历史值，更换完毕后恢复 Auto 状态。

如需停止计量，记录差压值后，将差压量程改为 0，需要计量时根据现场值恢复差压量程。

9. 如何应对超压紧急事故

当发现超压事件时，应立即通知现场，并检查流程是否畅通、调节阀开度是否过小，根据技术人员指令，倒通流程，压力恢复后通知现场。

10. 如何配合设备启停

（1）当控制重启后，天然气压缩机紧急停车更改为复位配合现场启停。

（2）当增压站发生紧急情况，在获得调度同意后，中控室立即按下紧急停车按钮，停止压缩机运转。

（3）中控与现场必须听从调度指令；中控与现场操作必须逐步核实确认；严禁在未获得允许的情况下私自开关关键阀门。

（三）中控室环境要求

1. 温度

一般情况下，计算机工作的温度为10~35℃。如果环境温度过高，计算机又长时间工作，热量难以散发，计算机将出现运行错误、死机等现象，甚至会烧毁芯片，同时也会直接影响计算机的使用寿命。

2. 湿度

计算机工作环境的相对湿度在30%~80%为宜。如果湿度过高，会影响CPU、显卡等配件的性能发挥，同时会使电子元件表面吸附一层水膜；如果过分潮湿，会使机器表面结露，引起机器内元件、触点及引线锈蚀，造成断路或短路。

3. 清洁度

清洁度包括空气含尘量和含有害气体量两方面。附着在电路板上的灰尘积聚到一定程度，就会腐蚀各配件、芯片的电路板，引起机器内部线路断路，引发故障。电子元件吸附尘埃过多会降低它们的散热能力，导电型尘埃会破坏元件间的绝缘性能，严重时会造成短路；而绝缘尘埃会造成插件的接触不良。

4. 电源

低压和过压都会加速计算机元件的老化，交流电正常的范围应为220V±10%，频率应为50Hz±5%，且有良好的接地系统。

（四）工作站及其附件的基本维护与保养

1. 稳压电源的正确使用

由于交流稳压电源在预热期间输出的电压会产生很大的冲击波，220V的电压在接通瞬间可能会上升到300V以上，这个电压足以烧毁主机或其他外部设备的电源。所以打开计算机之前最好先开交流稳压器，等待3~5min，待电源电压稳定后再接通计算机电源。关机时要先关计算机和外部设备的电源，再关交流稳压器的开关。

2. 显示器的保养

由于静电的作用，显示器屏幕十分容易附着灰尘，需要经常清除。在清洁过程中一定注意不要使用硬物擦拭显示器屏幕，最好使用镜头专用纸。另外，显示器容易被磁化，因此不要将磁源靠近显示器，以免影响其显示性能。

3. 软盘、光盘驱动器的保养

灰尘附着在磁头上会划伤盘片，也会影响磁头正确读写数据，所以需要定期对其进行除尘、清理。使用带病毒的软盘/光盘极易使计算机感染病毒，给监控系统的安全、稳定运行带来危险，所以操作员不得随意使用软盘/光盘从站控用计算机拷贝文件。如有特殊情况必须拷贝时，尽量不要使用有物理损伤、受潮、磁层脱落的软盘或受损劣质光盘，在驱动器读取数据时不要强行取出软盘/光盘，以免损坏驱动器。

4. 鼠标的保养

鼠标在使用一段时间后灵敏度下降，这是由于鼠标内部的两根推杆堆积了污垢，滚动球表面也附有一层灰尘，导致滚动球和推杆之间的间隙改变，从而使鼠标不能灵活操作，需定期清理。

（1）防尘：灰尘导致鼠标故障的现象屡见不鲜，一旦有过多的灰尘遮挡住了"光头"，那么鼠标的移动精度就大幅度下降。

（2）鼠标垫：鼠标垫太轻或与桌面之间的摩擦系数太小致使鼠标垫随着鼠标器的移动而移动。

（3）桌面光滑：如果计算机桌的光滑程度过大，那么鼠标就非常不容易移动；如果平滑度不够，那么鼠标移动起来也会很麻烦。

第六节　视频监控系统

神木天然气处理厂视频监控系统主要由前端设备、后端设备和传输设备三部分组成。在厂区出入口等重要场所安装摄像机，在中控室和门岗室进行监视，及时发现安全隐患。

前端设备主要是摄像机，全厂有41路（21路周界枪形摄像机、20路球形摄像机，不含35kV变电所）。后端设备主要是监控主机、大屏幕显示器。传输电缆、光缆主要用来传输视频信号、控制信号，并为前端设备供电。

一、按键及指示灯功能描述

（一）指示灯

IR：红外操作接口（红外遥控需按要求配备）。

POWER：电源指示灯，表示设备是否处于上电状态。

RUN：运行指示灯，一直处于闪烁状态说明设备运行正常。

COM：串口通信指示灯，当发送串口命令时该灯闪烁。

（二）显示屏

显示屏示意图如图3-2-44、图3-2-45所示。

A 左侧显示屏

In	输入通道号
Out	输出通道号↓

图 3-2-44　左侧显示屏示意图

B 右侧显示屏

命令类型	
当前状态1	当前状态2

图 3-2-45　右侧显示屏示意图

设备上电时，该区域显示设备通信协议的类型（ASCII 码或 16 进制），设备的类型及规模。

（三）按键

在前面板上的键盘分为三个部分：INPUT、COMMAND 和 OUTPUT。

1. INPUT

0~9：数字键，用于输入通道号的选择。

10+~200+：数字组合键，用于输入通道号的选择。

2. COMMAND

COMMAND 键功能如图 3-2-46 所示。

序号	功能
A	用于选择切换音频模式
V	用于选择切换视频模式
AFV	用于选择切换音视频模式
SWIT	选定切换命令
VIEW	查询通道的切换状态
STO	Store，用于存储场景
REC	Recall，用于恢复场景
V_ADDR	查询设备地址
M_ADDR	修改设备地址
LOCK	锁定键盘或解除键盘锁定
FUN	选择多通道或单通道切换模式，及切换串口指令集
CANCEL	取消不正确的操作
TAKE	确定操作

图 3-2-46　COMMAND 键功能

3. OUTPUT

0~9：数字键，用于输出通道号、设备地址和场景的选择。

10+~200+：数字组合键，用于输出通道号和设备地址的选择，部分用于场景的选择。

ALL：输入通道号+ALL，可将该输入切换到所有输出通道。

二、按键操作说明

在前面板的中间部分即 COMMAND 区，集中了设备的所有命令，用户可根据以上每个按键的功能及自己的需求进行相应的选择，具体的操作如下。

（一）切换模式选择

（1）利用"SWIT"键可选定当前命令类型是切换命令。按下"SWIT"键设备将会进入通道切换的操作模式，同时会在右侧显示屏的"命令类型"处显示。确认设备的命令类型为切换命令后，利用"AFV""A""V"键可选定当前的切换模式。选定切换模式后，在右侧显示屏"命令类型"区域也会显示当前的切换模式类型，接着即可以进行相应的通道切换。

（2）注意事项如下：

① 在进行通道切换之前，必须先选定当前切换模式，在通道切换过程中，不允许改变切换模式。

② 在"AFV"模式下，屏幕中只显示视频通道切换状态。进行通道切换时，音视频信号同时切换。

（二）确认模式选择

（1）根据右侧显示屏"当前状态 1"区域中"TAKE"字符的状态，通道切换可分为立即模式和确认模式。可利用"FUN"键在两种模式间进行切换。

（2）当显示"TAKE"字符时，设备处于立即切换模式，只要键入输入通道号和输出通道号，设备会立即执行该次通道切换，此时只可以进行一路信号的切换。当"TAKE"字符消失时，设备处于确认模式，可连续键入多个输入通道号和输出通道号序列，键入完毕后，按"TAKE"键，可执行此次多通道切换。在确认模式下，可以支持所有通道同时切换。

（3）提示：

① 在键入输入通道阶段，左侧显示屏相应的"输入通道号"区域中会显示该通道号以供使用者确认，如果此时按下"CANCEL"键，可起到取消此次通道切换的作用。如果通道切换成功，会在"输出通道号"区域中通道号的后面以箭头显示。

② 在确认模式下，当要进行多通道切换时，每键入一个输入通道号后，左侧显示屏中相应的输入通道区域会在此次要切换的输入通道号后加"M"，以供使用者确认，如果发现输入错误，可按下"CANCEL"键，可取消此次多通道切换。

（三）通道切换

（1）进行通道切换必须遵循以下操作序列：

① 选定设备的命令类型为切换命令。如果当前命令类型不符合要求，必须利用"SWIT"键，来改变当前命令类型。

② 选定切换模式。如果当前切换模式不符合要求，必须利用"AFV"或"A"或"V"键，来改变当前操作模式。

③ 选定确认模式。如果进行多通道切换，必须利用"FUN"键选定确认模式。

④ 键入通道切换序列。合法的通道切换序列为"输入通道号+输出通道号"或"输入通道号+"All"。如果设备处于立即切换模式，此次通道切换结束；如果设备处于确定模式，需继续进行以下操作。

⑤ 如果进行多通道切换，重复第③步操作。

⑥ 按下"TAKE"键，设备执行此次通道切换。

（2）提示：

① 当前切换模式和确认模式可在右侧显示屏相应的"命令类型"和"当前状态1"区域查询。

② 如果发现输入错误，可在"输入通道号"阶段按下"CANCEL"键，即可取消该次操作。

③ 当通道号大于一位数时，需利用"10+""20+""30+"等数字组合键和"0~9"数字键组合来完成操作。

④ 输入通道号在左侧 INPUT 键盘中选择，输出通道号在右侧 OUTPUT 键盘中选择。

例1：将第6路音视频输入信号切换到第8路通道输出，操作如下：

"SWIT"+"AFV"+"6"+"8"+"TAKE"（确认模式）或"SWIT"+"AFV"+"6"+"8"（立即模式）。

例2：将第10路音频输入信号切换到第6路通道输出，操作如下：

"SWIT"+"A"+"10+"+"0"+"6"+"TAKE"（确认模式）或"SWIT"+"A"+"10+"+"0"+"6"（立即模式）。

例3：同时将第1、3、4路视频输入信号（包括光信号）切换到第1、2、3通道输出，操作如下：

"SWIT"+"V"+"1"+"1"+"3"+"2"+"4"+"3"+"TAKE"。

例4：将第6路音视频输入信号切换到所有的通道输出，操作如下：

"SWIT"+"AFV"+"6"+"All"+"TAKE"（确认模式）或"SWIT"+"AFV"+"6"+"All"（立即模式）。

（四）设备切换状态查询

（1）按下"VEIW"键设备将会执行查询操作，具体的操作如下：

① 选定查询命令类型。如果当前命令类型不符合要求，必须利用"VEIW"

键，来改变当前命令类型。

② 键入所要查询的输出通道号。此时会在左侧显示屏的"输入通道号"处显示切换到该输出通道的输入通道号。

（2）保存和恢复场景可按以下步骤进行操作：

① 按"STORE"或"RECALL"键选择要保存或恢复的场景，此时在右侧显示屏相应的"命令类型"区域会提示用户键入场景号。

② 键入要保存或恢复的场景号，切记需要在右侧 OUTPUT 键盘中选择。

③ 按"TAKE"键，执行此次操作。

（五）查询和修改地址

利用"V_ ADDR"和"M_ ADDR"键可以查询或修改设备的地址。按下"V_ ADDR"键，会在右侧显示屏的"命令类型"区域显示该设备的地址号；按下"M_ ADDR"键，并在右侧 OUTPUT 键盘中选定新的地址号，即可修改设备的地址为指定的地址。

（六）通信协议类型选择

矩阵为用户提供了两种通信协议的类型：ASCII 码和 16 进制。用户可以根据的自己的需求选择，两种协议之间的选择方法为长按 FUN 键约 10s。

（七）锁定键盘

为了防止误操作，可按"LOCK"键锁定键盘，此时右侧显示屏"当前状态2"显示"LOCK"字符。除再次按下"LOCK"键解除锁定外，键盘停止响应。

三、控制软件的使用

（1）双击控制台，登录控制台界面，选择登录账号及密码，默认账号为 Admin，密码为空，如图 3-2-47 所示。

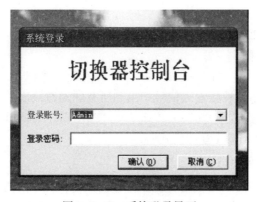

图 3-2-47 系统登录界面

（2）串口未连接或未选择正确的 COM 通道会提示如图 3-2-48 所示界面。

图 3-2-48　COM 通道连接示意界面

（3）设置串口通道，采用网口控制须选择虚拟串口，选择设备地址，该设备地址应用于多台矩阵级联控制，如图 3-2-49 所示。

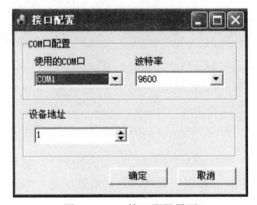

图 3-2-49　接口配置界面

（4）设备连接正常会提示设备的连接状态及设备类型，如图 3-2-50 所示。

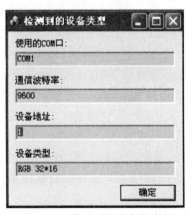

图 3-2-50　检测到的设备状态界面

（5）矩阵控制界面为 RGB32×16 的矩阵控制界面，高亮显示的按键为当前设备状态，可音视频同步，异步切换，如图 3-2-51 所示。

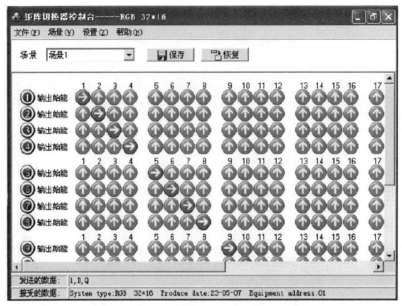

图 3-2-51　RGB32×16 矩阵的控制界面

神木天然气处理厂预设了 3 个场景，分别为场景 1、场景 2、场景 3，切换场景时，先选择场景，再点"恢复"即可。通过场景切换，可实现镜头的手动轮询。

四、常见故障及维护

（1）如果 POWER 灯不亮，且 LCD 无显示，操作无反应，可能是电源供电不正常。

（2）信号干扰较大：检查信号连接电缆以及插头是否良好，电缆是否符合规范要求，系统接地是否良好，设备之间的交流电源地线系统是否一致；当 RGB/VGA 矩阵所接外设投影机有重影时，一般不是主机问题，可能是投影机没有正确调好，应对投影机相应按钮进行调节。

（3）当出现颜色丢失或无视频信号输出时，可能是 RGBHV 信号线两端接头没有对应接好。

（4）当串口（指计算机或中控串口）控制不了矩阵时，查看软件串口是否与所接设备串口对应，或者矩阵设备地址与控制软件设置是否有出入，或矩阵控制协议是否对应。

（5）如果 RGB 矩阵输入输出信号能切换，但没有"哔哔"声，可能主机内部蜂鸣器坏了，请送专业人员进行维修。

（6）RGB 矩阵切换时，蜂鸣器有响声，但无相应投像输出：

① 查看相应的输入端是否有信号（可用示波器或万用表进行检测）。如果没有信号输入，有可能是输入接线断了，或接头松了，更换接线或拧紧接头即可。

② 查看相应的输出端是否有信号（可用示波器或万用表进行检测）。如果没有信号输出，有可能是输出接线断了，或接头松了，更换接线或拧紧接头即可。

③ 以上两种情况处理后都不行，可能是主机内部故障，请送专业人员进行维修。

（7）当接 BNC 头时，如果觉得静电转强，有可能是电源地线未与大地相连接，请接好地线，否则容易损坏主机，缩短主机寿命。

（8）RGB 矩阵面板按键、串口、遥控都无法控制时，可能是主机内部已经损坏，请送专业人员进行维修。

（9）本产品所使用电源必须接有电源保护地，并保证同输入、输出设备的电源保护地为同一保护地。对于使用计算机进行通信控制的用户，必须保证所使用计算机与本产品皆接有电源保护地，且保护地相同。

（10）机箱内严禁杂物掉入，如有杂物掉入应立即切断电源，停止工作，清理后再继续工作；不要将机器靠近高温物体；保证空气流通，不要让机器内热量积聚；不要将机器放在潮湿或灰尘过多的地方。

五、多屏幕拼接处理器

多屏幕拼接处理器是一台纯硬件架构、无操作系统的高性能视频图像处理工作站，能够将多个动态画面显示在多个屏幕上面，实现多窗口拼接的功能。拼接处理器集高清视频信号采集、实时高分辨率数字图像处理、三维高阶数字滤波等高端图像处理功能于一身，具有强大的信号处理能力。

处理器支持多种信号源输入模式，包括复合视频（DVD 或摄像头信号）、计算机信号（VGA 或 DVI 信号）、高清数字信号（HDMI 或高分辨率 DVI 信号）等。拼接控制器可输出 DVI-I 信号或双绞线数字信号，支持 RGB（模拟）/DVI（数字）同时输出，这意味着可以在大屏幕正常显示的同时，将信号备份输出至另一组大屏幕，部分型号还支持双 DVI-I 通道备份，如图 3-2-52 所示。

（一）处理器软件使用方法

1. 运行和连接

双击桌面上的图标，如图 3-2-53 所示。

打开之后进入登录界面，用户名是 ADMIN，口令为空，点击"确定"即可进入软件，如图 3-2-54 所示。

进入软件主界面，如图 3-2-55 所示。软件分为 3 个模块，菜单栏分别是"处理器""主功能区"和"工具"。

首先，选择"主功能区"下"通信"设置，如图 3-2-56 所示。

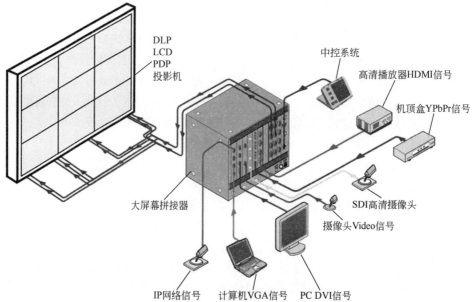

图 3-2-52　多屏幕拼接处理器结构图

图 3-2-53　处理器软件图标

图 3-2-54　用户登录界面

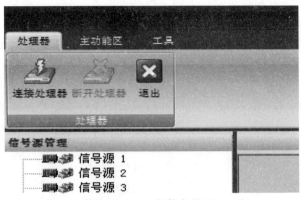

图 3-2-55　软件主界面

图 3-2-56　主功能区示意

打开"通信设置"界面，若是选用 NET 连接，点击"选用 NET 连接"，设备默认的 IP 地址是 192.168.1.65，端口号是 1024。若是串口连接的话，点击"选用 COM 连接"，选用正确的 COM 口，波特率默认情况下为 9600。选择完之后，点击"确定"，如图 3-2-57 所示。

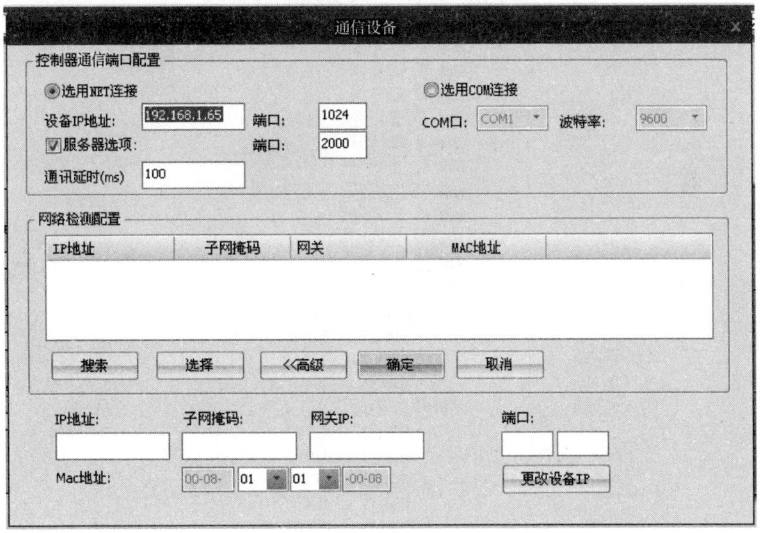

图 3-2-57　通信设置界面图

设置完通信参数，点击菜单中的"连接处理器"以连接设备。

2. 用户管理

用户管理是用于管理操作员操作权限的设置，通过该设置登录人员可以对控制软件进行登录口令设置，如图 3-2-58 所示。

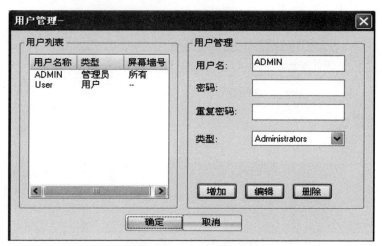

图 3-2-58　用户管理界面

3. 输入、输出通道

连接上处理器之后，左边的信号源会有显示，绿色代表信号源已经扫描到有信号进来，如图 3-2-59 所示。

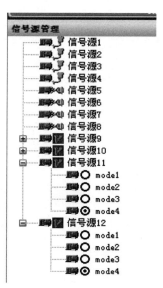

图 3-2-59　信号源管理界面

点击主功能区中"输入卡"图标可以显示此设备上面所有输入卡信息，如图 3-2-60 所示。

图 3-2-60 主功能区界面

左边是输入信号源，右边是输出通道，如图 3-2-61、图 3-2-62 所示。用鼠标将选中的信号源拖至右侧输出通道位置，相应的画面即可显示在大屏上。

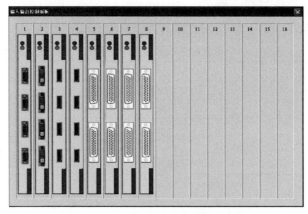

图 3-2-61 信号源通道连接示意图

神木天然气处理厂在"预案管理"中预设了"15 路视频""左右 6 路视频+中间上位机画面"，通过选择及信号源拖动，可以将上位机流程图投影到大屏幕进行显示。

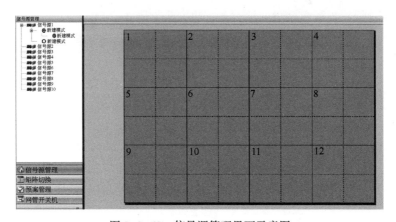

图 3-2-62 信号源管理界面示意图

　　各个信号源可以手动更改显示名称，方便对信号源进行标识、管理，如图 3-2-63 所示。

图 3-2-63　更改信号源名称界面

（二）常见故障分析及解决

（1）安装完软件无法运行的原因及解决方法以见表 3-2-2。

表 3-2-2　安装完软件无法运行的原因及解决方法

原　　因	操作系统缺少 VC++运行库
解决方法	在 32 位系统下，请安装光盘中的 vcredist_ x86. exe
	在 64 位系统下，请安装光盘中的 vcredist_ x64. exe

（2）输出的画面无显示的原因及解决方法见表 3-2-3。

表 3-2-3　输出的画面无显示的原因及解决方法

原　　因	没有信号输入
	输出线损坏或是超出传输距离
解决方法	检查输入信号，确认输入信号通道正常
	确认 OUT 连接到输出设备，IN 连接到输入设备
	使用质量较好的线缆，保证画面的稳定和高质量

（3）画面出现偏色现象的原因及解决方法见表 3-2-4。

表 3-2-4　画面出现偏色现象的原因及解决方法

原　　因	接口没有接好，松动导致接触不良
	信号线缆损坏
	显示设备色彩调节不正确
	使用软件调色不正确
解决方法	接口连接后，请拧紧螺栓，防止因为拉扯导致的松动
	请更换质量优秀的 VGA 线
	参照显示设备的使用说明书，调节显示设备的色彩平衡
	通过控制软件重新调整色彩

（4）画面出现抖动或者花点的原因及解决方法见表3-2-5。

表3-2-5 画面出现抖动或者花点的原因及解决方法

原　因	线缆太长导致信号损失严重
	输入信号的设备不稳定或线材受损
解决方法	建议使用信号延长器，保证最小的线损
	调试好输入信号的功能定义并使用优质的线材

（5）画面在显示设备中出现黑边的原因及解决方法见表3-2-6。

表3-2-6 画面在显示设备中出现黑边的原因及解决方法

原　因	显示设备对信号做了后端切除
	通过控制软件调整图像的位置过多
解决方法	按照显示设备的使用说明，在软件里调到默认设置
	通过控制软件，重新调整好图像的位置，取得需要的效果

第七节　防爆扩音对讲系统介绍

一、简述

神木天然气处理厂防爆扩音对讲系统由通信室的综合控制柜、中控室操作台上的台式话站及室外的防爆话站、扬声器、接线盒等组成，全厂共有防爆电话站21套。

二、操作

（一）HJ-2F主控话站操作

1. 区域呼

摘机，按一下某区域键，再按住呼叫键，对送话器讲话，该区域的扬声器响；然后在约定的通道（频道）上通话，通话完毕，挂机即可。

2. 群呼

摘机，按一下设置键，再按一下所要的区域键，再按住呼叫键，对送话器讲话，被选定的区域扬声器响；然后在约定的通道（频道）上通话，通话完毕，挂机即可。

3. 全区呼

摘机，按一下全区键，再按住呼叫键，对送话器讲话，全区扬声器响；然后在约定通道（频道）上通话，通话完毕，挂机即可。

4. 时间设置

挂机状态，按"＊"键，调出时间设置界面，按"0"键切换设置内容，按"#"键设置时间。设置完成，按"＊"键切换回原状态。

5. 报警（仅具有报警功能的主控话站可用）

摘机，按"＊"键进入报警设置状态，再按区键设定报警区域（最多8个区），再按数字键1~6设定报警类型，最后按"#"键启动报警。取消报警按复位键或者挂机即可。

（二）HJ-2A 台式话站操作

（1）主叫方在台式话站摘机。

（2）按住呼叫键并对送话器喊话，被呼叫区域扬声器全响，告知被叫方使用哪一通道通话。

（3）被叫方听到扬声器呼叫，从系统内任一话站摘机（本区域内）并按一下约定的通道选择键（该通道指示灯亮）。

（4）主叫方松开呼叫键并在电话站上按约定选择通道；

（5）双方进行通话。

（6）通话结束，挂机。

（三）HJ-2 壁挂式话站操作

HJ-2 壁挂式话站功能键如图 3-2-64 所示。

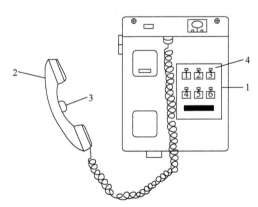

图 3-2-64　HJ-2 壁挂式话站功能键示意图
1—通道选择键；2—手柄；3—呼叫开关；4—通道指示灯

（1）主叫方摘机。

（2）按住呼叫键，并对送话器喊话，扬声器全响，告知被叫方使用哪一通道通话。

（3）被叫方任一话站（本区域内）摘机并按一下约定的通道选择键（该通道指示灯亮）。

（4）主叫方松开呼叫键（扬声器关闭），并在话站上按一下约定的通道选择键（该通道指示灯亮）。

（5）双方通话。

（6）通话结束，挂机。

（四）ME-1354 报警信号发生器操作

ME-1354 报警信号发生器操作面板如图 3-2-65 所示。

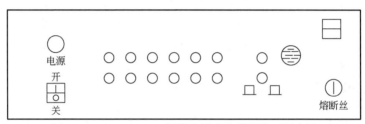

图 3-2-65　ME-1354 报警信号发生器操作面板意图

（1）报警信号发生器 1~6 键分别为 6 种不同的报警音，1 为最低级别，6 为最高级别。

（2）报警时先按下本机"凸"键，再按下所需报警状态的选择键，监听无误，扬声器发出报警音；然后再恢复"凸"键，信号发送至系统，使系统内扬声器全响，数码显示报警级别。

（3）取消报警需要先按下自动按键，将全部按键都弹出，再关闭抽屉电源开关，再重新打开。

（4）自动报警只需按下自动键即进入自动报警状态，后端设有 6 对自动报警检测端口与火灾盘等报警设备相连接，每对只需提供一个常闭干接点，开路报警。当两个或两个以上自动检测信号同时发生时自动选择高级别报警。

（五）DHg-2 程控电话转接器操作

（1）主叫方从办公电话摘机并拨号。

（2）听到"叮咚"声后按一下"#"键。

（3）主叫方对送话器喊话，所有区域扬声器全响。

（4）主叫方按一下"＊"键。

（5）被叫方从任一话站摘机（通道 1），双方即可通话。

（6）通话完毕，挂机即可。

（六）LYQ-45 记录系统操作

（1）时间设置：按设置键，再按"◀"或"▶"键至时间设置，按数字键进行设置，然后按确认键确认，按退出键返回。

（2）播放新语音：按新语音键，屏幕首先提示多少条未播放的新语音，3s后自动播放新的语音或者直接按确认键进入播放。

（3）播放所有语音：在常态下，液晶屏右上角显示语音的总条数，按放音键，播放所有语音（从后至前的次序）。

（4）查询语音：按查询键直接进入查询界面。

① 按序号查询：直接输入语音序号，按确认键进入，本机马上播放与查询序号相同的语音。

② 按日期查询：输入日期，按确认键进入，本机首先提示"×年×月×日"共有多少条语音，按确认键播放当日的所有语音（从后至前的次序）。

（5）删除语音：按设置键，再按"◀"或"▶"键至删除语音，按"▲""▼"键选择删除方法，按确认键删除，按退出键返回。

（七）HFX-2 合并/分离器操作

1. 区域呼

摘机，按一下区域键，再按住呼叫键（"#"键），对送话器讲话，该区域的扬声器响，然后在约定通道（频道）上通话，通话完毕，挂机即可。

2. 群呼

摘机，按一下设置键（"0"键），再按下区域键（两个以上区域成群呼），同时按住呼叫键（"#"键），对送话器讲话，被选定的区域扬声器响，然后在约定通道（频道）上通话，通话完毕，挂机即可。

3. 全区呼

摘机，按一下全区键，再按住呼叫键（"#"键），对送话器讲话，全区扬声器响，然后在约定通道（频道）上通话，通话完毕，挂机即可。

三、维护

（1）每周用抹布清洁一次手柄等处，每次使用完毕，请务必关上机箱门，防止雨水和腐蚀性气体进入手柄，减少使用寿命。

（2）手柄切勿强拉猛摘，使用后挂稳。

（3）使用通道选择开关时用手指轻轻一按即可，勿用螺丝刀、扳手等硬物触碰。

（4）发现产品有不正常现象，请记住故障现象和产品编号并按服务热线同生产商联系，就可得到相关技术人员的指导和帮助。

（5）UPS 故障处理。

当设备出现故障时，记录 LCD 显示器上的故障显示情况后立即关掉 UPS，或查阅故障表分析故障产生原因，请厂家工程师或技术员进行维修。

一旦出现故障，请遵循以下步骤处理：

① 确认操作是否正常，是否安装不当。

② 检查后面板上主开关是否置于"ON"。

③ 检查市电电源线插座是否良好，输入线是否接通。

④ 检查前面板上的"ON"键是否按了。

⑤ 检查市电是否正常。

⑥ 检查显示灯状态是否正常。

⑦ 检查是否负载引起 UPS 变化。

⑧ 检查后面板的熔断丝是否烧断。

⑨ 检查是否过载。减少一些负载，重新启动 UPS，查看是否正常。

⑩ UPS 应定期清洁保养，避免沾染灰尘，确保机器寿命。

⑪ 清洁时请用软布轻拭，以免刮伤外表。

⑫ 每月定期检查各连接线，并防止磁损或松动、潮湿。

⑬ 附于机器内的电池为干式保养电池，不需保养，且充电电压及充电电流已经依照电池特性调整完毕。

⑭ 若要延长放电时间，需外加电池，可于订购时告知经销商或本公司，机器于出厂时会依照所加电池的特性而调整充电电压及充电电流。

⑮ 若所使用的电池为一般汽车用铅酸电池，则每三个月要检查电池的电解液一次，若电解液液面太低，则用蒸馏水补充。

⑯ 电池供电时间与负载使用率有关。

⑰ 电池请保持满电位，以延长寿命。

第四部分
辅助生产单元

第一章　供水供热单元

第一节　锅炉的相关知识

一、容量

锅炉的容量又称锅炉的出力，是锅炉的基本特性参数。蒸汽锅炉用"蒸发量"表示，常用单位为吨/小时（t/h）。

额定蒸发量：锅炉产品铭牌和设计资料上标明的蒸发量数值，它表示锅炉在理想条件下（受热面无积灰，使用原设计燃料，在额定给水温度和设计工作压力下，保证效率长期连续运行）运行，锅炉每小时产生的蒸汽量。

本特性参数，蒸汽锅炉用蒸发量表示，热水锅炉用供热量表示。

二、蒸发量

蒸汽锅炉长期连续运行时，每小时产生的蒸汽量，称这台锅炉的蒸发量，用符号"D"表示。锅炉实际运行中，达到理想运行条件是不可能的，因此锅炉每小时最大限度产生的蒸汽量称为最大蒸发量。

三、供热量

热水锅炉长期连续运行，在额定回水温度压力和规定循环水量下，每小时出水有效带热量，称为这台锅炉的额定供热量（出力），用"Q"表示，单位为兆瓦（MW）。

四、压力

垂直作用在单位面积上的力，称为压强，通常称为压力，用符号"p"表示，单位为兆帕（MPa）。测量压力的方法有两种：

绝对压力：以压力等于零点作为测量起点测得的压力称为绝对压力，用"$p_绝$"表示。

表压力：以当地大气压作为测量起点测得的压力称为表压力，或称为相对压力，用"$p_表$"表示。通俗地讲，表压力就是压力表测得的压力。

五、蒸汽锅炉产生压力的机理

蒸汽锅炉产生的压力是因为锅炉内的水吸热后，由液态变成气态，其体积增大，由于锅炉是个密闭容器，限制了水汽的自由膨胀，结果就使锅炉各受压部件受到了水汽膨胀的作用力，而产生压力。锅炉产品铭牌和资料上标明的压力是这台锅炉的额定工作压力，为表压力，单位是兆帕（MPa）。

司炉人员操作时，要注意控制锅炉压力不能超过锅炉额定压力或使用单位规定的最高工作压力，使用单位规定的最高工作压力应小于锅炉的额定工作压力。

六、温度

温度是标志物体冷热程度的物理量，用符号"t"表示，单位为摄氏度（℃）。

锅炉铭牌上标明的温度是锅炉出口介质的温度，又称额定温度。

额定温度是指额定压力下的饱和蒸汽温度；对于热水锅炉，其额定温度是指锅炉出口的热水温度。

七、受热面

从放热介质中吸收热量，并传给受热面介质的表面，称为受热面，如炉胆、烟管等。

八、辐射受热面

辐射受热面是指主要以辐射换热方式从放热介质吸收热量的表面，一般指炉膛内与火焰直接接触的受热面，如水冷壁管、炉胆等。

九、对流受热面

对流受热面是指主要以对流换热方式从高温烟气中吸收热量的受热面，如烟管、对流管束等。

十、锅炉热效率

锅炉有效利用的热量与单位时间内所消耗燃料的输入热量的百分比，即为锅炉热效率，用符号"η"表示，其公式为：

$$\eta = \frac{输出热量}{输入热量} \times 100\% \tag{4-1-1}$$

$$\eta = \frac{锅炉蒸发量 \times (蒸汽焓-给水焓)}{每小时燃料消耗量 \times 燃料低位发热量} \times 100\% \qquad (4-1-2)$$

$$\eta = \frac{循环水量 \times (出口水焓-进口水焓)}{每小时燃料消耗量 \times 燃料低位发热量} \times 100\% \qquad (4-1-3)$$

十一、蒸汽品质

蒸汽品质表示蒸汽的纯洁程度，一般饱和蒸汽或多或少带有微量的饱和水分，通常把带水量超过标准要求的蒸汽称为蒸汽品质不好。

十二、燃料消耗量

单位时间内锅炉所消耗的燃料称为燃料消耗量。

十三、水管锅炉

烟气在受热面管子外流动，水在管子内流动的锅炉称为水管锅炉，即烟气走壳层，水走管层。

十四、火管锅炉

火管锅炉又称烟管锅炉，烟气在受热面管子内流动，且受热面管子在锅炉水水面以下，即烟气走管层，水走壳层。

第二节　燃料与燃烧

一、锅炉燃料分类

固体燃料：煤、木柴等。
液体燃料：重油等。
气体燃料：天然气、煤气、液化石油气等。

二、锅炉燃料分析

发热量：1kg 煤完全燃烧时放出的热量，称为发热量。燃料发热量包括低位发热量和高位发热量。燃料燃烧时，燃料中的水分吸收热量并转化成蒸汽，因此在燃料放出的热量中扣除这部分热量所得到的发热量称为燃料低位发热量，包括这部分热量所得到的发热量称为高位发热量。

三、燃烧的基本条件

燃料中的可燃物质与空气中的氧气，在一定温度下进行剧烈的化学反应，发出光和热的过程称为燃烧，因此燃烧的基本条件为：可燃物、空气（氧气）和温度（达到燃点）。

四、过剩空气系数

由于各种燃料所含可燃物质的成分和数量不同，燃料所需空气量也不同，当1kg 燃料完全燃烧时所需空气量为理论空气量，但实际上燃料中的可燃物质不可能与空气中的氧气充分均匀混合，燃烧条件也不可能达到设计的理想程度，因此在锅炉运行中，实际空气量比理论计算空气量多。这就引出一个"过剩空气系数"的概念，即实际空气量与理论空气量的比值为过剩空气系数。过剩空气系数=实际空气量/理论空气量。

在锅炉运行中，过剩空气系数是一个很重要的燃烧指标，过剩空气系数太大，表示空气太多，多余的空气没有参加燃烧，反而吸热，增加了排烟热损失和风机耗电量。过剩空气系数太小，表示空气不足，燃料燃烧不充分或燃烧不稳定，甚至熄火，降低锅炉热效率。

第三节　锅炉的分类与构成

一、锅炉的分类

锅炉的类型很多，分类方法也很多，归纳起来有以下几种。

按用途分为工业锅炉、电站锅炉。

按蒸发量分为小型锅炉（$Q<20t/h$）、中型锅炉（$20t/h<Q<75t/h$）。

按压力分为低压锅炉（$p<2.5MPa$）、中压锅炉（$3MPa<p<8MPa$）、高压锅炉（$p>8MPa$）

按介质分为蒸汽锅炉、热水锅炉、汽水两用锅炉。

按燃烧室布置分为内燃式锅炉、外燃式锅炉。内燃式锅炉燃烧室布置在锅筒（炉胆）内，外燃式锅炉的燃烧室布置在锅筒外。

按使用的燃料分为燃煤锅炉、燃油锅炉、燃气锅炉。

按安装方式分为整装锅炉（快装锅炉）、散装锅炉。

二、锅炉的构成

锅炉是一种把燃料燃烧后释放的热能传递给容器内的水，使水达到所需要的温度（成为热水或蒸汽）的设备。它由"炉""锅"、仪表及附属设备构成一个整体，以保证其正常安全运行。

（一）炉

"炉"是由燃烧设备、炉墙、炉管和钢架等部分组成，使燃料进行燃烧产生灼热烟气的部分。烟气经过炉膛和各段烟道向锅炉受热面放热，最后从锅炉尾部进入烟囱排出。

（二）锅

"锅"即锅炉本体部分，它包括锅筒（汽包）、水冷壁管、对流管束、烟管和火管、省煤器等受压部件，由此而组成盛装锅炉水和蒸汽的密闭受压部分。

1. 锅筒

锅筒的作用是汇集、储存、净化蒸汽和补充给水。热水锅炉锅筒内全部盛装的是热水；而蒸汽锅炉下锅筒全部及上锅筒下部盛装的是热水，上锅筒上部是蒸汽空间，水的表面称为水面，汽水分界的位置称为水位线。

2. 水冷壁

水冷壁是布置在炉膛四周的辐射受热面。它是锅炉的主要受热面，有些水冷壁管两侧焊有或带有翼片，又称鳍片。鳍片增大了对炉墙的遮挡面积，可以更多地接受炉膛辐射热量，提高锅炉产气量，降低炉膛内壁的温度，保护炉墙，防止炉墙结渣。

3. 对流管束

对流管束是锅炉的对流受热面。它的作用是吸收高温烟气的热量，增加锅炉受热面。对流管束吸热情况，与烟气流速、管子排列方式、烟气冲刷的方式都有关系。

4. 烟管、火管

烟管是锅炉的对流受热管，它与对流管束的作用相同，不同的是对流管束烟气流经管外而烟管是烟气流经管内。火管有两种情况，直径较大的火管一般称为炉胆，里面可以装置炉排，是锅壳式锅炉的主要辐射受热面；直径较小的火管又称为烟管。

5. 省煤器

省煤器（图4-1-1）是布置在锅炉尾部烟道内，利用排烟的余热来提高给水温度的热交换器，作用是提高给水温度，减少排烟热损失，提高锅炉热效率。

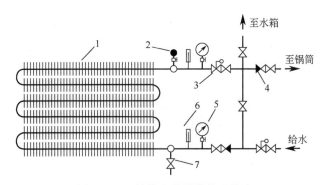

图 4-1-1　铸铁省煤器附件及管路

1—省煤器管；2—放气阀；3—安全阀；4—止回阀；

5—压力表；6—温度计；7—排污阀

第四节　锅炉水循环

　　锅炉本体是由锅筒下降管、水冷壁管、集箱、对流管束等受压元件组成的封闭式回路。锅炉中的水或汽水混合物在这个回路中，遵循着一定的路线不断地流动着，流动的路线周而复始，这个回路称为循环回路。锅炉中的水在循环回路中的流动称为锅炉水循环。由于锅炉结构的不同，循环回路的数量也不一样。有单循环回路锅炉和多循环回路锅炉，如图 4-1-2 所示。

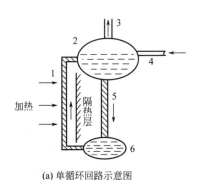

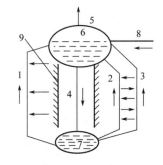

(a) 单循环回路示意图

1—上升管；2—锅筒；3—蒸汽出口管线；
4—给水管线；5—下降管；6—下集箱

(b) 多循环回路示意图

1—水冷壁管；2,3—对流管束；4—下降管；
5—蒸汽出口管线；6—锅筒；7—下集箱；
8—给水管线；9—下降管隔热材料

图 4-1-2　单循环回路锅炉和多循环回路锅炉示意图

　　锅炉水循环分为自然循环和强制循环两类，一般蒸汽锅炉采用自然循环，热水锅炉采用强制循环。强制循环是依靠水泵的推动作用强制锅炉水的循环。自然循环是利用上升管中汽水混合物重度小而下降管中水的重度大造成的压差，使两段水柱之间失去平衡，导致锅内水流动而形成的循环。

第五节　锅炉安全附件

一、安全阀

（一）安全阀的作用及工作原理

　　安全阀是一种自动泄压报警装置，如图 4-1-3 所示。它的主要作用是，当蒸汽锅炉压力超过允许的数值时，能自动开启排气泄压，同时发出音响警报，警告司炉人员，以便采取必要措施，降低锅炉压力，当锅炉压力降到允许值后，安全阀又能自行关闭，从而使锅炉能在允许的压力范围内安全运行，防止锅炉超压引起爆炸。在热水锅炉上装的安全阀，当锅炉因汽化等原因引起超压时，能够起到泄压报警作用，达到安全运行的目的。安全阀是锅炉上必不可少的安全附件之一，司炉人员常将安全阀比喻为"耳朵"。

图 4-1-3　锅炉安全阀

　　安全阀阀座内的通道与锅炉蒸汽空间相通，阀芯由加压装置产生的压力紧紧压在阀座上，当阀芯承受的加压装置所施加的压力大于蒸汽对阀座的托力时，阀芯紧贴阀座，使安全阀处于关闭状态，如果锅炉内蒸汽压力升高，当托力大于加压装置对阀芯的压力时，阀芯就被顶起而离开阀座，达到泄压的目的，当蒸汽压力泄至安全阀关闭压力时，安全阀又自行关闭。

(二) 安全阀的形式与结构

工业锅炉上常用的安全阀，根据阀芯上的加压装置可分为静重式、弹簧式、杠杆式三种，根据开启时阀芯的提升高度，可分为微启式、全启式两种。

1. 静重式安全阀

这种安全阀主要利用加在盘上的环状铁盘的重量将阀芯压在阀座上。铁盘上装有四个防飞螺栓。

2. 弹簧式安全阀

如图4-1-4所示，弹簧式安全阀主要由阀体、阀座、阀芯、阀杆、弹簧调整螺钉和手柄组成。这种安全阀是利用弹簧的力量，将阀芯压在阀座上，弹簧的压力大小是通过拧紧或放松调整螺钉来调节的。手柄可用来检查阀芯的灵敏程度，也可用作人工紧急泄压。弹簧式安全阀是最常用的一种安全阀。

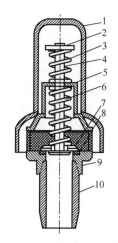

图4-1-4　弹簧式安全阀

1—阀盖；2—真空阀；3—真空阀弹簧；4—阀杆；5—压板；6—压力阀弹簧；
7—压力阀；8—压力阀座；9—阀底；10—接管头

3. 杠杆式安全阀

杠杆式安全阀由阀座、杠杆、重锤组成。这种安全阀是利用重锤的重量，通过杠杆的力矩作用，将阀芯压在阀座上。作用在阀芯上的压力大小是通过移动重锤而改变重锤与杠杆支点之间的距离来调整的。

人工抬起杠杆，可以用来检查阀芯的灵敏程度，也可用作人工紧急泄压。杠杆式安全阀也是常用的一种安全阀。

4. 微启式和全启式安全阀

安全阀可按阀芯在开启时的升高程度，分为微启式和全启式。如以 d 为阀座后径，h 为阀芯提升高度，当 $h \geq 1/4d$ 时，称为全启式，当 h 为 $1/40d \sim 1/20d$

时，称为微启式。

（三）锅炉对安全阀的要求

（1）蒸汽锅炉额定蒸发量大于 0.5t/h，至少装两个安全阀（不包括省煤器安全阀）；额定蒸发量不大于 0.5t/h，至少装一个安全阀。

（2）安全阀应垂直安装，并尽可能地装在锅筒、集箱的最高位置。

（3）安全阀总排汽量，必须大于锅炉最大连续蒸发量。

（4）安全阀一般应装设排汽管，排汽管应尽量直通室外，并有足够的截面积，保证排汽通畅。

（5）安全阀排汽管底部应装有接到安全地点的疏水管，并且排汽管和疏水管不允许安装阀门。

（6）为防止安全阀的阀芯与阀座粘连，应定期对安全阀做手动或自动排汽、放水试验。

二、压力表

（一）压力表的分类和工作原理

1. 单弹簧管式压力表

单弹簧管式压力表是利用弹簧管在内压力作用下变形的原理制成的，根据其变形的传递结构可分为扇形齿轮式和杠杆式两种，如图 4-1-5 所示。

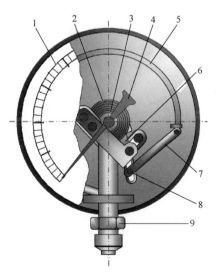

图 4-1-5 单弹簧管式压力表示意图

1—面板；2—游丝；3—中心齿轮；4—指针；5—弹簧管；6—扇形齿轮；

7—拉杆；8—调整螺钉；9—接头

2. 波纹平膜式压力表

波纹平膜式压力表常用于工作介质具有腐蚀性的容器中。它的弹性元件是波纹形的平面薄膜，而薄膜紧夹在上法兰与下法兰之间，两个法兰分别与接头及表壳相连，当薄膜下面通入压力时，薄膜受压向上凸起，并通过销柱、拉杆、齿轮传动机构带动指针，从而直接在刻度盘上显示出被测的压力值。其灵敏度和准确度都比较低，也不能用于较高的压力，一般应小于3MPa，它对震动和冲击不太敏感。它可以在薄膜底面用抗腐蚀金属制成保护膜，所以能用来测定具有腐蚀性介质的压力。

（二）锅炉对压力表的要求

（1）每台锅炉必须装有与锅筒蒸汽空间直接相连的压力表。

（2）对于额定蒸汽压力小于2.5MPa的锅炉，压力表精度不小于2.5级；对于额定蒸汽压力不小于2.5MPa的锅炉，压力表精度不应低于1.5级。

（3）压力表刻度数限值应为工作压力的1.5~3倍，最好选用2倍。

（4）压力表表盘大小，应保证司炉人员看得清压力表指示值。压力表安装位置距操作平面距离小于2m时，表盘公称直径不小于100mm；间距在2~4m时，表盘公称直径不小于150mm；间距超过4m时，表盘公称直径不小于200mm。

（5）压力表校验周期为半年，校验后应封印。

（6）压力表装设应符合下列要求：

① 压力表安装位置，应便于观察和冲洗。

② 压力表与锅筒之间应有存水弯管，避免由于高温造成读数误差甚至损坏表内零件。

③ 压力表与存水弯管之间应装有三通旋塞，以便冲洗管路和检查、校验、卸换压力表，如图4-1-6所示。

图4-1-6　压力表与存水弯管间三通旋塞位置示意图

三、水位计

（一）水位计的分类及工作原理

水位计是一种反映液位的测量仪表，用来指示锅炉内水位的高低，可协调司炉人员监视锅炉水位动态，以便控制锅炉水位在正常范围内，因此水位计也是蒸汽锅炉的主要安全附件之一。锅炉上常用的水位计有玻璃管式、板式和双色水位计三种。其工作原理与连通器原理相同。其中双色水位计是在平板水位计的基础上利用棱镜对不同介质（水、蒸汽）的透照和反射原理，实现对有水部位显绿色，无水部位显红色。

（二）锅炉对水位计的要求

（1）每台锅炉至少应装有两个彼此独立的水位计，如图 4-1-7 所示。但额定蒸发量不大于 0.2t/h 的锅炉可以装一个水位表。

图 4-1-7　水位计及安装位置示意图

（2）水位计应装在便于观察的地方，并有下列标志和防护装置：

① 水位计应有指示最高、最低安全水位的明显标志。

② 水位计应有放水阀和接到安全地点的放水管。

③ 为防止水位计的损坏伤人，玻璃管式水位计应有防护装置（如保护罩、快关阀等），但不得妨碍观察真实水位。

第六节　锅炉水基本知识

一、锅炉水基础知识

未经过任何方法处理过的水称为生水。生水一般包括两部分，一部分是地下水，一部分是地面水。它们共同的特点是硬度、碱度、氯离子等在水中都普遍存在。

（一）地面水

地面水较突出的特点是悬浮物含量高，但因地区、河流不同而有所差别。

（二）地下水

地下水由于通过土壤时起到了过滤作用，所以悬浮物含量少，经常是透明的，但在使用时含砂量是比较高的。另外，地下水中的碱度、氯离子含量、硫酸根含量、硅酸根含量、硝酸根含量、硬度等都比地面水高。地下水的最大特点是溶解性比较强。常见的地下水看起来清澈透明，但实际上并不是那么纯净，通常溶解有各种各样的杂质。按杂质的大小和水混合型态的不同杂质可以分为以下三类。

1. 悬浮物

悬浮物就是悬浮在水中的杂质，一般在水中静止，可自行下沉，速度较慢，其特点是在水中不稳定，密度和颗粒较大，比较容易除去。除去的方法可以用沉降法及过滤法。

2. 胶体

这类物质都是较小的微粒状态，直径在 $10^{-4} \sim 10^{-6}$ mm，微粒大多数带同性电，彼此互相排斥。胶体的表面积较大，吸附性较强，其特点是在水中存在比较稳定，无论放置多久也不会自行下沉，不容易除去。最简单的除去方法是加热或加入与胶体电荷相反的胶体。

3. 溶解物质

溶解物质大都是呈离子态和溶解气体态的，直径 $\leqslant 10^{-6}$ mm。以下主要介绍对锅炉有危害的一部分溶解物质。

1）呈离子态的

阳离子主要有钙（Ca^{2+}）、镁（Mg^{2+}）、钾（K^+）、钠（Na^+）、铁（Fe^{2+}）、铵（NH_4^+）。

钙离子在含盐量比较少的水中是最主要的杂质，镁离子在含盐量少时，含量是钙的 25%～50%。目前，由于低压锅炉水水质主要控制给水硬度，所以重点是如何除去生水中的钙、镁离子，使锅炉在运行状态下不结垢或少结垢。

阴离子主要有碳酸氢根（HCO_3^-）、碳酸根（CO_3^{2-}）、氢氧根（OH^-）、硫酸根（SO_4^{2-}）、氯离子（Cl^-）、硅酸根（SiO_3^{2-}）。HCO_3^- 是水中主要的阴离子，CO_3^{2-}、OH^- 在生水中的含量较低或几乎没有，Cl^- 则很普遍，由易溶于水的盐类产生。

2）呈溶解气体态的

呈溶解气体态的溶解物质主要有二氧化碳、氧气、二氧化硫、氨（NH_3^+）。

气体主要是氧气，其来源于自然界的大气层。氧气的含量一般为 0～14mg/L，在地下水中含量呈减少状态。由于氧和金属一接触就会发生氧腐蚀，因此锅炉用水含有溶解氧是不利的。

由于三类杂质在水中的存在，因此必须对生水进行水质处理，否则一旦进入锅炉内及水汽循环系统中将会导致严重危害。

二、锅炉给水处理不佳的危害

水质不良，是指给水中含有较多的有害杂质，这种水如果不经过任何处理，一旦进入锅炉内将会带来以下危害。

（一）结垢

水在锅炉内受热后沸腾蒸发，为水中的杂质提供了化学反应和不断浓缩的条件，当这些杂质在锅水中达到饱和时，便有固体物质析出。所析出的固体物质，如果悬浮在锅水中，就称为水渣；如果牢固地附着在受热面上，则称为水垢。

（二）腐蚀

水质不良对锅炉的另一种危害是引起金属腐蚀。其后果如下：

（1）金属构件破损。锅炉的省煤器、水冷器、对流管束及锅筒等构件都会因水质不良而引起腐蚀。结果是使这些金属构件变薄、凹陷，甚至穿孔。更为严重的腐蚀（如苛性脆化）会使金属内部结构遭到破坏，被腐蚀的金属强度显著降低。因此，严重影响锅炉的安全运行，缩短锅炉使用年限，造成经济上的损失。尤其是热水锅炉，由于循环水量大，锅炉腐蚀问题更为严重。

（2）增加锅炉水中的结垢成分。金属腐蚀产物（主要是铁的氧化物），被锅水携带到锅炉受热面上后，容易与其他杂质结成水垢，当水垢含有铁时，传热效果更差。因此，在水垢中含有铁的腐蚀产物，其导热系数会明显减小。

（3）产生垢下腐蚀。含有高价铁的水垢，容易引起与水垢接触的金属铁的腐蚀，而铁的腐蚀产物又容易重新结成水垢，这是一种恶性循环，它会迅速导致锅炉构件的损坏。尤其对燃气锅炉，金属腐蚀产物的危害更大。

三、低压锅炉水水质标准

低压锅炉水水质标准见表 4-1-1。

表 4-1-1　低压锅炉水水质标准

项　　目		给水			锅炉水		
额定蒸汽压力（MPa）		≤1.0	>1.0 ≤1.6	>1.6 ≤2.5	≤1.0	>1.0 ≤1.6	>1.6 ≤2.5
悬浮物（mg/L）		≤5	≤5	≤5			
总硬度（mmol/L）		≤0.03	≤0.03	≤0.03			
总碱度（mmol/L）	无过热器				6~26	6~24	6~16
	有过热器					≤14	≤12

项　　目		给水			锅炉水	
pH（25℃）		≥7	≥7	≥7	10~12	10~12	10~12
溶解氧（mg/L）		≤0.1	≤0.1	≤0.05			
溶解固形物（mg/L）	无过热器				<4000	<3500	<3000
	有过热器					<3000	<2500
SO_3^{2-}（mg/L）						10~30	10~30
PO_4^{2-}（mg/L）						10~30	10~30
相对碱度						<0.2	<0.2
含油量（mg/L）		≤2	≤2	≤2			

注：（1）蒸汽锅炉采用锅外化学水处理时，水质应符合表4-1-1的规定。

（2）当锅炉额定蒸发量大于6t/h时应有除氧设施。

（3）蒸汽锅炉的给水应采用锅外化学水处理，给水硬度≤0.03mmol/L，溶解氧≤0.1mg/L（30℃）。

榆林天然气处理厂采用锅外水处理法，早期选用西安兰环水处理设备有限公司的LHGSC系列锅炉给水处理设备，它具有除氧、软化两种功能，在正常运转情况下完全可以保证锅炉给水硬度合格，溶解氧合格。

（一）硬度（YD）

硬度是指含有高价金属离子的水进入锅炉后，在水的蒸发浓缩过程中会和某些金属阴离子共同形成水垢，附着在锅炉受热面上。天然水中最常见的高价金属离子是钙离子（Ca^{2+}）、镁离子（Mg^{2+}），所以可以把硬度看作是Ca^{2+}、Mg^{2+}离子的总浓度。总硬度用 H 来表示。硬度的单位一般用毫摩尔/升（mmoL/L）表示。可按水中阴离子的不同，将硬度分为碳酸盐硬度和非碳酸盐硬度。

（1）碳酸盐硬度（H_r）：是指水中钙镁碳酸盐的浓度。天然水中碳酸根（CO_3^{2-}）的含量很少，主要是以碳酸氢根（HCO_3^-）存在，水在加热到70℃以上时，就会以$CaCO_3$、$Mg(OH)_2$形式从水中分离出来变为沉淀物，这一部分称为暂时硬度。

（2）非碳酸盐硬度（H_F）：是指水中钙镁的氯化物和硫酸盐等的浓度。水在沸腾时不能除去的硬度称为永久硬度，它近似于非碳酸盐硬度，如硫酸钙（$CaSO_4$）、硫酸镁（$MgSO_4$）、氯化钙（$CaCl_2$）、氯化镁（$MgCl_2$）等。

（二）碱度（JD）

水的碱度是指水中含有能接受氢离子（H^+）的物质的量。

碱度是表示水中氢氧根离子（OH^-）、碳酸根离子（CO_3^{2-}）、碳酸氢根离子（HCO_3^-）及其他弱酸盐类浓度的总和。

碱度的单位一般用毫摩尔/升（mmol/L）表示。

（三）pH值

pH值表示水中溶液的酸碱性，一般用溶液中的氢离子（H^+）浓度来表示，即 pH 值定义为氢离子浓度的负对数。

　　pH 值的测定可用 pH 计、酸度计或 pH 试纸，所测溶液的温度应在 25℃。一般生活用水的 pH 为中性。pH 越高，碱性越强；pH 越低，酸性越强。

第七节　锅炉给水处理

一、锅炉水处理的必要性

　　天然水中含有溶解盐类、悬浮物、胶体以及溶解气体等各种杂质。在锅炉运行中，锅炉处于较高的温度与压力条件下，随着水蒸气的蒸发，锅水不断浓缩，如果不对锅炉用水加以处理，必然会引起锅炉发生腐蚀、结垢、汽水共腾等故障，不仅导致锅炉使用寿命缩短，甚至发生爆炸，威胁锅炉的正常安全运行，而且降低传热效果，增加燃烧消耗，导致运行效率下降。为了防止因水质引起的故障，确保锅炉的安全运行，提高锅炉的运行效率，需要采取各种措施对锅炉用水加以处理。

二、锅炉给水软化处理

　　水的软化是阻止水垢沉积的一种方法，通常应用在锅炉水处理中。除去水中硬度离子的过程称为软化。一定硬度水的软化过程是将水中溶解的矿物质、钙和镁的重碳酸盐和硫酸盐等除去，因为它们使水垢沉积在管道、锅炉等设备中造成障碍或增加能源消耗。

　　原水软化的方法有沉淀法、离子交换法和反渗透法。这三种方法可以单独使用也可复合使用。影响软化方法选择的因素主要有所要求的软化水的水质、水量大小、软化的费用、设备和操作情况。

（一）沉淀法

　　沉淀法是将冷石灰或热石灰加入软水器中，并使处理药剂与水快速混合，发生化学反应产生碳酸钙或氢氧化镁沉淀并从中分离出来，达到软化水的目的。这种方法得到的软水硬度指标只能达到 25mg/L 以上，一般不能满足蒸汽锅炉给水指标。

（二）离子交换法

　　离子交换法是通过离子交换剂除去水中离子态杂质的一种水处理方法。离子交换剂种类繁多，有天然与合成、有机与无机、阴离子和阳离子之分，而普遍应用于锅炉水处理的离子交换剂是离子交换树脂。离子交换树脂是一种高分子聚合物，根据交换基团性质的不同，可分为阳离子交换树脂和阴离子交换树脂。凡是与溶液中阳离子进行交换反应的树脂，称为阳离子交换树脂，阳离子交换树脂可电离的反离子是氢离子及金属离子；凡是与溶液中阴离子进行交换反应的树脂，称为阴离子交换树脂，阴离子交换树脂可电离的反离子是氢氧根离子和酸根离子。低压锅炉的用水，可用钠离子交换处理；中压、高压锅炉用水，可用二级钠离子交换处理和阴阳离子交换化学除盐处理。钠离子交换法示意图及阳离子交换器结构示意图分别如图4-1-8、图4-1-9所示。

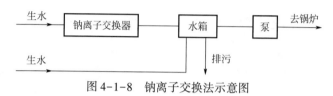

图4-1-8 钠离子交换法示意图

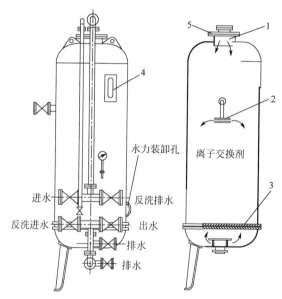

图4-1-9 阳离子交换器结构示意图
1—进水装置；2—进盐（或酸）液装置；
3—排水装置；4—窥视孔；5—人孔

（三）反渗透法

反渗透法是最精密的膜法液体分离技术，它能阻挡所有溶解性盐及相对分子质量大于100的有机物质，但允许水分子透过。反渗透的原理是根据物质分子直径的不同，在原水一方施加比自然渗透压力更大的压力，使分子直径较小的水分子能够通过反渗透膜，从而达到水质软化净化的目的。锅炉反渗透设备如图4-1-10所示。

图4-1-10 锅炉反渗透设备

三、锅炉给水除氧处理

为了防止或减轻锅炉运行中的溶解氧腐蚀，必须对锅炉的给水进行除氧处理。除氧方法主要有热力除氧和化学除氧两种，工业锅炉一般以热力除氧为主，而在低压、生活锅炉中，有时采取化学除氧或其他除氧方法。

（一）热力除氧

热力除氧就是向水中引入具有一定压力的蒸汽，将水加热至沸腾状态，因水中的溶解氧随温度升高而减少，这样水中溶解的氧因溶解度变小而从水中逸出，再将逸出的氧与少量未冷凝的蒸汽一起排除，达到除氧的目的，从而保证给水质量。

（1）热力除氧的优点：不仅能除氧，而且还能除去水中的二氧化碳、氨和硫化氢等气体，不增加除氧水的含盐量，也不增加其他气体的溶解量，稳定可靠，比较容易控制。

（2）热力除氧的缺点：蒸汽耗量较大，由于给水温度提高了，影响了烟气余热的利用，负荷变动时不易调整。

（二）化学除氧

化学除氧是向含有溶解氧的水中投加某种还原性药剂，使之与氧气发生化学反应，以达到除氧的目的。化学除氧剂应具备以下条件：对氧具有强的还原作用；除氧剂和其反应产物不引起锅炉和凝结水系统的腐蚀。锅炉水常用的除氧剂有亚硫酸钠和联氨类物质。

（三）膜除氧

膜除氧是利用反渗透原理除去水中的氧气。在除氧组件内部封装具有疏水性和微孔透气性的高分子材料，在材料一侧真空压力的作用下，水中的氧气从水中逸出，穿过高分子材料进入除氧组件的真空侧，从而完成脱氧过程。

（四）真空除氧

真空除氧也是利用水在沸腾状态时气体的溶解度接近于零的原理，除去水中的溶解气体。水的沸点与压力有关，在常温下可利用抽真空的方法使水沸腾，让水中的溶解气体解吸出来。

（五）解吸除氧

解吸除氧是指含氧水与无氧的气体相混合而使水中氧气分离出来的除氧方法。

四、锅内加药处理

锅内加药处理是向锅炉给水和锅水中加入适当药剂，使之与锅炉水中的结垢物质发生反应，生成松软的水渣通过锅炉排污排出，或使其以溶解状态存在于锅炉中，不会沉积于锅炉金属表面，从而达到防止或减轻锅炉结垢和腐蚀的目的。锅内加药处理主要适用于低压锅炉水处理，锅内加药处理的药剂一般有碳酸钠、氢氧化钠、磷酸钠和栲胶四种。

第八节 低压锅炉腐蚀结垢机理

一、低压锅炉水垢的形成

低压锅炉水垢的形成主要是由于给水硬度太高（高于 0.03mmol/L），给水中的钙镁离子随给水带入锅炉水中，而锅炉水的碱度、pH 值维持又较低，同时部分沉淀于锅炉底部的水渣不能及时排出，造成低压锅炉运行结垢比较严重。水垢的形成是比较复杂的，其主要过程如下。

（一）受热分解

水在加热过程中，某些钙、镁盐类由于热分解，从易溶于水的物质转变为难溶于水的物质而析出。如碳酸氢钙与碳酸氢镁进入锅炉后被热分解为难溶于水的碳酸钙和氢氧化镁：

$$Ca(HCO_3)_2 \xrightarrow{\triangle} CaCO_3 \downarrow + CO_2 \uparrow + H_2O$$

$$Mg(HCO_3)_2 \xrightarrow{\triangle} MgCO_3 \downarrow + CO_2 \uparrow + H_2O$$

$$\hookrightarrow + 2H_2O \rightarrow Mg(OH)_2 \downarrow + CO_2 \uparrow + H_2O$$

（二）溶解度降低

结垢物质的共同特点是溶解度小，它们和其他盐类不同，不是随温度升高而溶解度增大，而是随水温的升高溶解度下降，如无水硫酸钙，在 20℃时，可以在水中溶解 3000mg/L，而温度提高到 180℃时，在水中可溶解 100mg/L。由于溶解度的降低，使它们从水中析出而结垢。

二、水垢的分类

在低压锅炉中形成的水垢一般由阳离子组成，可称为钙镁水垢，主要可分为以下几种。

（一）碳酸盐水垢

其主要成分是钙镁的碳酸盐，通常情况下以钙为主，在低压锅炉中占比 80%以上。

（二）硫酸盐水垢

其主要成分是硫酸钙，其比例与含量取决于给水带入锅炉的量及加药后产生的 SO_4^{2-} 的量。

（三）硅酸盐水垢

硅酸盐水垢成分比较复杂，垢中二氧化硅含量可达 10%，其含量也取决于给水带入量及其他因素。

（四）混合水垢

混合水垢是上述水垢的混合物，其成分比较复杂。

水垢组成可以进行定性鉴别，其方法可参考表 4-1-2。

表 4-1-2　水垢组成的定性鉴别方法

水垢主要成分	水垢颜色	分析方法
碳酸盐	白色	加盐酸可溶解，同时生成大量的气泡，酸溶液中被溶解后的剩余残渣量极少
硫酸盐	黄白色	加盐酸后几乎不溶解，无气泡产生，溶液加 $BaCl_2$ 后，生成大量的硫酸钡白色沉淀
硅酸盐	灰白色	在盐酸中不溶解，加 NaF、KF 后可以溶解

三、水垢的危害

（一）浪费燃料

结垢后会使受热面传热情况恶化，增大排烟温度，降低锅炉热效率，浪费燃料。

（二）水垢的导热性差，影响安全运行

水垢的导热系数要比锅炉钢板小数十倍到数百倍。金属受热后很快将热量传递给锅炉水，两者温差为 $30\sim100℃$。有水垢时，金属的热量由于受到水垢的阻挡，很难传递给炉水，因而温度急剧升高，强度显著下降，从而导致受压部件过热变形、鼓包，甚至爆炸。

（三）破坏水循环

锅炉内结生水垢后，由于传热不好，使蒸发量降低，减小锅炉出力。如水管内结垢，流通截面积减小，增加了水循环的流动阻力，严重时会将管子堵塞，破坏了正常的水循环，有可能造成爆管事故。

（四）缩短锅炉寿命

水垢附在锅炉受热面上，为了除垢，需要经常停炉清洗，不仅增加检修费用，而且由于经常采用机械方法与化学方法除垢，会使受热面受到损伤，缩短锅炉的使用寿命。

四、水渣的组成及危害

水渣与水垢的区别在于是否可以沉淀于锅炉水底部随锅炉排污除去。水渣的本身是流动性的，但由于锅炉水条件的变化，水渣也会转变为坚硬的水垢。

（一）水渣的组成

炉内的水渣主要是 $CaCO_3$、$Mg(OH)_2$、铁的氧化物等，水渣按生成条件分为以下两类：

（1）易附着在受热面上的水渣：这类水渣的流动性较差，与金属表面的黏附力较强，易在受热面上结成坚硬的二次水垢。

（2）不易附着在受热面上的水垢：是指没有黏附性而松软的水渣，易随排污排掉。形成这种水渣的条件是，必须使锅炉水在碱性条件下（pH 值为 $10\sim12$），水中的钙镁离子浓度较低，达不到 $CaSO_4$ 和 SiO_2 的溶度积，所析出的只是 $CaCO_3$ 和 $Mg(OH)_2$ 的沉淀物。这种条件的形成一般不能在给水中，而是在高温的锅炉水中。

（二）水渣的危害

水渣太多，沉积于锅炉底部会造成锅炉鼓包、裂纹，同时因其是流动的，可循环在整个管网内，易发生堵管，并影响蒸汽品质，所以应及时将水

渣排出锅炉。

五、水垢与水渣的防治方法

在低压锅炉运行中，解决水垢与水渣生成问题的首要方法，还是控制给水硬度。应将软化器出水硬度控制在≤0.03mmol/L，同时维持锅水碱度、pH 值在标准范围内。也就是说锅炉运行中的锅炉水必须在碱性条件下，并加以合理的锅炉排污，则能保证锅炉不结垢。

第九节　锅炉排污

一、锅炉排污装置

(一) 定期排污装置

定期排污装置设在锅筒集箱最低处，一般由两只串联的排污阀和排污管组成。目的是为了排除锅内的黏着物、水垢、泥渣、沉淀物和腐蚀产物。应在低负荷、高水位时进行定期排污操作。排污时密切注意炉内水位，每次排污降低锅炉水位 25mm 的范围为宜。

(二) 连续排污装置

连续排污装置也称为表面排污装置，设置在上锅筒蒸发面处，如图 4-1-11 所示。在上锅筒内沿纵轴方向布置直径为 25~100mm 的排污管，排污管上间隔适当距离焊有多根敞口短管，短管上端低于正常水位 30~40mm，由上而下形成锥形口，这样锅水中高浓度的含盐锅水、悬浮物，由短管吸入，经下部排污管汇合后流出，即使水位波动也不会中断排污。

图 4-1-11　连续排污示意图

二、锅炉排污的目的和意义

含有杂质的给水进入锅内以后，随着锅炉水的不断蒸发浓缩，水中的杂质浓度逐渐增大，当达到一定限度时，就会给锅炉带来不良影响，为了保持锅炉水水质的各项指标在标准范围内，就需要从锅内不断地排出含盐量较高的锅炉水中沉积的泥垢，再补入含盐量低而清洁的软化水，以上作业过程称为锅炉的排污。

(一) 排污的目的

(1) 排除锅水中过剩的盐量和碱量等杂质，使锅炉水水质各项指标合格，始终控制在国家标准要求的范围内。

(2) 排除锅内结生的泥垢。

(3) 排除锅水表面的油渍和泡沫。

(二) 排污的意义

(1) 锅炉排污是水处理的重要组成部分，是保证锅炉水水质达到国家标准的重要手段。

(2) 实行有计划、科学的排污，保持锅炉水水质良好，是减缓或防止水垢结生、保证蒸汽质量、防止锅炉金属腐蚀的重要措施。

因此，严格执行排污作业制度，对确保锅炉安全经济运行，节约能源，有着极为重要的意义。

三、锅炉排污的方式和要求

(一) 锅炉排污方式

(1) 连续排污：连续排污又称为表面排污。这种方式，是连续不断地从锅炉水表面，将浓度较高的锅炉水排出。它是降低锅炉水含盐量和碱度，以及排除锅水表面油渍和泡沫的重要方式。

(2) 定期排污（间断排污和底部排污）：定期排污是指在锅炉系统最低点间断进行排污，它是排除锅内形成的泥垢以及其他沉淀污物的有效方式。另外，定期排污还能迅速调节锅炉水浓度。

(二) 锅炉排污的要求

锅炉排污质量，不仅取决于排污量的多少、排污的方式，而且只有按照排污的要求进行，才能保证排出水量少，排污效果好。

排污的主要要求如下：

（1）勤排：排污次数要多，要短时间、多次排污，特别是底部排污。

（2）少排：只要做到勤排，必然会做到少排，这样既不会影响供汽，又会使锅炉水质量合格，也不会产生较大的波动，这对锅炉保养十分有利。

四、锅炉排污膨胀器

（一）用途

定期、连续排污膨胀器的作用都是将锅炉排污水扩容蒸发出蒸汽，并将蒸汽与污水分离开来。分离出来的蒸汽可回收到热力系统中去（如将蒸汽引至除氧器等）；未蒸发的排污水可送入排污冷却器，以加热软化水等。

由此可见，排污膨胀器是保证有效地利用锅炉排污水所含热能的前级处理设备。

（二）工作原理

来自锅炉的排污水为锅炉工作压力下的饱和水，温度高、焓值大，若突然降低其压力，水的汽化点降低，使原来的饱和状态被破坏，一部分水放出过热热量成为新压力下的饱和水，一部分水吸收蒸发潜热而成为蒸汽。这种蒸发称为闪蒸蒸发。

排污膨胀器就是利用闪蒸蒸发的原理来获得二次蒸汽的。锅炉排污水从管道突然被输入体积比管道大若干倍的膨胀器后，压力降低，体积增大，从而闪蒸蒸发出蒸汽。同时，排污膨胀器依靠离子分离、重力分离和分子摩擦力分离来将汽、水分开，从而获得低含盐量的二次蒸汽。排污水从切向管进入膨胀器，使流体旋转，产生的蒸汽沿膨胀器上升，经过一段空间后再通过百叶窗汽水分离装置最后分离，从而完成汽与水的整个分离过程。

（三）结构形式

排污膨胀器由主体、管系及附件等组成。排污膨胀器主体由圆柱形壳体与内部装置组成。

内部装置有隔板、百叶窗汽水分离器和用于控制调节阀的浮球等。为了便于检修，采用法兰连接式壳体，或在壳体上装上人孔。连续排污膨胀器的形式分为立式和挂式两种：立式膨胀器的支座在底部，可安放在地面上，挂式膨胀器的支座在腰间，可安放在平台上，此外，外部装有安全阀、压力表、水位调节阀、液面计等附件。

第十节　锅炉炉内加药水质调整

一、蒸汽锅炉锅炉水碱度、pH 值偏低情况

生水中的碱度可以看作是 HCO_3^- 的含量，锅炉水中的碱度主要是 CO_3^{2-}、OH^- 的含量。锅炉的运行锅炉水必须在碱性条件下，也就是说锅炉水中必须维持 CO_3^{2-}、OH^- 足够的量，其控制范围是依据锅炉的工作压力和有无过热器来确定的。锅水的碱度不宜过高，但也不能低于6mmol/L。

如果锅炉水碱度太低，就没有足够量的 CO_3^{2-}、OH^- 同带入炉内的 Ca^{2+}、Mg^{2+} 等反应变成 $CaCO_3$、$Mg(OH)_2$ 的沉淀物，而离子态的 Ca^{2+}、Mg^{2+} 在水的蒸发浓缩过程中附着在金属壁上，随着锅炉运行压力、温度、负荷的增高，锅炉结垢速度急剧上升，因此离子态的 Ca^{2+}、Mg^{2+} 存在于水中是永远除不掉的，只有反应生成 $CaCO_3$、$Mg(OH)_2$ 的化合物（沉淀物）才能结成松软并不附在金属壁上的水渣，随锅炉排污排掉。

为防止 Ca^{2+} 形成 $CaSO_4$ 水垢，而形成 $CaCO_3$ 沉淀，这就必须保持 CO_3^{2-} 的浓度。在碱度和 pH 值低的情况下，加重了锅炉内的氧腐蚀，甚至会发生酸性腐蚀，所以在此种条件下，必须向炉内投加碳酸钠（Na_2CO_3）。

二、蒸汽锅炉给水未达标，锅炉水碱度、pH 值偏高的情况

当锅炉运行中的给水硬度大于0.03mmol/L 并能维持在小于1.00mmol/L，而锅炉水碱度和 pH 值偏高时，可以采用局部钠离子交换的方式，即利用碱度和 pH 值偏高的锅炉水中的碳酸根（CO_3^{2-}）、氢氧根（OH^-），同硬度为 0.03 ~ 1.00mmol/L 的给水反应变成 $CaCO_3$、$Mg(OH)_2$ 的沉淀物，随锅炉排污排掉，同时也降低了锅水的碱度和 pH 值。实际上就是利用给水中的 Ca^{2+}、Mg^{2+} 把 CO_3^{2-}、OH^- 降下来。这种调整方法，在运行中应加强排污，要求各排污点同时排水；给水硬度不能高于1.00mmol/L，并且做好化学监督工作，根据锅炉水水质监测结果及时调整锅炉的排污量及排污时间。

锅炉水碱度和 pH 值，对于运行锅炉不结垢、不腐蚀起着决定性作用，既不能高，也不能低。如果低了，不足以使随给水带入的 Ca^{2+}、Mg^{2+} 变成沉淀物，同时易造成酸性腐蚀和氧腐蚀；如锅炉水碱度太高，金属会遭到碱性腐蚀，并恶

化蒸汽品质。必须将锅水碱度控制在 6~26mmol/L，pH 值控制在 10~12，加之科学合理的排污，基本可避免结垢和腐蚀。控制好锅炉水碱度是关键，因为碱度合格，锅炉水 pH 值一定合格，但 pH 值合格，锅炉水碱度不一定合格。这是因为 pH 值取决于锅水中的 OH^- 的量，而 OH^- 是从碳酸根中分解出来的，锅炉水中的 CO_3^{2-} 转变为 OH^- 的量与锅炉运行的工作压力有关，所以说 pH 值合格，锅炉水碱度不一定合格。

第十一节　锅炉给水处理设备

一、LHGSC 系列处理设备

（一）工作原理

1. 软化过程

该设备的软化再生工艺遵循逆流再生浮动床的交换和再生原理。交换器正常产水时，生水由交换器底部进入，流经交换层，水中的 Ca^{2+}、Mg^{2+} 与钠离子交换树脂发生交换反应，从而除去水中的 Ca^{2+}、Mg^{2+} 达到软化要求。化学反应方程式如下：

$$2NaR+Ca^{2+} \longrightarrow R_2Ca+2Na^+$$

$$2NaR+Mg^{2+} \longrightarrow R_2Mg+2Na^+$$

注：R 不是化学符号，它表示离子交换剂母体。

为了形象地说明交换剂的运行过程，通常将交换器中的交换剂人为地分为三个区块，即失效区、工作区、保护区。水由交换器下部进入交换层时，水中的 Ca^{2+}、Mg^{2+} 首先遇到处于下表面的交换剂，发生上述软化反应，这层交换剂遇水后很快就失效了，因此称为失效区。中间交换层称为工作区，它是交换器的主要工作区域，随着交换器产水量的增加，失效区不断向工作区推移，当工作区在交换剂层中间时，供水水质是良好的，但是在失效区不断向上推移的过程中，工作层也向保护层推移，水中 Ca^{2+}、Mg^{2+} 残留量增加，当超过软水硬度指标时，交换剂失效，要进行再生。

再生过程是软化过程的逆反应，盐水由交换柱上口进入，自上而下流经树脂层时与钙、镁离子交换，恢复钠离子交换树脂的交换能力。化学反应方程式如下：

$$R_2Ca+2Na^+ \longrightarrow 2NaR+Ca^{2+}$$

$$R_2Mg+2Na^+ \longrightarrow 2NaR+Mg^{2+}$$

2. 除氧过程

在交换柱内水的除氧过程和软化过程是同时进行的。从配药箱流出的除氧剂药液与原水混合后进入软水器下口，经过树脂层时，除了发生软化反应，还发生氧化还原反应，水中的溶解氧被除去。化学反应方程式如下：

$$2Na_2SO_3+O_2 \longrightarrow 2Na_2SO_4$$

（二） 新装填树脂使用前的预处理

离子交换树脂的工业产品中，常含有少量的低聚合物和杂质，如铝、铁、铜等无机杂质，所以新装填树脂在使用前必须经过盐、碱、酸液的处理，以除去杂质。新树脂首次使用前，严禁用水直接浸泡，应在浓盐液中浸泡一段时间，使其体积缓慢鼓胀。

（1）食盐预处理。用 2 倍交换剂体积 10% 的 NaCl 溶液浸泡 18~20h 以上，放掉食盐水，用水冲洗至合格。

（2）稀盐酸处理。用 2 倍树脂体积的 5%HCl 溶液浸泡树脂 2~4h，放掉酸液后，冲洗树脂至排水接近中性为止。

（3）稀 NaOH 处理。用 2 倍树脂体积的 2%NaOH 溶液浸泡树脂 2~4h，放掉碱液后，冲洗树脂至排水接近中性。

（三） 树脂中毒后的处理

天然水中含有少量的铁、铝等高价金属离子，这些高价金属离子与树脂结合得比较牢固，不易从树脂中洗脱，即使再生时洗下来的铁、铝离子，又易水解成氢氧化物沉积在树脂颗粒表面，同时使树脂交换能力下降，当树脂交换容量下降到一定程度时，即产水能力太低，这时可以认为树脂中毒。树脂中毒后可用 10%~15% 的盐酸溶液进行酸洗处理，以活化交换树脂，酸洗后再用 NaCl 溶液对树脂进行转型。

（四） 交换器的工作过程

软化：即正常产水过程，生水由除氧软化水泵加压后从交换器底部进水管线进入，流经交换层软化后，由顶部出水管线排出。

松床：交换器内的树脂自由下落的过程。

再生：再生是使失效的交换剂恢复软化能力。

置换：将再生后的废液（钙、镁离子）洗出，使交换器出水硬度达标。

离子交换器如图 4-1-12、图 4-1-13 所示。

图 4-1-12　钠离子交换器

图 4-1-13　氢钠离子交换器

(五) 离子交换步骤

(1) 溶液中的 Ca^{2+} 向树脂颗粒表面迁移并通过树脂表面的边界水膜。

(2) Ca^{2+} 在树脂孔道里移动,到达交换点。

(3) Ca^{2+} 与交换基团上的 Na^+ 进行交换反应。

(4) 被交换下来的 Na^+ 从交换点上通过孔道向外面移动。

(5) Na^+ 通过树脂表面的边界水膜进入外部溶液。

(六) 设备介绍

该设备由特殊设计的平面多路阀控制两个交换柱联合工作。由电控箱定时器控制旋转阀。定时移动一定的角度,使甲柱产水,乙柱完成松床、进盐 (再生)、置换等工序。盐液在进盐周期自动定量供给。在旋转阀不断转动下,使两个交换柱交替转换,循环工作,实现了自动连续产水。

二、反渗透装置

(一) 工作原理

反渗透是一种借助于选择透过 (半透过) 性膜以压力为推动力的膜分离技术,当系统中所加的压力大于进水溶液渗透压力时,水分子不断地透过膜,经过产水流道流入中心管,然后在一端流出水中的杂质,如离子、有机物、细菌、病毒等,被截留在膜的进水侧,然后在浓水出水端流出,从而达到分离净化目的。

(二) 设备介绍

反渗透装置是将原水经过精细过滤器、颗粒活性炭过滤器、压缩活性炭过滤器等,再通过泵加压,利用孔径为 $1/10000\mu m$ 的反渗透膜 (RO 膜),使较高浓度的水变为低浓度水，同时将工业污染物、重金属、细菌、病毒等大量混入水中的杂质全部隔离，从而达到饮用规定的理化指标及卫生标准，产出至清至纯的水。如图 4-1-14 所示。

图 4-1-14　反渗透装置实物图

　　反渗透装置应用膜分离技术，能有效地去除水中的带电离子、无机物、胶体微粒、细菌及有机物质等，是高纯水制备、苦咸水脱盐和废水处理工艺中的最佳设备，广泛用于电子、医药、食品、轻纺、化工、发电等领域。

三、FLECK9500 型全自动软水器

　　富莱克一备一用流量型全自动软水器采用流量控制全部工作程序，设备可连续或间断供水。再生时由流量控制器自动启动再生装置，流量大小可根据需要自行设定再生程序。

(一) 技术参数

进口压力：0.2~0.6MPa；

工作温度：2~50℃；

出水硬度：≤0.03mmol/L；

使用电源：220V/50Hz；

布置形式：双罐并联；

再生方式：顺流再生；

操作程序：自动程序控制；

使用树脂：001×7 强酸性阳离子交换树脂。

(二) 工作流程

1. 工作状态

硬水经过控制阀进入第一个树脂罐，经树脂层处理过的水通过布水器进入升

降管，再通过控制阀经流量计流出。第二个树脂罐进行再生准备工作。

2. 罐的转换（由流量计启动）

硬水由控制阀经连接管进入第二个树脂罐，经树脂层处理过的水通过布水器进入升降管，再由连接管回到控制阀经过流量计流出。这时第一个树脂罐脱离水流路线，准备再生。

3. 反洗状态

第二个树脂罐处理过的水经连接管进入控制阀，经升降管向下通过底部的布水器，经过树脂层向上，最后通过控制阀排污口排出。

4. 吸盐状态

第二个树脂罐处理过的水经连接管进入控制阀内的注水器，然后通过自由射流过程将盐罐中的还原剂吸入第一个树脂罐。盐流向下经过树脂层由布水器进入升降管，最后由排污口排出。

5. 慢速清洗状态

处理过的水经连接管进入控制阀，流入第一个树脂罐。经过树脂层通过底部布水器进入升降管，再经控制阀由排污口排出。

6. 快速清洗状态

处理过的水经连接管进入控制阀，流入第一个树脂罐，经树脂层通过底部布水器进入升降管，再经控制阀由排污口排出。

7. 盐罐注水状态

处理过的水经连接管进入控制阀内的注水器，利用射流帽盐管经阀门将水注入盐罐。此时没有水从第一个树脂罐流过。

8. 第二罐工作状态（罐的交换）

硬水从控制阀经连接管进入第二个树脂罐，经过树脂层，由底部布水器进入升降管，向上沿着连接管回到控制阀，通过流量计从出口流出。已经再生过的第一个树脂罐已脱离水流线路。当第二个树脂罐失效时，第一个树脂罐可以启用。

（三）FLECK9500 型全自动软水器还原程序设置步骤

1. 设定还原时间程序

此软水器出厂时已经设置好了还原时间程序，但根据用户当地的情况可适当调整，延长或缩短，如图 4-1-15 所示。

在打开定时器前，一定要将流量计电缆从流量计整流罩中移出，抓住定时器右下角向外拉，放松保持键钮，将定时器移向左边。

改变还原周期程序，必须将程序轮再生盘卸出来。抓住程序轮，推出凸出耳状环并向中心挤压，将程序轮脱开定时器。

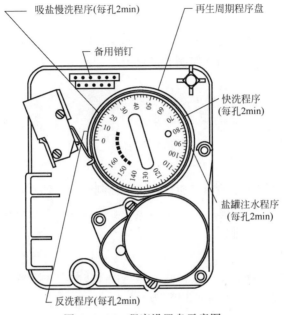

图 4-1-15　程序设置盘示意图

2. 改变反洗时间

图 4-1-15 所示的程序轮处于工作状态。请看程序轮有数字的一侧，从零点开始第一组插头的个数决定了此装置的反洗时间。

例如，若这一部分有 6 个插头，反洗的时间就是 12min（每个插头代表2min）。要想改变反洗时间，按要求增加或减少插头即可。

3. 改变吸盐和慢洗时间

在反洗部分最后一个插头与第二组插头之间的这组孔数决定了此装置吸盐和慢洗时间（每个孔 2min）。

要改变吸盐和慢洗时间的长短，可向前或向后移动第二组的插头，以使吸盐慢洗部分含更多或更少的孔。孔的数目乘以 2 即为以分钟计算的吸盐慢洗时间。

4. 改变快速清洗时间

程序轮上第二组插头决定了此装置快速清洗时间。

改变快速清洗的时间，需要增加或减少插头即可。插头的数目乘以 2 即为以分钟计的快速清洗时间。

5. 改变盐罐注水时间

程序轮上第二组和第三组插头之间的孔数决定了软水器往盐罐注水的时间（每个孔 2min）。要改变注水时间，按需求稳定第三组的两个插头即可。当末端的两个插头触发到外部微开关时，一个还原周期便完成了。而程序轮还会继续转动，直到内部微开关嵌入程序轮上的槽中为止。

6. 流量计设置程序

（1）由于控制阀门再生时用的是工作罐的软水，在设定产水量时，必须减去所用于再生的水量，利用每一个再生还原周期数，计算所应用的水量。

（2）设置周期产水量。可根据使用要求设置周期产水量。例如，设置周期制水流量为3185gal，抬起流量计表边的拨盘，这样，便可以转动它，将白色的点设置在正对着的3185gal处。

（四）常见故障及处理措施

FLECK9500型全自动软水器常见故障及处理措施见表4-1-3。

表4-1-3　FLECK9500型全自动软水器常见故障及处理措施

现　象	原　　因	处理办法
不能再生	供电电源曾发生过中断	确保持续的电源供应（检查熔断器、插头、开关）
	定时器损坏	更换定时器
出硬水	旁通阀打开或关闭不严漏水	关紧旁通阀或维修、更换
	盐罐没盐	往盐罐加盐并保持盐比水多
	射流器滤网堵塞	清理滤网
	盐罐注水不足	检查盐罐注水时间，清洗吸盐管路
	布水器管泄漏	检查布水管O形环及布水管定位销
	内部阀门泄漏	更换密封及隔离环或活塞
耗盐过多	不适当的吸盐设定	检查盐量及吸盐设定
	注水过多	问题盐水过多
水压下降	到软水器的管路被铁屑堵塞，不畅通	清理管路
	软水器头内部管路被铁屑堵塞	清理控制头内部管路，增加再生频率和/或增加反洗时间
	软水器头内部通路由于管路施工掉下碎屑而被堵塞	拆下活塞，清理管路
树脂通过排污管路	入水中含气	加装排气装置
	排污限流器选大了	检查排污限流器选型是否正确，与树脂罐匹配
进水含铁	树脂中毒	检查反洗、吸盐和盐罐注水，增加再生频率

现　象	原　因	处理办法
盐罐注水过多	排污限流堵塞	检查排污通道
	射流器管路堵塞	清洗射流器及滤网
	定时器不转	更换定时器
	吸盐阀中有异物	更换吸盐阀座，并清洗阀
	吸盐限流中有异物	清洗吸盐限流
	盐罐注水时断过电	检查电源
不吸盐	吸盐限流堵塞	清洗吸盐限流
	射流器堵塞	清洗射流器
	射流过滤器堵塞	清洗
	自来水入水压力过低	提高入水压力，大于 $2kg/cm^2$
	控制阀内部泄漏	更换密封圈、隔离圈和活塞总成
控制循环不停	微动开关损坏或短路	检查开关或定时器，如损坏则更换
排污不停	程序设定不正确	检查定时器程序和控制位置或调整线路
	控制阀有异物	拆下控制器总成并检查各阀孔道，清除异物并检查各个不同再生位置下的阀位
	阀内部泄漏	更换密封圈及活塞总成

第十二节　凝结水回收装置
（榆林天然气处理厂）

一、系统组成

凝结水回收装置由闪蒸罐、集水罐、锅炉补水泵、液位变送器和控制柜、引射器等组成。

（一）闪蒸罐

闪蒸罐的主要功能是收集凝结水管网中凝结水，并在此处实现汽水分离。

（二）集水罐

集水罐的主要作用是储集闪蒸罐中分离出来的液体，并保障锅炉的持续稳定供水。

（三）锅炉补水泵

锅炉补水泵的功能是向锅炉持续地补水。在锅炉和补水泵之间安装了一个引射器，它的作用是产生一个负压，将闪蒸罐中的蒸汽吸入锅炉补水管线，一并带入锅炉循环利用。

（四）液位变送器和控制柜

实时检测集水罐的液位变化情况，将数据传输于控制柜处理，处理器将信号反馈于调节阀，控制其开度，从而来实现系统的自动补水。

（五）引射器

引射器的结构原理图如图 4-1-16 所示。

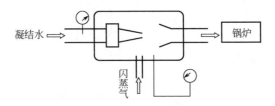

图 4-1-16 引射器结构原理图

二、设备参数

（一）凝结水集水罐

设计压力：1.0MPa；

最高工作压力：0.3MPa；

设计温度：150℃；

容积：4.35m³。

（二）闪蒸罐

设计压力：0.6MPa；

最高工作压力：0.3MPa；

设计温度：150℃；

容积：0.39m³。

（三）凝结水补水泵

流量为 13m³/h；

扬程为 140m；

功率为 15kW。

流量为 5.9m³/h;

扬程为 44m;

功率为 3kW。

三、工作原理

当高温冷凝水进入闪蒸罐后,在罐内进行汽水分离,冷凝水通过快排装置流入集水罐,产生的二次汽通过引射装置送进凝结补水泵出水管道,使闪蒸汽得以密闭回收。由于汽体不断排出,闪蒸罐内的压力永远保持低于用热设备冷凝水排出口的压力,从而保证了回水负压即使在较低的情况下也能顺畅地进入。闪蒸罐与集水罐通过快排装置相连,为了让凝结水很快地流入集水罐,在罐内设置了压力平衡装置。通常,其工作压力设置在 0.1MPa 以下,使箱内永远保持密闭,不通大气。凝结水回收装置如图 4-1-17 所示。

图 4-1-17　凝结水回收装置

四、工艺流程

凝结水回水进入凝结水回收装置的闪蒸罐,在闪蒸罐内实现汽液分离,液体在闪蒸罐内积到一定液位时,闪蒸罐内的浮球带动快排装置使得闪蒸罐与下面的集水罐连通,液体落入集水罐。然后经锅炉补水泵将凝结水补给锅炉,在补水泵到锅炉之间装有一个引射器,它的功能是将闪蒸罐中聚集的蒸汽带入锅炉,使凝结水回收装置保持一定的压力,保证了凝结水自动顺畅地流入凝结水回收装置。

第十三节　WNS6-1.25-Q 蒸汽锅炉

一、WNS6-1.25-Q 蒸汽锅炉操作规程

（一）启炉前检查

（1）检查蒸汽、水、燃气管路系统所有阀门处于正确位置。

① 蒸汽：主蒸汽阀处于关闭状态。

② 水：软化水罐出口阀打开，所要投运的给水泵的进、出口阀打开，锅炉主进水阀打开，连续排污、定期排污阀门关闭。

③ 燃气：主进气阀处于打开状态，燃气球阀处于关闭状态，燃气系统放空阀处于关闭状态。

（2）检查所有管道法兰连接严密（蒸汽、水、燃气系统所有法兰）。

（3）盘动水泵、风机确认无卡阻现象。

（4）检查软化水罐液位，保证供水，软化水罐液位保持在 2.5~3.0m。

（5）检查电气线路绝缘良好。

（6）检查安全附件齐全、完好、有效、投运。

（7）检查燃烧器处于手动、小火位置。

（8）检查并从配电室向锅炉控制柜供电，合上控制柜电源总开关，合上控制柜空气开关。

（9）打开燃气球阀，调节燃气压力在 0.015MPa 左右（一次压力为 0.10~0.30MPa，二次燃气压力为 0.0050.015MPa），向燃烧器供气。

（10）进入锅炉控制柜人机界面，检查烟道温度为 280℃，高高压力为 0.60MPa，低低压力为 0.30MPa 设置。

（二）启炉

（1）进入锅炉控制柜主画面，投用一台给水泵，按燃烧器运行（启动按钮）即可点炉，如图 4-1-18 所示。

（2）观察锅炉控制柜燃烧指示灯正常运行，现场观察锅炉燃烧正常（压力、水位正常，火焰颜色为淡蓝色，火焰形状均匀、不紊乱）。

（3）升压供汽：当蒸汽压力上升到 0.05~0.10MPa 时，冲洗水位计和压力表；当蒸汽压力上升到 0.30MPa 时，应检查各连接处有无渗漏现象；当蒸汽压力上升到 0.40MPa 时，应进行排污一次，以使锅炉内的水温保持一致。打开蒸汽管道和分汽缸上的疏水阀（在分汽缸下面的地沟里，正常情况下处于常开状

图 4-1-18　操作锅炉控制面板

态）排出凝结水，缓慢打开主汽阀暖管供汽，将燃烧器打至自动大火状态。

（三）停炉

（1）将锅炉液位补至高限（系统自动补水，一般观察在高液位、低负荷时停炉），逐渐降低锅炉运行负荷（将燃烧器打至手动、小火状态）。

（2）按停止按钮停炉，注意观察水位，防止缺水。

（3）待锅炉停止蒸发时，切断控制柜电源。

（4）关闭水系统、燃气系统所有流程，打开燃气系统放空阀，将燃气系统压力放空至零。

（四）冲洗水位计

（1）开启放水旋塞阀，冲洗汽水通路和玻板，然后关闭放水旋塞阀。

（2）关闭水旋塞阀，打开放水旋塞阀，冲洗汽通路，然后关闭放水旋塞阀。

（3）打开水旋塞阀，关闭汽旋塞阀，再打开放水旋塞阀，冲洗水通路，然后关闭放水旋塞阀。

（4）打开汽旋塞阀，使水位恢复正常。

（五）冲洗锅炉压力表

锅炉压力表正常工作时锅炉介质通过存水弯管与压力表相通，压力表指示锅炉压力。

（1）将锅炉压力表三通旋塞阀逆时针旋转 90°使压力表与大气相通，检查压力表是否回零。

（2）将锅炉压力表三通旋塞阀逆时针旋转 180°，使锅炉与大气相通，冲洗存水弯管。

（3）将锅炉压力表三通旋塞阀逆时针旋转 45°，此时压力表、锅炉、大气各不相通，使存水弯管存水。

（4）将锅炉压力表三通旋塞阀逆时针旋转45°，此时压力表为正常位置，压力表冲洗结束。

（六）定期排污

（1）首先检查锅炉在高水位，低负荷。排污时应密切注意炉内水位，每次排污量以降低锅炉水位25mm为宜。

（2）开启定期排污第一道慢开阀；冬天时稍开快开阀，让高温水流出，先对排污管进行暖管。

（3）快速开启快开阀，反复进行开关。

（4）排污结束后，先关闭快开阀，再关开闭慢开阀。

（5）打开快开阀，排出两阀之间的存水，再关闭快开阀。

（6）收拾工具，清理现场，填写记录。

（7）锅炉排污注意事项如下：

① 排污应在低负荷下进行，每个排污点的排污时间在排污阀全开时，不应超过30s，每次排污阀开启后立即关闭，关闭后再开，如此重复数次，依靠吸力使渣垢迅速向排污口汇合，然后集中排出。

② 排污前调整锅筒水位略高于正常值，排污时注意锅筒水位的变化。

③ 开启排污阀时应缓慢，防止发生水击或振动，若有发生，则应立即将阀门关小，直至水击或振动消失。

④ 排污时应先开一次阀，再开二次阀，关闭时相反，这种操作方式使一次阀在压差很小的状况下启闭，改善了阀门的工作条件，减少磨损，延长阀门使用寿命。

⑤ 排污后应复查排污阀关闭的严密性。排污后管内不应再有水流动的声音，间隔一段时间后，最好用手触摸排污阀以外的排污管道，如果温度高，表明排污阀有泄漏，应查明原因后加以消除。

⑥ 本着"勤排、少排、均匀排"的原则，每班至少排污一次。在一台锅炉上同时有几根排污管时，必须对所有的排污管轮流进行排污。如果只排一部分，而长期不排另一部分，就会降低锅炉水品质，或者将部分排污管堵塞，甚至引起水循环破坏和爆管事故。当多台锅炉同时使用一根排污总管，禁止同时排污，防止排污倒流入相邻的锅炉内。

二、WNS6-1.25-Q 蒸汽锅炉维护保养

（一）锅炉每运行六个月的维护保养

（1）打开锅炉前烟箱门，清理炉膛内和烟管内的烟灰。

（2）通过炉膛检查过热器是否变形、水冷壁处是否积灰，如存在问题，应打开后烟箱装置，取出过热器进行维修。

（3）清除锅筒、集箱内的水垢泥渣，并用清水冲洗。

（4）对锅炉内外进行认真检查。

（5）燃烧器易损件如有磨损，则应立即更换。

（6）锅炉保温层外壳及锅炉底部等外露铁件每年刷漆一次。

（二）常用锅炉保养方法

（1）压力保养：适用于停炉一周以内的锅炉。使锅炉中的余压保持在 0.05～0.1MPa，锅水温度稍高于100℃以上，即使炉水中不含氧，也可阻止空气进入锅筒。

（2）湿法保养：适用于停炉一个月以内的锅炉。锅炉停炉后，将炉水放尽，清除水垢和烟灰，关闭所有的人孔、手孔、阀门等。然后加入软化水至最低水位线，再用专用泵将配制好的碱性保护液注入锅炉，定期小火烘炉，定期化验，如碱度降低，应予以补加。

（3）干法保养：适用于停炉大于一个月的锅炉。停炉后，将锅炉水放尽，清除水垢和烟灰，关闭所有阀门。接着打开人孔，使锅筒自然干燥。然后将干燥剂放入炉内，例如将生石灰（2～3kg/m³）用搪瓷盘盛装放在炉内，最后关闭所有人孔、手孔，防止潮湿空气进入锅炉。以后每半个月左右检查一次，如干燥剂结块、失效及时更换。

（4）充氮保养：适用于停炉大于三个月的锅炉。从锅炉最高处向锅炉内充入氮气并维持 0.05～0.10MPa 的压力，迫使较重的空气从锅炉低处排出，使金属不与氧气接触。

三、WNS6-1.25-Q 蒸汽锅炉故障处理

WNS6-1.25-Q 蒸汽锅炉常见故障及处理方法见表 4-1-4。

表 4-1-4　WNS6-1.25-Q 蒸汽锅炉常见故障及处理方法

故障现象	可能原因	处理方法
点炉命令发出后锅炉不进行自检	锅炉处于报警状态或风门没有全关	长时间按住锅炉控制柜复位按钮使锅炉复位，如果锅炉处于报警状态，则须先消除报警状态
		手动给燃烧器复位行程开关一个假信号，使控制柜进行自检
	锅炉已复位，但燃烧器风门连杆凸轮没有顶起复位行程开关	调节燃烧器曲柄机构长度到合适位置
		转动调节凸轮位置，使风门在全关的位置时凸轮刚好将行程开关顶起
		手动给燃烧器复位行程开关一个假信号，使控制柜进行自检
	复位行程开关信号无法传输到控制柜	检查线路

续表

故障现象	可能原因	处理方法
燃烧器母火不能点燃	燃气流程没有倒通	倒通燃气流程
	母火电磁阀堵塞	吹扫电磁阀
	点火变压器故障，不能点火	更换点火变压器
	风门严重漏风或点火时风门没有全关	调节点火时风门开度，使点火时风门开度最小
母火点燃后立即熄灭	主火燃气电磁阀堵塞	吹扫主火燃气电磁阀
	气、风量调配比例不合适	根据火焰颜色调节气、风比例
排烟温度过高	锅炉长时间满负荷运行	降低运行负荷
	锅炉结垢	停产时进行除垢
	炉墙破裂（烟温迅速上升）	紧急停炉
烟囱冒烟	风量太小	调节风、气比例

第十四节　导热油

一、导热油基础知识

导热油是 GB 4016—1983《石油产品名词术语》中"热载体油"的曾用名，英文名称为 Heat transfer oil，是用于间接传递热量的一类热稳定性较好的专用油品。

导热油具有抗热裂化和化学氧化的性能，传热效率好，散热快，热稳定性很好。导热油作为工业油传热介质有以下特点：在几乎常压的条件下，可以获得很高的操作温度，即可以大大降低高温加热系统的操作压力和安全要求，提高了系统和设备的可靠性；可以在更宽的温度范围内满足不同温度加热、冷却的工艺需求，或在同一个系统中用同一种导热油同时实现高温加热和低温冷却的工艺要求，即可以降低系统和操作的复杂性；省略了水处理系统和设备，提高了系统热效率，减少了设备和管线的维护工作量，即可以减少加热系统的初投资和操作费用。在事故原因引起系统泄漏的情况下，导热油与明火相遇时有可能发生燃烧，这是导热油系统与水蒸气系统相比所存在的问题。但在不发生泄漏的条件下，由于导热油系统在低压条件下工作，因此其操作安全性要高于水蒸气系统。导热油与另一类高温传热介质熔盐相比，在操作温度为 400℃ 以上时，熔盐较导热油在传热介质的价格及使用寿命方面具有绝对的优势，但在其他方面均处于明显劣势，尤其是在系统操作的复杂性方面。导热油的化学性质较稳定，不像轻质油那么容易着火燃烧。

从使用及安全角度看，导热油的主要特性如下：

（1）在许用温度范围内，热稳定性较好，结焦少，使用寿命较长。

（2）在许用温度范围内，导热性能、流动性能及可泵性能良好。

（3）低毒无味，不腐蚀设备，对环境影响很小。

（4）凝点较低，沸点较高，低沸点组分含量较少。在许用温度范围内，蒸气压不高，蒸发损失少。

（5）温度高于70℃时，与空气接触会被强烈氧化，其受热工作系统需密封，而只允许其在70℃以下的温度与空气接触。

（6）受热后体积膨胀显著，膨胀率远大于水。温升100℃，体积膨胀率可达8%～10%。

（7）过热时会发生裂解或缩合，在容器、管道中结焦或积炭。

（8）混入水或低沸点组分时，受热后蒸气压会显著提高。

（9）闪点、燃点及自燃点均较高，在许用温度及密闭状态下不会着火燃烧。

（10）根据用户多居住的地区和设备作业环境，建议选择适宜的低温性能导热油。

二、导热油的分类

根据成分及工业制造过程，导热油可以分为合成型导热油和矿物型导热油。

（一）合成导热油主要类型

1. 烷基苯型（苯环型）导热油

这一类导热油为苯环附有链烷烃支链类型的化合物，属于短支链烷烃基（包括甲基、乙基、异丙基）与苯环结合的产物。其沸点在170～180℃，凝点在-80℃以下，因此可作为防冻液使用，此类产品的特点是在适用范围内不易出现沉淀，异丙基附链的化合物尤佳。

2. 烷基萘型导热油

这一类型导热油的结构为苯环上连接烷烃支链的化合物。它所附加的侧链一般有甲基、二甲基、异丙基等，其附加侧链的种类及数量决定化合物的性质。侧链为甲基的烷基萘型导热油，应用于240～280℃范围的气相加热系统。

3. 烷基联苯型导热油

这一类型的导热油为联苯基环上连接烷基支链的化合物。它由短链的烷基（乙基、异丙基）与联苯环相结合构成，烷基的种类和数量决定其性质。烷烃基数量越多，其热稳定性越差。在此类产品中，由异丙基的间位体、对位体（同分异构体）与联苯合成的导热油品质最好，其沸点大于330℃，热稳定性也好，是在 300~340℃范围内使用的理想产品。

4. 联苯和联苯醚低熔混合物型导热油

这类导热油为联苯和联苯醚低熔混合物，由 26.5%的联苯和 73.5%的联苯醚组成，熔点为 12℃，其特点是热稳定性好，使用温度高（400℃）。此类产品因为苯环上没有与烷烃基侧链连接，所以在有机热载体中耐热性最佳。这种低熔混合物，常温下，沸腾温度在 256~258℃范围内使用比较经济。这种低熔混合物蒸发形成蒸气过程中，无任何一种组分提浓的发生，且液体性质也不变。由于联苯醚中结合醚物质，在高温下（350℃）长时间使用会产生酚类物质，此物质有低腐蚀性，与水分结合对碳钢等有一定的腐蚀作用。

5. 烷基联苯醚型导热油

这类导热油为两个苯环中间由一个醚基连接、两个苯环上分别有两个甲基的同分异构体混合物，此类合成导热油低温下运动黏度低，流动性好，适合北方寒冷地区使用，推荐使用温度最高不超过 330℃，凝点为 -54℃，使用寿命优于矿物油和烷基苯型导热油。国内外最常见的是二甲苯基醚型导热油，目前国内也有生产厂家生产此类高温合成导热油。

（二）矿物型导热油

矿物型导热油是石油精制过程的某一馏程产物，其主要成分随基础油的成分不同而不同，一般为长链烷烃和环烷烃的混合物。

三、导热油使用中的隐患与防护

（一）导热油使用过程中潜在的危险性

热稳定性导热油在使用过程中由于加热系统的局部过热，易发生热裂解反应，生成易挥发及较低闪点的低聚物，低聚物间发生聚合反应生成不熔的高聚物，不仅阻碍油品的流动，降低热传导效率，同时会存在管道局部过热变形炸裂的可能。

氧化稳定性导热油与溶解在其中的空气及热载体系统填装时残留的空气在受热情况下发生氧化反应，生成有机酸及胶质物黏附输油管，不仅影响传热介质的使用寿命，堵塞管路，同时易造成管路的酸性腐蚀，增加系统运行泄漏的风险。

（二）导热油在使用过程中的防护

（1）避免导热油的氧化。由于导热油在热载体中高温运行的情况下易发生氧化反应，造成导热油的劣化变质，所以通常对设置的高温膨胀槽进行充氮保护，确保热载体系统的封闭，避免导热油与空气接触，延长导热油的使用寿命。

（2）避免导热油的结焦。导热油在运行温度超过最高使用温度时，在导油管壁会出现结焦现象，随着结焦层的增厚，导油管壁温偏高又促使黏附结焦，不断增厚的管壁温度进一步提高，随着管壁的不断增厚，传热性能恶化，随时可能发生爆管事故。因此，应严格控制热载体出口处导热油的温度不得超过最高使用温度，热载体的最高膜温应小于允许油膜温度。

（3）定期排查泄漏点，加强现场监控，要确保热载体系统完好不漏，定期排查设备的腐蚀渗漏情况，发现渗漏及时检修。因此，热载体系统要合理设计，使用中要定期检测设备壁厚和耐压强度，并在设备和管道上加装压力计、安全阀和放空管。

（4）防止热载体内混入水及其他杂质。随着热载体的加热，溶解在其中的水分迅速汽化，导热管内的压力急剧上升至无法控制的程度，引发事故。因此，导热油在投入使用前应先缓慢升温，脱除导热油中的水和其他轻组分杂质。

（5）定期化验导热油指标。定期测定和分析热载体的残炭、酸值、黏度、闪点、熔点等理化指标，及时掌握其品质变化情况，分析变化原因。当酸值超过 0.5mgKOH/g，黏度变化达到 15%，闪点变化达到 20%，残炭（质量分数）达到 1.5%时，证明导热油性能已发生了变化。应定期适当补充新的热载体，使系统中的残炭量基本保持稳定。

（三）矿物性导热油的报废指标

（1）黏度变化大于±20%，应引起注意。

（2）闪点变化大于±15%，应引起注意。

（3）酸值大于 0.5mg KOH/g，应引起注意。

（4）残炭达到 1.5%，应引起注意。

在对运行中的导热油进行测试时发现，黏度因受分解和聚合的共同影响，变化并不规律；酸值在氧化初期逐渐增大而后反而下降；闪点是表征油品运行安全性的重要指标；残炭则一直呈上升趋势，开始缓慢，而后数值增长明显加快。

总之，对上述指标不能孤立地去看其中某一项，必须综合分析，做出判断。

四、导热油的检验

运行中定期检验导热油的目的是了解油品内在质量的变化，并由此发现系统设计、操作管理及导热油自身的质量问题，及时纠正以延长使用寿命。从以下检验项目可说明运行中导热油的变质情况：

（1）馏程。馏程的变化表明导热油分子质量的变化，国外采用气相色谱法，经与新油的馏程进行比较，以高沸物和低沸物含量表明导热油发生裂解和聚合的程度。

（2）黏度。黏度的变化表明导热油分子质量和结构的变化。裂解使黏度下降，而聚合和氧化使黏度上升。这些变化对高温范围的黏度影响很小，但对低温黏度影响较大，因此对寒冷地区和伴有冷却的操作工艺来说，低温黏度增大应引起重视。

（3）酸值。酸值的变化表明导热油的老化程度。酸值上升通常是油品发生氧化所致，主要发生在膨胀槽不采用氮封的系统中。但当老化到一定程度时，可溶性有机酸可能进一步聚合生成高分子氧化产物，这时酸值又可能下降。因此，要注意根据酸值的变化趋势判断油品的老化程度。

（4）残炭。残炭是运行中的导热油经蒸发和裂解后留下的残炭量。在运行中残炭量往往随时间呈不断上升的趋势，可说明高分子炭状沉积物形成的倾向和老化的程度。国外常测定丙酮或戊烷不溶物，包括油不溶物和因裂解、聚合而产生的树脂状物。因该方法未经蒸发和热解，可准确说明油品中不溶物的含量。

（5）闪点。闪点是主要的安全性指标，表明高挥发性产物和可燃性气体形成的可能性。闪点下降过多可能成为事故的隐患。

一般通过以上检验项目对导热油的变质情况进行综合判断。

第十五节　SC-RMW-800-Q 导热油炉

一、SC-RMW-800-Q 导热油炉操作规程

（一）操作前的准备

（1）确认油炉仪表、安全附件完好，储油罐液位为 50%~70%，膨胀罐液位不低于 50%，确认导热油炉、循环泵进口阀门打开，确认燃烧器为手动。

（2）打开燃料气进口阀，确认燃料气调压阀前压力为 0.3~0.4MPa，调压阀后压力为 8kPa，燃气管线无泄漏。

（3）打开氮气进口阀，确认氮气压力为 0.4~0.6MPa。

（4）启动热媒循环泵，导热油炉进口压力控制在 0.5~0.6MPa。

（5）确认膨胀罐液位、系统管网压力和流量正常，确认氮气覆盖系统为"自动"，通知中控室现场点炉。

（二）启炉及运行中的检查

（1）柜体供电，按"复位"键后将控制柜上电源开关拨至"工作位"，点炉。

（2）将燃烧器旋钮旋至"自动"；在 PLC 面板上设定导热油温度（不高于200℃），将导热油炉进出口差压调节阀改为"自动"。

（3）确认燃烧正常，通知中控室导热油炉启炉完成。

（三）运行中检查

（1）检查膨胀罐液位不低于50%、系统管网压力为0.55~0.6MPa、导热油出口流量为31m³/h。

（2）检查火焰燃烧正常、导热油温度稳定、燃烧器风机电动机温度不超过65℃。

（四）停炉

（1）接中控室停炉通知，将导热油炉进出口压差调节阀改为手动。

（2）将燃烧器旋钮旋转至"手动"位，按下停机按钮，停炉。

（3）待导热油温度降至100℃时，停循环泵，关闭循环泵、导热油进出口阀。

（4）关闭燃料气进口阀。

二、导热油炉常见故障及处理方法

导热油炉常见故障及处理方法见表4-1-5。

表4-1-5 导热油炉常见故障及处理方法

序号	故障现象	故障原因	处理方法
1	供油管内发出气锤声，热媒循环泵进出口压力表指针摆动	补充新油时混入空气或水	对新油进行脱水脱气
2	导热油炉进出口油温差过大	热媒循环泵供油量下降	消除油泵及管路故障
		超负荷运行	降至正常负荷运行
		导热油炉与供热设备不匹配	合理使用热导热油炉
		导热油变质	更换导热油
		保温不良	重新保温
3	膨胀罐低液位报警	管路系统脱气后未及时补充导热油	补充新油
		管路系统漏油	排除管路系统的漏油点
4	导热油流量低于额定值	热媒循环泵抽空	消除油泵及管路缺陷
		导热油中含有气（汽）	进行煮油脱气（汽）
		管道阻力增大	清洗过滤器，检查阀门开启情况
		导热油炉管漏油	检查炉内加热盘管
5	导热油管路循环不畅通	过滤器堵塞	清洗过滤器
		导热油黏度增大	补充或更换导热油
		阀门未全部打开	打开阀门
		管内留有杂质	清除管内杂物

序号	故障现象	故障原因	处理方法
6	喷嘴喷不出燃料	燃料过滤器堵塞	清洗过滤器
		电磁阀失灵	检修更换
		快开球阀未打开	打开燃料球阀
7	烟囱冒黑烟，排烟温度过高，出力降低，燃料耗量增大	燃烧不完全（缺氧燃烧）	调整风量及燃料量
		炉管积炭严重	清除炉管积炭，用压缩空气吹扫
		炉内结构受损，烟气短路	消除烟气短路缺陷
		导热油失效	更换导热油
8	压差低于给定值	热媒循环泵抽空	消除油泵及管路缺陷
		导热油中含气（汽）	进行煮油脱气（汽）
		过滤器阻力大	清洗过滤器
		导热油炉管漏油	检查炉内加热炉盘管
		压差开关导压管路故障	打开导压管路阀门，检查清理导压管
9	燃烧器电源指示灯不亮、不动作	燃烧器与炉体连接不好	重新调整，使燃烧头上的开关闭合
10	燃烧器启动不了	观火孔及其他地方有光透入光敏管	排除漏光故障
		超温使燃烧器控制器的相应端子不通	重新调整温度表，消除超温状态
		燃气压力偏低或偏高	调整燃气供给压力
11	点火失灵	点火电极距离太远	重新调整间距至 0.3~0.7mm
		点火电极脏或潮湿	擦干擦净
		控制器故障	维修或更换控制器
		绝缘瓷管破裂	更换绝缘瓷管
		点火变压器故障	更换点火变压器
12	点不着火或点着后即熄灭	风门太大或太小	重新调整风门
		燃气压力不稳定	清洗烧嘴调整点火电磁阀开启速度，调整燃气供给压力
		燃气过滤器脏堵	清洗过滤器
		烧嘴堵塞或点火气量偏小	清洗烧嘴或加大气量
		电磁阀堵塞	清洗电磁阀
		火焰传感器被积炭等遮挡住	擦净火焰传感器

续表

序号	故障现象	故障原因	处理方法
13	温度显示表不准确	仪表损坏	更换仪表
		热电阻损坏	更换热电阻
		接线错误	检查并重新接线
14	导热油温度升不上去，出力降低，排烟温度正常或偏低	风量过大	调整风量
		炉壁受损，冷风漏入炉膛	检修炉膛，排除漏点
		燃烧器出力不正常	检修燃烧器
		用户负荷太大	降低用户负荷

三、导热油炉的维护保养

导热油炉与其他设备一样，需要进行日常检查和定期检修，在确保安全的基础上，维护设备长久、正常的运行。

导热油炉在低压状态下，密闭的系统内循环供热，检查、维修相对较容易。日常检查的数据、定期检修的记录是判断设备正常与否的重要资料。

以下为日常检查及定期检修（停机）项目、检查方法及判定标准，分别见表4-1-6至表4-1-12。

表 4-1-6　导热油炉本体日常检查项目及判定标准

	检查项目	检查方法	判定标准
炉体等	导热油流量	差压显示的读数	在设定值内
	密封处的泄漏	肉眼检查	无泄漏
	外表面温度	触摸	可接触

表 4-1-7　燃烧装置日常检查项目及判定标准

	检查项目	检查方法	判定标准
燃烧器等	燃气流量	流量计读数	在规定范围内
	燃气压力	压力表读数	在规定范围内
	空气压力	压力表读数	在规定范围内
	烟气	肉眼观察	无浓烟出现
	火焰颜色	肉眼观察	呈蓝色，尾部偏白（天然气燃料）

表 4-1-8　转动机械日常检查项目及判定标准

	检查项目	检查方法	判定标准
热媒循环泵及齿轮泵	电流值	电流计读数	在规定范围内
	压力	压力计读数	在规定范围内
	振动、异常音	目视、耳闻	无异常
	导热油炉轴承壳体表面温度	温度探测仪	<80℃
	其他	目视、耳闻	无异常声音、振动

表 4-1-9　计量仪表日常检查项目及判定标准

	检查项目	检查方法	判定标准
计量仪表类	温度、压力、液面	各仪表的读数	在正常范围内

表 4-1-10　导热油炉本体定期检查项目及判定标准

检查部位	检查项目	检查方法	判定标准
炉体	炉体	目视	无伤损、变形、过热引起变色、导热油泄漏及明显腐蚀
	各管道连接处及阀门	目视	无损伤、松动、热载体泄漏及明显腐蚀
加热盘管	加热盘管及支架	炉内目视	无损伤、局部过热、泄漏、腐蚀及积灰
炉体保温	浇注炉衬	炉内目视	外观无变色、变形、脱落
	保温材料	外观目视	基础无裂缝、下沉等，螺栓无松动、腐蚀
基础结构	混凝土基础	目视	无脱落

表 4-1-11　燃烧装置定期检查项目及判定标准

检查部位	检查项目	检查方法	判定标准
燃烧器本体及其附属计量表阀门	喷嘴、气道	卸下燃烧器，目视	无变形、损耗、积灰、结垢等
	点火电极	目视	无脏污、变形
	火焰检测器	目视	仪器玻璃面无脏污，探针绝缘部位表面无积灰、液体附着
一体化风机	电流、风压	计量读数	无异常出现

表 4-1-12　自动控制系统定期检查项目及判定标准

检查部位	检查项目	检查方法	判定标准
控制柜及操作盘	柜体	目视	无松动、过热、异味
	端子	目视	无变色、生锈、发热、附着灰尘
	各种显示灯	按灯试验按钮，目视	点亮及熄灭正常
	启动及停止机构	检查显示灯及其声音	无时序紊乱
现场计量仪表	压力计	目视	指示正常
	温度计	目视	指示正常

四、燃烧器的维护保养

（1）燃烧器的表面应时常保持洁净。

（2）定期清洁燃烧器内外部的灰尘，以保持正常的燃烧效率，各挡风板处及混合管内为重点清洁部位。

（3）经常检查供气压力及流量是否正常。

第十六节　供水供热工艺

供水供热单元主要负责锅炉给水供给、生产用冷却水供给、全厂生产蒸汽供给和采暖的供给任务。

一、供水供热工艺（榆林天然气处理厂）

榆林天然气处理厂供水供热流程如图 4-1-19 所示。

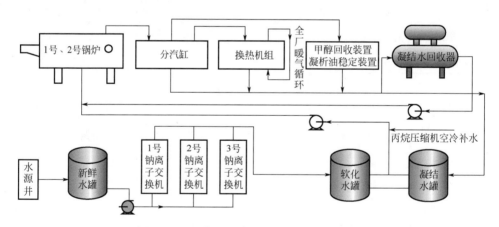

图 4-1-19　榆林天然气处理厂供水供热流程

（一）供水流程

从水源井来的新鲜水首先进入 $100m^3$ 新鲜水储罐，经软化水处理装置，除去水中的溶解氧和钙、镁离子后转为软化水，进入除氧软化水罐。软化水一路作为锅炉用水，另一路补给蒸发式冷凝器作冷却用水。

（二）供热流程

软化水经锅炉加热汽化，产生的蒸汽供给甲醇回收装置、凝析油稳定装置、汽水换热机组等；蒸汽冷凝后产生的凝结水进入凝结水回收装置或凝结水储罐，作为锅炉给水循环使用。

二、供水供热工艺（米脂天然气处理厂）

米脂天然气处理厂供水供热流程如图4-1-20所示。

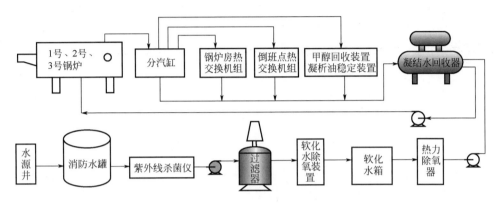

图4-1-20　米脂天然气处理厂供水供热流程

（一）供水流程

经紫外线杀菌后的新鲜水自300m³清水罐进入供热站内的多介质过滤器，经软化水装置处理后，进入储水箱。水箱中的软化水一路由冷却水补水泵输送至蒸发式冷凝器；一路由软化水泵输送至热力除氧器；除氧后的软水经除氧水泵输送至凝结水回收器，再经过凝结水回收器自带的循环水泵输送至锅炉。

（二）供热流程

由锅炉产生的压力为0.48~0.52MPa的蒸汽进入分汽缸后，分三路去往不同的用汽点。一路去倒班点热交换机组，一路去生产装置区，一路去锅炉房的热交换机组及热力除氧器。锅炉房产生的蒸汽凝结水与倒班点及生产装置区产生的凝结水汇在一起进入凝结水回收器。

三、供水供热工艺（神木天然气处理厂）

热媒系统中，导热油通过注油泵注入系统储油罐，通过补油流程充满系统管网，并使其利用热媒循环泵通过导热油炉加热至200℃后在管网内循环流通。当系统管网内的导热油温度较高、体积膨胀时，可以通过膨胀油罐回油管线退油至膨胀油罐进行储存；当系统管网内导热油有少量损耗时，也可通过膨胀油罐自流向管网内补油；当系统管网内的导热油有大量泄漏时，可以利用补油流程通过系统储油罐向管网内补充导热油。系统管网工作压力为 0.6MPa，设计回油温度为 150℃。导热油炉燃料气来自闪蒸区闪蒸气和燃料气区燃料气，调压后进炉压力为 0.3~0.4MPa。氮气在热媒系统中作为导热油炉炉膛吹扫用气，可实现灭火保护功能；同时用于对系统储罐内的导热油进行覆盖，使导热油与空气隔离，避免其与氧气接触而发生氧化，氮气进罐经调压阀组调压后压力为 0.1MPa。

第二章　空氮供风、消防供水工艺

第一节　空氮供风系统工艺概述

天然气处理厂空氮供风系统负责向全装置提供净化空气、非净化空气和氮气。净化空气为仪表用风，所以也称为仪表风或净化风，非净化空气为装置检修或开停车吹扫用风，所以也称为工厂风或非净化风，氮气为装置检修或开停车置换用风以及氮封等。净化空气是指通过压缩机增压的压缩空气，经干燥器脱除水分后的空气；非净化空气是指通过压缩机增压的压缩空气，未经干燥器脱除水分；氮气则是以空气为原料，利用物理的方法，

图4-2-1　氮气、净化风、非净化风罐

将其中的氧和氮分离后而获得的。氮气、净化风、非净化风罐如图4-2-1所示。空氮供风系统工艺流程如图4-2-2所示。

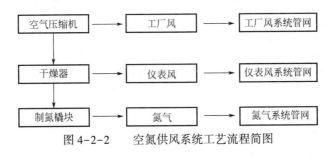

图4-2-2　空氮供风系统工艺流程简图

压缩空气是采用变压吸附的原理，利用吸附剂表面气体的分压力具有与该物质中周围气体的分压力取得平衡的特性，使吸附剂在压力下吸附，而在常压或负压下再生。随着空气被压缩，作为空气组分之一的水蒸气的分压得到相应的提高，在与表面水蒸气分压力很低的吸附剂接触时，压缩空气中的水蒸气便向吸附剂表面转移，逐步提高干燥剂表面的水蒸气分压力直至平衡，这就是吸附过程。

当同样的压缩空气压力降低时，水蒸气的分压相应降低，在遇到水蒸气分压较高的干燥剂表面时，水分便由干燥剂转向空气，干燥剂表面水蒸气的分压力逐渐降低直至达到新的平衡，这就是再生过程。

第二节　制氮知识

一、空气的组成

空气是多种气体的混合物。正常的空气成分按体积分数计算，氮气（N_2）约占78%，氧气（O_2）约占21%，稀有气体约占0.939%（氦、氖、氩、氪、氙、氡），二氧化碳（CO_2）约占0.031%，还有其他气体和杂质约占0.03%，如臭氧（O_3）、一氧化氮（NO）、二氧化氮（NO_2）、水蒸气（H_2O）等。正常大气压下，氧气含量必须保持在18%以上。而高纯度的氮气常作为保护性气体，用于隔绝氧气或空气的场所。

二、PSA 制氮橇块

PSA：变压吸附。

橇块：即橇装式设备，是指一组设备固定在一个角钢或工字钢制成的底盘上，可以实现整体迁移的设备。

PSA 制氮橇块：变压吸附制氮橇装设备，是以空气作为原料，利用变压吸附原理，使用充满微孔的分子筛选择性吸附，从而达到氧氮分离的目的。

（一）PSA 制氮橇块组成

典型的 PSA 制氮橇块通常可以分为五个基本组件：空气净化组件、空气储罐组件、氧氮分离组件、氮气缓冲罐组件、自控仪表组件。

1. 空气净化组件

碳分子筛是变压吸附制氮设备的核心部分，油中毒是碳分子筛的主要失效形式之一，对水的吸附会降低碳分子筛对氧的吸附能力，所以必须在氧氮分离之前除去压缩空气中的油水。空气净化组件将空气压缩到制氮机工作所需压力，并经过干燥机除去压缩空气中的杂质、水和油，为氧氮分离组件提供洁净的空气。

2. 空气储罐组件

空气储罐组件的作用是保证系统用气平稳（在系统切换时瞬间气流流速过快，影响空气净化效果），提高进入吸附器的压缩空气品质，有利于延长分子筛的寿命，同时在吸附塔进行工作切换时，它也为吸附塔氮氧分离短时间升压提供大量的压缩空气，保证吸附塔内压力迅速上升，保证设备的稳定运行。

3. 氧氮分离组件

氧氮分离组件的作用是以碳分子筛作为吸附剂，利用加压吸附、降压解吸的原理从空气中吸附和释放氧气，从而得到高纯度的氮气。

4. 氮气缓冲罐组件

氮气缓冲罐组件的作用是使氮气压力、纯度和流量平衡，通过氮气放空流程排空不合格氮气。

5. 自控仪表组件

自控系统通过可编程控制器预先编制好的程序指挥各阀组按时序动作，从而实现吸附、均压、解吸等系列工艺过程。该组件系统配有仪表及指示灯显示，可以观察罐体压力变化、氮气纯度以及通过指示灯点亮、熄灭观察制氮机工作状态。

（二）变压吸附原理

变压吸附（Pressure Swing Adsorption，PSA）技术是一种先进的气体分离技术，因其流程简单、运行可靠、操作简便而广泛应用于空气干燥、空气分离（提取氮气或氧气）、其他气体提纯等领域。

空气分离（提取氮气）是在装有碳分子筛（Carbon Molecular Sieves，CMS）的吸附塔中进行的。其主要原理是：由于空气中氧、氮两种气体分子在碳分子筛表面微孔的扩散速率不同，直径较小的氧分子扩散较快，较多的氧分子进入分子筛固相（微孔），直径较大的氮分子扩散较慢，进入分子筛固相（微孔）也较少，这样，在气相中就得到氮的富集成分。在吸附平衡情况下，空气压力越高，则碳分子筛的吸附量越大；反之，压力越低，则吸附量越小。

当开启进气阀时，洁净的压缩空气由吸附塔的入端经过其内的碳分子筛向出口端顺向流动，O_2、CO_2 和 H_2O 等气体组分被快速吸附，产品氮气在吸附塔的出口端得到富集并经出气阀流入氮气缓冲罐。经一段时间后，碳分子筛吸附饱和，这时，自动关闭进气阀和出气阀，吸附塔停止吸附，并对其分子筛进行再生。分子筛的再生是通过打开排气阀将吸附器内的气体逆流放空，使压力迅速下降至常压，从而脱除已吸附的 O_2、CO_2 和 H_2O 等气体组分来实现的。

吸附和解吸过程就是这样通过压力的变化来实现的，因此该工艺称为变压吸附（PSA）。为了使分子筛彻底再生，用吸附塔出口的合格氮气对 A 或 B 塔进行逆流吹扫。

（三）碳分子筛

如图 4-2-3 所示，碳分子筛的原料为椰子壳、煤炭、树脂等，第一步是先经加工后粉化，然后与基料糅合，基料是增加强度、防止破碎粉化的材料；第二

图 4-2-3　碳分子筛示意图

步是活化造孔，在 600~1000℃温度下通入活化剂，常用的活化剂有水蒸气、二氧化碳、氧气以及它们的混合气，活化剂与较为活泼的无定型碳原子进行热化学反应，以扩大比表面积逐步形成孔洞，活化造孔时间为 10~60min 不等；第三步是孔结构调节，利用化学物质的蒸气（如苯）在碳分子筛微孔壁进行沉积来调节孔的大小，使之满足要求。

碳分子筛利用筛分的特性来达到分离氧气、氮气的目的。在分子筛吸附杂质气体时，大孔和中孔只起到通道的作用，将被吸附的分子运送到微孔和亚微孔中，微孔和亚微孔才是真正起吸附作用的容积。如图 4-2-4 所示，碳分子筛内部包含有大量的微孔，这些微孔允许动力学尺寸小的分子快速扩散到孔内，同时限制大直径分子的进入。由于不同尺寸的气体分子相对扩散速率存在差异，气体混合物的组分可以被有效分离。

因此，在制造碳分子筛时，根据分子尺寸的大小，碳分子筛内部微孔分布应在 0.28~0.38nm。在该微孔尺寸范围内，氧气可以快速通过微孔孔口扩散到孔内，而氮气却很难通过微孔孔口，从而达到氧、氮分离的目的。微孔孔径大小是碳分子筛分离氧、氮的基础，如果孔径过大，氧气、氮气分子都很容易进入微孔中，起不到分离的作用；而孔径过小，氧气、氮气分子都不能进入微孔中，也起不到分离的作用。

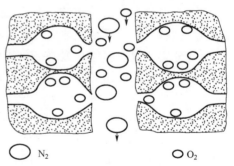

N_2　　　　　　　O_2

图 4-2-4　碳分子筛内部吸附原理示意图

（四）变压吸附工作过程

经压缩净化后的空气流经装填有碳分子筛（CMS）的吸附塔。压缩空气由下至上流经吸附塔，其间氧气分子在碳分子筛表面吸附，氮气由吸附塔上端流出，进入一个缓冲罐。经过一段时间后，吸附塔中碳分子筛被从空气中吸附的氧饱和，需进行再生。再生是通过停止吸附步骤，降低吸附塔的压力来实现的。两个吸附塔交替进行吸附和再生，从而确保氮气的连续输出。完整的变压吸附过程为：吸附、均压、解吸、吹扫。

1. 吸附

装有专用碳分子筛的吸附塔共有 A、B 两个塔。当洁净的压缩空气进入 A 塔底端经碳分子筛向出口流动时，H_2O、CO_2、O_2 被吸附，产品氮气由吸附塔出口流出。

2. 均压

经一段时间后（大约 1min），A 塔内的碳分子筛吸附饱和。这时 A 塔自动停止吸附，并对 B 塔进行一个短暂的均压过程，从而迅速提高 B 塔压力并达到提高制氮效率的目的。所谓均压就是将两塔连通，使一只塔（待解吸塔）的气体流向另一只塔（待吸附塔），最终实现两塔的气体压力基本均衡。

3. 解吸

均压完成后，A 塔通过底端出气口继续排气，将吸附塔迅速下降至常压，从而脱除已吸附的 H_2O、CO_2、O_2，实现分子筛的解吸再生。

4. 吹扫

为了使分子筛彻底再生，以 A 吸附塔出口的合格氮气对 B 塔进行逆流吹扫。

空气经空气压缩机压缩后，经过除尘、除油、干燥后，进入空气储罐，经过空气进气阀、A 塔进气阀进入 A 吸附塔，塔压力升高，压缩空气中的氧分子被碳分子筛吸附，未吸附的氮气穿过吸附床，经过 A 塔出气阀、氮气产气阀进入氮气储罐，这个过程称为 A 吸，持续时间为几十秒。A 吸过程结束后，A 吸附塔与 B 吸附塔通过上、下均压阀连通，使两塔压力达到均衡，这个过程称为均压，持续时间 2~3s。

均压结束后，压缩空气经过空气进气阀、B 塔进气阀进入 B 吸附塔，压缩空气中的氧分子被碳分子筛吸附，富集的氮气经过 B 塔出气阀、氮气产气阀进入氮气储罐，这个过程称为 B 吸，持续时间为几十秒。

同时 A 吸附塔中碳分子筛吸附的氧气通过 A 塔排气阀降压释放回大气当中，此过程称为解吸。反之 A 塔吸附时，B 塔同时也在解吸。为使分子筛中降压释放出的氧气完全排放到大气中，氮气通过一个常开的反吹扫阀吹扫正在解吸的吸附塔，把塔内的氧气吹出吸附塔，这个过程称为反吹，它与解吸是同时进行的。

第三节　空氮供风系统主要设备

一、单螺杆式空气压缩机

（一）基础知识

机组包括压缩机、电动机、气路系统、油路系统、电气控制调节系统及安全保护系统，所有部件均装在高强度结构的底架上，组成一个动力、控制为一体的完整空气压缩机箱式机组。

风冷型机组，另配风扇电动机，空气在风扇的驱动下，穿过油冷却器及气冷却器，带走压缩过程中所产生的热量。

水冷型机组，油气通过 BCY 系列二流程管壳式换热器散热，由于为箱罩式机组，另备有一个小型排风扇。

（二）压缩机基本结构和压缩原理

空气压缩机主要由一个圆柱螺杆和两个对称布置的平面星轮组成的啮合副装在机壳内组成。螺杆螺旋槽、机壳内壁和星轮片齿面构成封闭的基元容积，压缩机运转时，由螺杆带动星轮齿在螺杆槽内相对滑动，随着星轮齿的移动，封闭的基元发生变化，空气由吸气腔进入螺杆齿槽空间，当吸气封闭、压缩开始时，空气与喷入的润滑油混合压缩，达到设计排气压力值，由开在壳体上的三角口排至油气分离器内进行油气分离。

（三）压缩机的工作过程

压缩机工作过程示意图如图 4-2-5 所示。

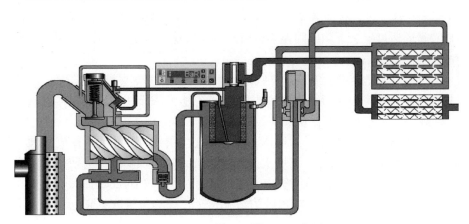

图 4-2-5　压缩机工作过程示意图

1. 吸气过程

螺杆吸气端的齿槽 a、b 及 c 均与吸气腔相通，这时各齿槽均处于吸气过程，当螺杆转到一定位置时，齿槽空间被与之相啮合的星轮片齿遮住，与吸气腔断开，吸气过程结束。

2. 压缩过程

吸气过程结束后，螺杆继续回转，随着星轮片齿沿螺杆齿槽的推进，基元容积开始缩小，实现气体的压缩过程，直到基元容积与排气三角口连通的瞬时为止。

3. 排气过程

当基元容积与排气口相连通后，由于螺杆的继续回转，进行气体的排出过程，将压缩后具有一定压力的气体送至排气接管。

（四）系统流程

1. 气路系统

气路系统包括空气滤清器、卸荷阀、空气压缩机、单向阀、油气分离器、最小压力阀、气冷却器、气水分离器、安全阀。

大气由空气滤清器滤去尘埃后，经由卸荷阀进入压缩腔压缩，并与润滑油混合，与油混合的压缩空气通过单向阀进入油气分离器，再经油气分离器芯、最小压力阀、气冷却器到气水分离器，最后送入使用系统中。

2. 主气路中各组件功能说明

1）空气滤清器

由于进气的干净与否是压缩机正常运行的关键，吸入未过滤清洁的空气会缩短油气分离器滤芯的使用寿命。若空气滤清器有灰尘迹象，应立即引起重视并予以纠正。空气滤清器为干式纸质过滤器，过滤纸细孔度约为 $15\mu m$，通常每 500h 应取下清除表面的尘埃。有些机型空气滤清器装有一个压差发讯器，如果仪表盘上显示空气滤清器堵塞，即表示空气滤清器必须清洁或更换。

2）卸荷阀

压缩机启动时，卸荷阀处于关闭状态，使压缩机在无负载情况下启动，降低了电动机启动时的电流，便于电动机的正常工作。由于卸荷阀本体带有空载进气口，避免了压缩机机体内的过真空。

3）空气压缩机

单螺杆式压缩机，因其力平衡性好，轴承负荷小，星轮片与螺杆的啮合实际上不相接触（润滑油的滑动摩擦力作用），所以磨损极微，寿命很长，在排气量为 $3\sim40m^3/min$ 范围内，其效率和噪声水平等方面都优于其他回转式压缩机的同类参数。同时由于螺杆上有 6 个螺旋槽，对应配置的两个星轮体组件，将每个螺旋槽分隔为上下两个空间，各自实现吸气、压缩、排气过程，因此螺杆式压缩机相当于一台六缸双作用的往复式空气压缩机，螺杆每旋转一周产生 12 个压缩循环，每分钟排气达 36000 次。它提供稳定无脉动的压缩空气，充分显示出单螺杆压缩机在结构上具有的合理性和先进性。

4）油气分离器

油气分离器主要由筒体、粗分体、油精分离滤芯、回油管组件等组成。空气压缩机排出的油气混合气体切向进入筒体，沿筒内壁流动，在离心力作用下，油滴聚合在内壁上，然后油气混合气上返，油滴沉降。这样利用旋风分离法和上返分离法使绝大部分油得以分离出来，并沉降到筒体底部（即油箱）。

含有少量油雾的气体进一步流入分离器滤芯时，滤芯对气体中的油雾进行最后的拦截和聚合，进行精分离，形成的油滴下沉在底部，经回油管及节流片，返回到空气压缩机进气低压部分。通过最小压力阀排出的气体是纯净高品质的压缩空气。

每个油气分离器下面有根放油管，以备平时放冷凝水和换油用。桶上还有一个加油孔，可供加油用。

回油管组件中，节流片的作用是使被精分离滤芯分离出来的油在压差作用下，全部被及时抽走，而又不让太多的压缩空气放走。

如果回油管不畅通或节流孔被堵，精分离滤芯内会积油，严重影响分离效果，导致排气含油量过高或油耗增加。

5）最小压力阀

最小压力阀由阀体、阀芯、筒体、弹簧等组成，连接在油气分离器筒体盖板上，开启压力一般为 0.4MPa 左右。最小压力阀的功能如下：

（1）优先建立起润滑油所需的循环压力，确保机体的润滑。

（2）由于保持了最小压力阀的开启压力，这就保证油气混合气体以比较正常的流速通过精分离器滤芯，确保较好的分离效果。

（3）具有止逆作用，防止管道中的气体向油气分离器倒流。

6）气冷却器

风冷式机型的气冷却器，一般使用高效板翅式冷却器，其排气温度一般在大气温度（+15℃）以下。风冷式的空气压缩机对环境温度条件较敏感，选择放置场所时，最好注意环境的通风条件。

水冷式机型的气冷却器，则使用管壳式冷却器，用水来冷却压缩空气。注意冷却入口水温不得超过 35℃。水冷式空气压缩机对环境温度条件不是很敏感，但对冷却水质有一定的要求，最好是中性水，如果 pH 值太高，冷却器易结垢而堵塞，若 pH 值太低，易腐蚀冷却器内部的铜质材料。

7）气水分离器

旋风分离式的气水分离器，可自动除去因空气冷却之后所析出的水分、油滴及杂质等。压缩空气经过气水分离器排出后即可直接送至各用户单位。

8）安全阀

当系统压力设定不当或失灵而使油气分离器筒内的压力比额定排气压力高出 10% 以上时，安全阀即会自动打开，使压力降至设定排气压力以下。

3. 油路系统

油路系统包括油箱（油气分离器底部）、油冷却器、油滤清器、断油阀、温控阀等。

油气分离器的下部起油箱的作用，并有加油盖、放油塞、油位计。

　　没有油泵的机组，润滑油的循环是借助滤芯前压力与主机喷油口所产生的压力差进行的。当空气压缩机运转时，油气分离器中的气体，在最小压力阀的作用下，首先建立起压力，迫使润滑油通过油冷却器，再经油滤清器，进入断油阀，对主机上、下喷油孔供油，以带走空气在被压缩过程中所产生的热量，同时对主机工作腔进行润滑及密封，减少内部泄漏。

　　喷入压缩机的油与空气混合后被压缩，再经排气单向阀重新进入油气分离器。

　　1）油冷却器

　　油冷却器与空气冷却器的冷却方式相同，有风冷与水冷两种冷却方式。若环境状况不佳，则风冷式冷却器的翅片易受灰尘覆盖而影响冷却效果，油气温度过高而致跳机。因此每到一定时期，要用低压空气将翅片表面的灰尘吹掉，若无法吹干净则必须以溶剂来清洗，务必保持冷却器散热表面的干净。

　　管壳式的冷却器在堵塞时，必须用溶剂浸泡，且以机械方式将堵塞在管内的结垢清除，确保完全清洗干净。

　　2）油滤清器

　　油滤清器采用装有压差发讯器的油滤清器总成，其功能是除去油中杂质而保持润滑油的清洁，对星轮体和蜗杆的运转起保护作用。如果滤清器堵塞，将导致主机供油不足，使油气温度升高，从而影响主机各运动件的寿命。

　　当油滤清器堵塞时，差压发讯器发出指示，信号灯亮，应及时停机检查或更换。

　　3）断油阀

　　断油阀主要由阀体、阀芯、浮动塞、弹簧等主要元件组成。

　　断油阀是压缩机中的重要部件之一，其工作原理是：开车瞬间，主机高压区即向断油阀端部供气，克服弹簧压力，推开浮动塞，即打开断油阀阀芯，开始供油。

　　日常保养时，要检查和清洗断油阀，如油质不合格，可能会导致断油阀阀芯卡死，使主机供油不足或失油，这样会对主机的使用和寿命产生严重的影响。

　　机组运行时，断油阀始终是开着的，机组停车后，断油阀关闭，以防止油涌入机壳内。

　　4）温控阀

　　水冷型空气压缩机在冷却器前方，均配置温控阀。其作用是控制润滑油经过冷却器的旁通流量，保证压缩机在负荷运行时的油气温度高于露点温度，因为较低的喷油温度会使主机的油气温度过低，在油气分离器及冷却器中析出冷凝水，而不易被气路系统带出，进而恶化润滑油的品质，缩短其使用寿命。

　　其工作原理：刚开始时，润滑油温度很低，润滑油经旁通（不经油冷却器）、油滤清器、断油阀直接进入主机；若油气温度升至71℃时，温控阀内感温元件伸长，推动阀芯在壳体内移动，开始关小旁路通道，逐步打开通向油冷却器的通道。两个通道流通面积（油流量）的比例，由油气温度决定。当油气温度达到85℃时，旁通口关闭，润滑油全部流过油冷却器进行油路循环。

油管上的阀门是为维修的便利而设置的，正常运行时，严禁关闭，若需关闭此阀门，应去掉温控阀的阀芯后方可关闭。

（五）常见故障排除

空氮供风系统主要设备常见故障及处理方法见表4-2-1、表4-2-2。

表4-2-1　空气压缩机常见故障及处理方法

故障现象	故障原因	排除方法
空气压缩机不能满负载运转	气管路上压力超过额定负载压力，压力控制器断开；卸荷指示灯亮，处于卸荷状态	不必采取措施，气管路上的压力低于控制负载（复位）压力时，空气压缩机会自动加载
	电磁阀失灵	拆卸电磁阀与卸载阀之间的连接管路，如有负载、气路不通或气路很小，则修理或必要时进行更换
	压力控制阀失灵	检查，必要时更换
	油气分离器与卸荷阀间的控制管路上泄漏	检查管路及连接处，若有泄漏则需修理
	卸荷阀不开启	从卸荷阀上卸下盖，取出阀体并检查，如需要，则予以更换。盖是由两长两短螺栓紧固的，先拆下短的，再拆长的，且应交替地旋出长螺栓，松开弹簧
	放气阀不灵	检查，必要时更换
排气压力已超过规定值，而空气压缩机未卸载，安全阀已泄放	压力控制器整定值不适当（切断过迟）	检查、修理
	与压力控制器相连接的管接头处漏气	检查、修理
	电磁阀失灵	检查、修理
	卸载阀不关闭	检查、修理
耗油过多，从水气分离器排放的冷凝液呈乳化状	油位过高	检查油位，泄掉气体压力后放油至正常油位
	油气分离器滤芯处回油管接头中的节流孔阻塞	清洁节流孔
	泡沫过多	换用推荐的正确牌号的油
	油气分离器滤芯失效	检查、修理
	排气压力低	检查并设法提高排气压力，减少用气量
	最小压力阀弹簧疲劳（压力不能维持）	更换
	油气温度低于65℃	增加用气量，调节容调阀，减少负载

故障现象	故障原因	排除方法
排气量、排气压力低于规定值	耗气量超过排气量	检查相连接的用气设备，消除泄漏点或减少用气量
	空气滤清器滤芯堵塞	检查，必要时应清洁或更换滤芯
	油气分离器与卸载阀间的控制管路上有泄漏	检查、修理
	放空阀失灵	拆放空阀与卸载阀之间的连接管路，如在负载运行时漏气，则更换放气阀
	卸载阀不全开	检查、修理
	安全阀泄漏	拆下检查，如修理后仍不密封则更换
	容调阀提前动作	与制造商联系，协商后检查修理
停车后空气油雾从空气滤清器中大量喷出	排气单相阀泄漏或损坏	检查，如有必要则更换，并应同时更换空气滤清器滤芯
	断油阀泄漏或损坏	检查、修理，且更换空气滤清器滤芯
	非正常停车	检查
	放空阀未放空	检查、修理、更换
	最小压力阀泄漏	拆下检查阀片及阀座、修理或更换
	卸载阀未关严（滤芯前压力太高）	检查、修理、更换
油气温度高，机器超温停车	冷却效果不好	改善机房通风，清洁散热器散热面
	油冷却器内部堵塞	检查，必要时清洗
	油位过低，油量不足	检查，必要时加油，但不允许加油过多
	智能型温控仪不在规定值处	调整到规定温度，没有制造商许可，不允许调高
	断油阀失灵，处于关闭位置（温度直线上升）	检查修理
	空气滤清器不清洁或堵塞	以低压空气吹扫或更换
	油滤清器堵塞	更换油滤清器
	润滑油品质、性能下降	更换
	油管路有堵塞现象，造成润滑油流量不足	检查、修理
	温控阀故障或卡死	检修
	冷却风机不转或反转	检修
加载后安全阀马上泄放	安全阀失灵	检查、更换损坏的零部件
	最小压力阀机构故障（打不开）	检查，必要时更换

续表

故障现象	故障原因	排除方法
空气压缩机卸载，但排气压力仍缓慢上升，安全阀已泄放	放气阀失灵	检查，必要时更换
	卸载阀机构故障（打不开）	检查、修理、更换
空气压缩机不能负载工作，滤芯前压力建立不起来	最小压力阀失灵（泄漏）	检查、修理
	滑阀失灵（泄漏）	检查、修理
	疏水器失灵（泄漏）	修理，0.15MPa下泄漏为正常
	控制系统管路泄漏	修理
	放空阀失灵	检查、修理
	电磁阀失灵	检查、修理、更换
	电磁阀未得电	检查电路
卸负载频繁	控制管路泄漏	检查、修理
	压力控制器压差太小	检查、修理
	压力采样管轻微堵塞或泄漏，压力衰减过快	检查、修理
	空气消耗量不稳定	增大储气罐容量

表 4-2-2　电气系统常见故障及处理方法

故障现象	故障原因	排除方法
无法启动	熔断丝烧坏	检查或更换
	过载继电器动作	拉下复位杆
	中间继电器故障	检修或更换
	按钮接触不良	修理或更换
	电压太低	检查、调整
	电动机故障	检查或更换
	空气压缩机主机故障	与制造商联系协商后检查修理
	断相缺相保护器动作	检查
电动机 Y 型启动以后，不切换△型运行，运行指示灯不亮	时间继电器 KT1 损坏	检查时间继电器 KT1，确认损坏后更换
运转电流高	电压太低	检查、调整
	排气压力太高	检查、调整
	空气压缩机主机故障	与制造商联系协商后检查修理
	油滤清器堵塞	检查、调整

故障现象	故障原因	排除方法
在达到卸载延时后，仍未停车	时间继电器 KT2 损坏	检查时间继电器 KT2，若损坏，应更换
按下停车按钮，电动机延时停车不符合规定	时间继电器 KT3 失灵	调整到整定值，若有必要，予以更换

（六）维护保养

空气压缩机的维护保养周期及内容见表 4-2-3。

表 4-2-3　空压机维护保养周期及内容

保养周期	运行时间（h）	保养内容
每日		启动前及运行期间检查油位
		检查空气压缩机油气温度
		在负载运行时检查从气水分离器排出的冷凝液
		检查卸载和负载压力
		检查工时累计仪的计数是否正确
		每天工作结束后排放冷凝液
每周		检查油的泄漏情况，若有泄漏，应予以修理
		清洁机组内部，检查油气分离滤芯阻力
		检查所有管路、软管和管接头，有无泄漏或明显损坏
		检查空气过滤器中堆积的灰尘
每三个月		手动检查安全阀，检查冷却器、清除表面灰尘
	500	检查并吹扫空气滤清器滤芯
	500	在负载情况下，检查气水分离器是否有冷凝液并及时排除
	500	新机运转 500h 后，更换油滤清器及压缩机润滑油
	500	检查调整传动带松紧度，检查断油阀、温控阀
每年	1000	检查安全阀
	1000	检查温度计、电气系统
	2000	检查油滤清器压差开关
	2000	更换油滤清器滤芯
	2500	检查弹性联轴器零件或传动带
	1500~2500	换油（电动机加润滑脂）
	5000	换油滤清器滤芯
	5000	更换润滑油

二、SLAD 系列无热再生吸附式压缩空气干燥机

(一) 主要技术参数

进气温度：≤45℃；

进气含油量：≤0.1mL/m³；

工作压力：0~1.0MPa；

成品气露点：≤-40℃；

工作周期：10min；

再生气量：≤12%。

(二) 原理

SLDA 系列无热再生吸附式压缩空气干燥机是利用多孔性固体物质（惰性氧化铝）表面的分子力来吸取气体中的水分，从而获得较低露点温度、更干燥、洁净气体的净化设备。

根据变压吸附原理（PSA），利用干燥剂表面与空气中水蒸气分压取得平衡的特性，将空气中的水分吸附，从而达到去除压缩空气中水分的目的。干燥机为双塔结构，当空气流经一个塔被干燥时，另一个塔则通以微量干燥压缩空气，采用降压、吹洗的方法，使已经吸附了水分的干燥剂进行解吸再生，即干燥剂解吸并将水分排出机外。双塔交替连续工作输出干燥洁净的压缩空气。其净化空气含水量可达露点-40℃以下，从而获得深度干燥的无水无油的高纯度压缩空气。

(三) 工艺过程

如图 4-2-6 所示，当饱和状态的压缩空气经气动阀进入 A 塔吸附干燥处理，

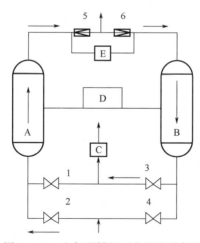

图 4-2-6 空气干燥机工艺流程示意图

1, 2, 3, 4—气动阀；5, 6—止回阀；A，B—吸附筒；C—消音器；D—程序控制器；E—节流调节器

出口空气含水降至露点温度-40℃（即成为干燥成品气），88％的干燥空气经止回阀输入成品空气管线（或再经除尘过滤器至用户），另一部分干燥空气（再生气）通过孔板进入 B 塔对吸附过的吸附剂进行解吸再生，经另一只气动阀通过消音器排至大气，此为半个周期，约为 5min，下半周期则 B 塔进行吸附干燥，A塔进行解吸再生，一个周期时间为 10min。

（四）故障分析与排除

空气干燥机常见故障及处理方法见表 4-2-4。

表 4-2-4　空气干燥机常见故障及处理方法

故障	原因	处理
干燥空气出口露点过高	流量超过额定处理量	控制流量
	进气压力偏低，温度超高	控制压力、温度
	吸附剂失效：使用期超期，吸附剂被污染	更换吸附剂（一般每 3 年更换一次）
	过滤器失效	更换过滤器
吸附剂提前失效	再生风量不足	检查、更换、检修
	排气消音器阻塞	更换、检修
	止回阀有损	检查、检修
	过滤器滤芯失效	更换滤芯
再生时间不足	程序控制器有损	检修、更换
干燥塔压力无法上升	蓄压过程中排气阀不能关闭	维修、更换
	出口使用风量超过干燥机最大处理量	检查、维修
再生塔内压力不能下降	消音排气阀阻塞	调整检查
	排气阀失灵	检查、维修
	控制器失灵	检查、维修
	泄压过程中，电磁阀没有打开	检查电源、电磁阀
再生气量过大	入口空气阀没有关闭	维修、更换
	逆止阀不能全关	维修、更换
出口空气灰尘太多	程控器失效造成转换时间失控，空气在塔内因压力不定造成吸附剂撞击翻滚	更换、检查、维修
	再生阀全关时，压力瞬间变化造成吸附剂滚动	检查、维修

第四节　消防供水系统工艺概述

一、消防供水系统工艺流程描述（榆林天然气处理厂）

供水单元主要负责全厂消防泡沫液、消防用水、中控楼生活用水的供给任务。从水源井来的新鲜水首先进入两具 400m³ 消防水储罐，然后分为三路，一路经消防水泵加压后进入全厂消防水管网；一路经消防水泵加压后进入压力式空气泡沫比例混合装置，与消防泡沫液混合后进入消防泡沫管网；另一路经生活水泵加压后进入中控楼生活水管网，也可为消防管网系统补水，如图 4-2-7 所示。

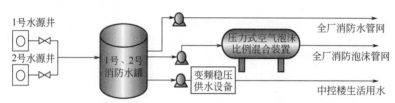

图 4-2-7　榆林天然气处理厂消防供水系统工艺流程图

二、消防供水系统工艺流程描述（米脂天然气处理厂）

从水源井来的新鲜水，经立式除砂器后首先进入两具消防水罐，然后分为三路，一路经消防水泵加压后进入全厂消防水管网；一路经消防水泵加压后进入压力式空气泡沫比例混合装置，与消防泡沫液混合后进入消防泡沫管网；另一路经生活水泵加压后，再经变频恒压供水设备、紫外线杀菌仪杀菌后进入全厂生产、生活水管网，如图 4-2-8 所示。

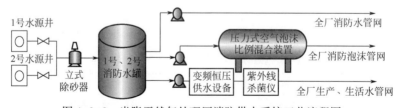

图 4-2-8　米脂天然气处理厂消防供水系统工艺流程图

三、消防供水系统工艺流程描述（神木天然气处理厂）

神木天然气处理厂建供水站 1 座，水源井 2 口，采取水源直供方式。供水泵房与消防泵房合建，建有 100m³ 新鲜水罐 1 具，700m³ 消防水罐 1 具，变流稳压供水设备2套，消防冷却供水泵2台（1用1备）。主要承担装置区、综合办公区及前线保障点的生产、生活用水的储备及供水任务，以及神木天然气处理厂前线倒班点的消防用水的储备任务。供水站设有净化水装置间，净化后的水直接为保障点供水。

由三口水源井来的新鲜水经水源总管进入700m³消防水罐和100m³新鲜水罐，供全厂用水。700m³消防水罐为消防给水管网和原水给水管网储备水源；100m³新鲜水罐为生活用水（净化水）管网储备水源。消防管网承担神木天然气处理厂及前线倒班点的消防用水给水任务，水源自700m³消防水罐导入两台消防泵（一备一用）进口，由消防泵打入消防水管网；原水管网承担神木天然气处理厂及前线倒班点的原水给水任务，水源自700m³消防水罐导入原水管网变频稳压供水设备，由该设备向下游管网稳压供水；生活用水（净化水）管网承担前线倒班点生活用水的给水任务，水源自100m³新鲜水罐进入供水站净化水装置，经处理合格后储存在12m³净化水箱内，再经净化水装置变频稳压供水设备向管网供水，如图4-2-9所示。供水站设备及罐体排污排向处理厂生活污水提升池。

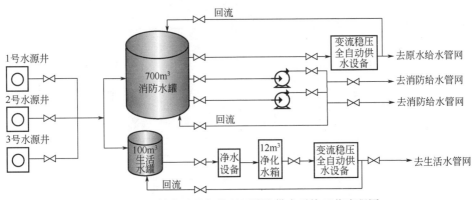

图4-2-9　神木天然气处理厂消防供水系统工艺流程图

第五节　消防供水系统主要设备

一、压力式空气泡沫比例混合装置

本装置为隔膜型（胶囊型）储罐压力式空气泡沫比例混合装置。

（一）主要性能参数

设备型号：pHZY6/32/30；

贮罐容积：3000L；

进出口通径：100mm；

工作温度：≤40℃；

工作压力：0.6～1.2MPa；

混合比：6%；

混合液流量范围：16～80L/s。

(二) 装置组成、工作原理及特点

1. 装置组成

整套设备由罐体、混合器、进水管路、出液管路、排气管路、排液管路、位标、压力表和安全阀等组成，如图4-2-10所示。

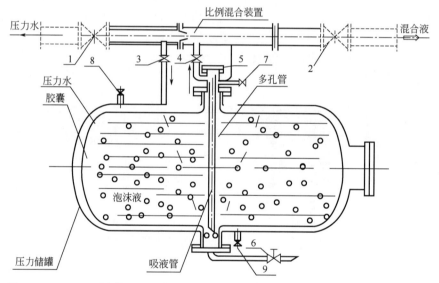

图4-2-10　pHZY隔膜型（胶囊型）储罐压力式空气泡沫比例混合装置结构原理图

1—进口阀；2—出口阀；3—进水阀；4—出液阀；5—加注泡沫液法兰盖；

6—排液阀；7—胶囊排气阀；8—排气阀；9—排水阀

2. 工作原理

比例混合器可使水和泡沫液自动按一定比例混合。当压力水通过比例混合器时，一部分水通过进水阀管路进入储罐水腔，挤压胶囊，因喷嘴前后微小的压差，使得胶囊内的泡沫液经吸液管被挤出与水混合成为泡沫混合液流，经泡沫产生器或其他喷射设备喷出泡沫进行灭火工作。

3. 特点

储罐内有一橡胶制成的胶囊，使水与泡沫液隔开，每次使用后，罐内水和泡

沫液没能混合而保持原来泡沫液的性能不变，可以继续使用，避免了泡沫液的浪费。该装置具有安全可靠、灭火效率高等优点，适用于石化企业、油库、输油码头、机场等重要工程场所。

（三）维护与保养

（1）经常检查法兰盖是否密封，各阀门动作是否灵活可靠。

（2）灌装泡沫液时，应保持罐内清洁，不得与油类或其他泡沫液相混，不应与老化的泡沫液混合使用。

（3）泡沫液不得让阳光直晒，并储藏于温差小的场地，少与空气接触。凡储存超过两年的泡沫液，使用前应抽样检验，合格后方可使用。对于失效的泡沫液应及时更新，并且记录更换新泡沫的日期。

（4）装有胶囊的储罐应每隔半年作一次检漏试验。试验方法是开启罐的排空阀，如果有泡沫液排出，则证明胶囊有损，应及时修补或更换。

（5）在更换泡沫液时，应对该灭火系统作一次泡沫喷射模拟试验，以检查消防泵（图4-2-11）、比例混合装置以及泡沫产生器等设备的工况是否正常可靠，如有异常应及时检修。

图4-2-11　消防泵

（6）更换失效泡沫液时，应对装置进行全面清洗。清洗胶囊的方法如下：

① 先放尽胶囊内剩余泡沫液，然后开启水腔排水阀，再从胶囊排气阀接通压缩空气（压力0.02~0.1MPa），开启罐体下部排液阀，把胶囊内泡沫残液吹尽。

② 关闭罐体下部排液阀，开罐体上部排气阀，从加液口向胶囊加满清水清洗胶囊内表面，然后开罐体下部排放阀，从胶囊排气阀接通压缩空气将水挤出，并继续用压缩空气吹喷胶囊30min，把胶囊内水分彻底吹干，重新灌装泡沫液。

（四）充装介质特性

本装置充装介质为6%AFFF型环保型水成膜泡沫灭火剂，本品为温度敏感性泡沫灭火剂，适用于淡水和海水，不受冻结和融化影响，对人体无刺激、无伤害，对环境无危害，可自然降解。皮肤或眼睛接触后，用大量流动清水清洗，严重时就医。

6%AFFF 型环保型水成膜泡沫灭火剂由氟表面活性剂、碳氢表面活性剂、溶剂、活性剂、抗冻剂、稳定剂等多组分配合而成，通过泡沫比例混合装置与水混合，与水混合体积比为 6∶94，即 6 份泡沫液，94 份水。

在灭火过程中水成膜泡沫灭火剂通过消防泡沫罐混合后，输出的泡沫混合液经泡沫产生的喷射设备产生灭火泡沫，喷射到燃烧的油面时，泡沫在油面上散开，并在油面上形成一层封闭性很好的化学保护膜，隔离并阻断燃烧物与空气的接触，并使泡沫迅速向尚未直接喷射到的区域扩散，靠泡沫和保护膜双重作用，进一步灭火。该类水成膜泡沫液产生的灭火泡沫附着力强、密度高、持久性长、灭火快、隔热和防热辐射效果好，可有效控制可燃物的复燃，提高了现场灭火的效率。

二、反渗透净化水装置

(一) 设备原理

反渗透是指施加足够的压力使溶液中的溶剂通过反渗透膜而分离出来。当施加的压力等于溶液的天然渗透压，则溶剂的流动不会发生；当施加的压力大于溶液的天然渗透压，稀溶液的溶剂流向浓溶液。当施加的压力大于溶液的天然渗透压，溶剂从反渗透膜通过，在相反的一侧形成稀溶液，而在加压的一侧形成浓度更高的溶液，从而有效地去除水中的溶解盐类、微生物、有机物等。反渗透过程是一个与自然渗透现象相反的渗透过程，是以压力差为推动力的膜分离技术，反渗透净化水的原理就是在原水中施加大于反渗透膜的压力，使渗透向相反的方向进行，把原水中的水分子压到膜的另一边，变成洁净的水，从而达到除去水中盐分的目的。反渗透净化水流程及消防反渗透清洗箱分别如图 4-2-12、图 4-2-13 所示。

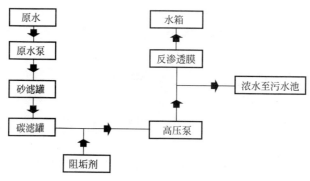

图 4-2-12　反渗透净化水流程简易流程图

图 4-2-13　消防反渗透清洗箱

（二）操作

1. 开机前准备工作

该设备需用 AC380V 三相四线（或者五线）电源，检查进线电源线电压和相电压，正确无误后将断路器合闸。系统上电后，红色急停/电源指示灯亮，触摸屏显示待机界面。系统上电后触摸屏进入功能选择画面（图 4-2-14），可以选择手动或者自动控制方式、控制参数设定或帮助。设备首次使用时，先进入控制参数设定画面，设置好相关的参数，再进入手动控制方式调试好各个运行单元，将过滤器设置到正洗或反洗状态，过滤器自动进行清洗再生，观察正洗排放的水清澈、无杂质，设备即可投入运行。

图 4-2-14　净水机组功能选择画面

2. 设备的手动控制运行状态

手动控制可以对每台泵、电磁阀进行独立的启动和停止。点击功能选择画面中的手动控制方式按钮，进入手动控制运行画面（图 4-2-15）。点击进水阀开按钮，进水阀打开，进水阀按钮框由红色变为绿色，点击进水阀关按钮，进水阀关闭，进水阀关按钮框由绿色变为红色。其他泵或电磁阀的启停操作及显示状态与进水阀的启停及显示状态相同。点击返回按钮，退出手动控制运行画面，返回到功能选择画面。

手动控制状态未介入各种连锁和保护信号，运行时需要相关人员在场，随时检查设备，以免造成损失。

3. 控制参数设定

设备首次自动控制运行前或 PLC 断电超过 100h，均需要重新设定控制参数。

在功能选择画面中点击控制参数设定按钮，弹出输入密码对话框，点击密码输入区域，弹出数字输入键盘，输入 8888。按 ENT 键，密码输入确认并关闭数字输入键盘和密码输入对话框。按 ESC 键关闭数字输入键盘，按密码输入对话框中的返回键，返回到功能选择画面。密码输入完成后按 ENT 键确认，如果密码输入正确，则在画面中出现控制参数设定键，否则弹出密码输入错误对话框。点击控制参数设定键，进入控制参数设定画面（图 4-2-16）。

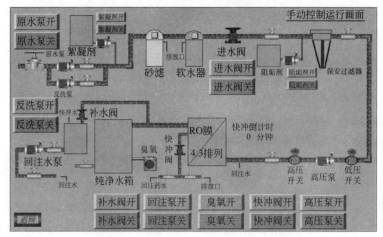

图 4-2-15　净水机组手动控制运行画面

纯净水控制参数设定画面	
高压泵延时启动时间	8　s
低压保护延时动作时间	6　s
快冲运行间隔时间	120　min
快冲运行时间	60　s
回注最长运行时间	10　min
臭氧运行时间	20　min
臭氧停止时间	30　min

图 4-2-16　净水机组纯净水控制参数设定画面

　　点击所要设定的区域，弹出数字输入键盘，设定完相应值后点击返回按钮，进入功能选择画面。

　　需要设定的参数如下：

　　（1）高压泵延时启动时间，单位为 s。原水泵启动后开始计时，到达该设定时间后，高压泵启动。

　　（2）低压保护延时动作时间，单位为 s。原水泵启动后，高压泵前的压力低于压力开关设定的压力值后开始计时，持续低压时间超过该设定时间后，输出报警。

（3）快冲运行间隔时间，单位为 min。上次快冲结束后开始计时，到达该设定时间后，发出快冲信号。

（4）快冲运行时间，单位为 s。快冲电磁阀打开后，开始计时，到达该设定时间后，停止快冲。

（5）回注最长运行时间，单位为 min。

打开回注电磁阀，同时启动纯水泵，开始计时，到达该设定时间后，回注结束。回注泵的正常停止受回注水箱低液位控制，该时间设定起到异常状态下回注水箱不能发出低液位信号时的保护作用，该时间设定值要大于正常回注的时间。

（6）臭氧运行时间，单位为 min。臭氧发生器的运行时间。

（7）臭氧停止时间，单位为 min。臭氧发生器的停止时间。为保证杀菌效果和水中不产生臭氧异味，请合理设置臭氧发生器的间隔运行时间。

4. 设备的启停操作

点击功能选择画面中的自动控制方式按钮，进入自动运行画面（图 4-2-17）。

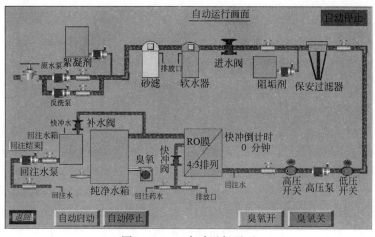

图 4-2-17　自动运行画面

点击绿色自动启动按钮，设备进入自动运行状态，自动运行后设备启动过程如下：

（1）右上角自动停止标志变为绿色，并滚动显示设备自动运行中。

（2）原水泵启动。

（3）进水阀打开。

（4）到达设定的高压泵延时启动时间后，高压泵启动。

（5）絮凝剂和阻垢剂加药泵启动，药箱低液位后加药泵停止，并发出报警。

（6）臭氧杀菌器启动，根据设定时间间歇启停。可按动臭氧开按钮或臭氧关按钮启停臭氧发生器。

（7）回注水箱补水阀打开，水箱满后自动关闭。

（8）画面显示快冲倒计时，计时时间到后，加药计量泵停止，快冲阀打开进行快冲，快冲完成后正常产水。

（9）过滤器发出反洗信号后，停止产水系统，反洗泵启动，过滤器执行反洗运行，反洗完成后反洗泵停止，进入正常产水。

（10）纯水箱满后，设备进行快冲，快冲完成后，启动回注泵，当回注水箱到低液位后，回注结束，设备自动停止。当纯水箱到低液位时产水系统自动启动。

（11）当高压泵前低压报警或高压泵后高压报警，产水系统运行停止，并发出报警，故障排除后，需要点击报警画面上的故障复位按钮，再点击自动启动按钮启动设备。

点击红色自动停止按钮，设备停止运行，设备停止过程如下：

（1）停止絮凝剂和阻垢剂加药泵。

（2）回注水箱的补水阀关闭。

（3）打开快冲阀。

（4）到达设定的快冲运行时间后，快冲完成。快冲阀、进水阀和臭氧杀菌器关闭。

（5）停止原水泵和高压泵。

（6）快冲完成后，回注泵启动，回注水箱到低液位后，回注泵停止。

5. 过滤器控制阀操作

石英砂过滤器采用时间控制阀，软水器采用流量控制阀，在时间控制阀上可设置反洗间隔天数和运行时间，流量控制阀则是根据实际流量进行自动控制反洗。手动操作时将石英砂过滤器和软水器机头控制阀旋钮旋转至再生反洗挡，然后手动开启原水泵，开始再生反洗。反洗完成后，手动停止原水泵，并将机头控制阀旋钮旋转至工作挡。在自动状态下，过滤器机头控制器发出再生反洗信号，设备处于再生状态，再生时自动停止加药泵和产水系统，画面上弹出反洗状态窗口。再生信号消失后，设备进入正常运行状态。

6. 低压报警

当高压泵前管道压力值低于低压开关设定的值，并且低压持续时间超过设定的低压保护延时动作时间后自动停止产水系统。低压开关图标方框变为红色，柜体面板上的闪光蜂鸣器发出报警声，控制画面上弹出报警对话框，对话框中有故障处理办法，如图4-2-18所示。报警产生后，应根据画面提示检查管路和原水泵，故障排除后手动复位触摸屏上弹出的故障报警画面，再重新启动设备。该低压报警值在低压开关上设定，一般设定0.1MPa，低压延时报警时间在触摸屏上设定，一般为 10s。

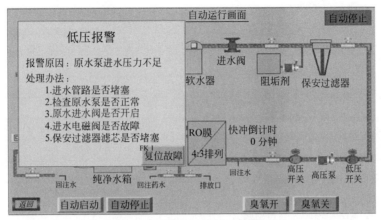

图 4-2-18　自动运行低压报警画面

7. 高压报警

设备运行后，高压泵后压力高于设定值时，闪光蜂鸣器发出声光报警，并自动停止产水设备，高压开关图标方框变为红色，触摸屏上弹出故障报警画面，画面显示报警内容和处理办法（图 4-2-19）。报警产生后，应根据画面提示检查管路和反渗透膜，故障排除后手动复位触摸屏上弹出的故障报警画面，再重新启动设备。该高压报警值在高压开关上设定，一般设定 1.0MPa。

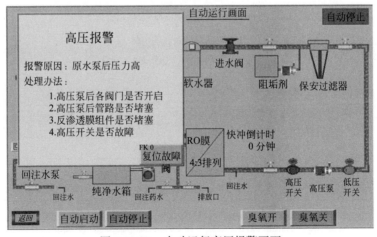

图 4-2-19　自动运行高压报警画面

（三）常见故障及处理措施

设备常见故障及处理措施见表 4-2-5、表 4-2-6。

表 4-2-5　故障描述及处理措施

序号	故障描述	处理措施
1	急停按钮上电源指示灯不亮	将控制柜内所有断路器合闸
		用万用表检查三相电源，线电压是否为380V；检查熔断器熔芯是否烧断
		释放急停按钮
		检查急停按钮上指示灯是否烧坏
2	触摸屏无法上电	检查开关电源、触摸屏供电是否正常（DC24V）
		检查触摸屏背板内的熔芯是否烧断
3	触摸屏提示无法连接PLC	检查PLC供电是否正常（AC220V）
		检查触摸屏和PLC通信端口线是否插紧
4	PLC有输入无输出，黄色STOP指示灯亮	检查PLC模式选择开关，将选择开关拨至RUN位
5	泵接触器无法吸合	检查热继电器是否热保护，按热继电器上的蓝色复位键
		检查PLC是否有输出
6	泵接触器吸合，但泵不转动	检查三相电源是否缺相
		检查接触器触点吸合是否牢靠
		检查泵是否负载过大堵转
		检查泵是否断相烧坏
7	电磁阀打不开	检查PLC是否有输出
		检查中间继电器是否动作
		检查电磁阀是否烧坏
8	低压报警	检查原水变频系统是否启动
		检查进水电磁阀是否打开
		检查管路球阀是否打开
		检查低压开关设定是否合适
9	高压报警	高压泵后球阀是否关闭
		检查反渗透膜是否污堵
		检查高压开关设定是否合适

表 4-2-6　运行故障分析及排除

序号	系统出现的症状	可能的原因	解决问题的办法
1	高压泵联轴器漏水	机械密封损坏	更换机械密封
2	膜端头漏水	密封圈损坏	更换密封圈
3	纯水产量下降	反渗透膜受污染	化学洗膜

序号	系统出现的症状	可能的原因	解决问题的办法
4	产品水电导率升高	反渗透膜受到污染	化学洗膜
5	原水压力过低	供水设备未启动	开启原水泵

三、变频稳压供水装置

(一) 设备概述

HYG/Q 系列变流稳压供水设备是以 ABB 变频器为控制核心、根据设定值自动调节供水管道压力的设备，为下游原水及净化水管网提供稳压稳流水源，如图 4-2-20 所示。

(二) 设备原理

设备通过给定压力值和供水管道实际压力反馈值进行 PID 调节，自动调整输出

图 4-2-20　变频稳压供水装置实物图

频率控制水泵的转速，使管道压力始终恒定为给定值。当无用水需求时，由气压罐保压，当有用水需求时，自动启动小流量生活供水泵；当用水需求处于高峰期时，小流量生活供水泵不能满足供水需求（或故障）时自动启动大流量生活供水泵向系统供水，同时关闭小流量生活供水泵。1 台大泵不能满足供水需求（或故障）时，自动启动第 2 台大泵、第 3 台大泵，直到满足用水需求。当用水量减少时，生活供水泵又反时序依次退出，直至返回气压罐保压状态。在增减泵过程中，为了防止管道压力波动，增泵过程中变频泵转速下降，减泵过程中变频泵转速升高。

(三) 设备操作

1. 设备上电

检查进线电源电压正确后，将断路器合闸。总电源和控制电源断路器合闸后，电气柜面板上的电源指示灯亮，触摸屏启动进入初始画面。

2. 电气控制

设备分为手动和自动两种控制方式，均在触摸屏面板上操作。触摸屏主控制画面有各个泵的运行、过载及检修状态指示灯，如图 4-2-21 所示。

1）手动控制

点击右上角手动控制按钮，当前控制方式在右上角显示手动运行状态，同时手动控制按钮、自动启动按钮和自动停止按钮上的文字显示为灰阶状态，并且不

可操作。在手动状态下，每台供水泵都可以独立工频启动或停止。按下泵的启动按钮，对应泵启动，并且绿色工频指示灯亮。按下泵的停止按钮，对应泵停止，并且绿色工频指示灯灭。

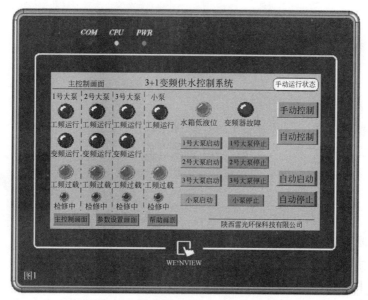

图 4-2-21　变频稳压供水装置控制界面

2）自动控制

点击右上角自动控制按钮，当前控制方式在右上角显示自动运行状态，同时手动控制按钮和各个泵的手动启动停止按钮上的文字显示为灰阶状态，并且不可操作。在自动状态下，依据管道实际压力和设定压力的值进行 PID 调节。3 台主供水泵作为变频泵可以定期自动切换，切换时间可以在触摸屏上设置。

（四）参数设置

1. 运行参数设置

点击参数设置画面，弹出密码输入对话框，输入正确密码后，可进入控制参数设置画面，密码输入错误后弹出密码错误对话框，初始密码为 1001，密码可由用户更改。参数设置画面如图 4-2-22 所示，该画面显示压力和流量反馈值，设置供水压力值（MPa）、切换当前变频泵和故障检修泵（设置时需要设备在停止状态）。将某台泵设置为当前变频泵，点击变频泵自动切换重新开始计时按钮，设备自动启动后，该泵作为变频泵，并开始计时，到达设定的泵切换时间后，自动切换下一台泵为变频泵。将某台泵设置为检修泵时，该泵不再启动，若该泵为当前变频泵，设置后下一台泵自动转换为变频泵。

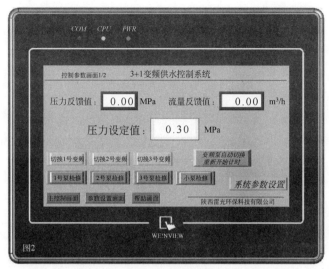

图 4-2-22　变频稳压供水装置系统参数设置界面

2. 系统参数设置

点击图 4-2-22 所示系统参数设置按钮，弹出密码对话框，输入正确密码后才能进入系统参数设置画面，该密码不同于运行参数设置密码，只有设备管理员才有权限修改，此参数修改不当可能引起设备故障。初始密码为 1005，密码可由管理员更改。压力和流量量程的上下限必须与压力和流量变送器的测量范围上下限一致，PID 参数设定取决于系统的跟随性和平稳性，建议采用默认值。变频泵切换间隔时间默认值为 7d，增减泵切换延时是指根据系统用水需求有一台泵启动或停止后，延时启动或停止另一台泵，默认时间为 5min。

（五）常见故障与处理方法

变频稳压供水装置常见故障及处理方法见表 4-2-7。

表 4-2-7　变频稳压供水装置常见故障及处理方法

序号	故障现象	处理方法
1	电源指示灯不亮	检查三相进线是否有电，线电压和相电压值是否正确
		检查断路器是否合闸
		检查熔断器熔芯是否烧坏
		检查指示灯是否坏
2	供水泵无法启动	检查热继电器是否热保护，按热继电器上的红色复位键
		检查该泵是否被设置为检修泵
3	泵接触器吸合，但泵不转动	检查三相电源是否缺相

续表

序号	故障现象	处理方法
3	泵接触器吸合，但泵不转动	检查接触器触点吸合是否牢靠
		检查泵是否负载过大堵转
		检查泵是否断相烧坏
4	无法自动启动泵	检查变频器供电电源是否合闸
		检查变频器是否故障
		检查变频器是否在远程控制状态
		检查变频器是否进入休眠状态
5	变频器故障指示灯亮	查看故障代码
		解决问题消除故障
		按复位键复位变频器或变频器断电，重新上电
6	变频器运行不稳定	检查压力给定值是否正确
		检查压力传感器信号线是否采用屏蔽线
		检查压力传感器信号是否正确
		检查信号线极性是否正确
7	触摸屏无法上电	检查开关电源、触摸屏供电是否正常（DC24V）
		检查触摸屏背板内的熔芯是否烧断
8	触摸屏提示无法连接 PLC	检查 PLC 供电是否正常（AC220V）
		检查触摸屏和 PLC 通信端口线是否插紧
9	PLC 有输入无输出，黄色 STOP 指示灯亮	检查 PLC 模式选择开关，将选择开关拨至 RUN 位

第五部分
其他设备操作及维护

第一章 常用机泵

第一节 离心泵

离心泵在天然气处理厂广泛应用于循环水系统、供水系统和消防系统，由于具有体积小、重量轻、流量大、使用安装简便等优点，所以它适应各种场合的使用。

一、概述

离心泵有立式、卧式、单级、多级、单吸、双吸、自吸式等多种形式。离心泵是利用叶轮旋转而使水发生离心运动来工作的。水泵在启动前，必须使泵壳和吸水管内充满水，然后启动电动机，使泵轴带动叶轮和水做高速旋转运动，水发生离心运动，被甩向叶轮外缘，经蜗形泵壳的流道流入水泵的压水管路。立式、卧式离心泵如图 5-1-1 所示。

图 5-1-1 立式、卧式离心泵

二、离心泵的工作原理

叶轮被泵轴带动旋转，对位于叶片间的流体做功，流体受离心作用，由叶轮中心被抛向外围。当流体到达叶轮外周时，流速非常高。

泵壳汇集从各叶片间被抛出的液体，这些液体在壳内顺着蜗壳形通道逐渐扩大的方向流动，使流体的动能转化为静压能，减少能量损失。所以泵壳的作用不仅在于汇集液体，它更是一个能量转换装置。

液体吸上原理：依靠叶轮高速旋转，迫使叶轮中心的液体以很高的速度被抛开，从而在叶轮中心形成低压，低位槽中的液体因此被源源不断地吸上。

叶轮外周安装导轮，使泵内液体能量转换效率高。导轮是位于叶轮外周固定的带叶片的环。这些叶片的弯曲方向与叶轮叶片的弯曲方向相反，其弯曲角度正好与液体从叶轮流出的方向相适应，引导液体在泵壳通道内平稳地改变方向，使能量损耗最小，提高动压能转换为静压能的效率。

后盖板上的平衡孔消除轴向推力。离开叶轮周边的液体压力已经较高，有一部分会渗到叶轮后盖板后侧，而叶轮前侧液体入口处为低压，因而产生了将叶轮推向泵入口一侧的轴向推力。这容易引起叶轮与泵壳接触处的磨损，严重时还会产生振动。平衡孔使一部分高压液体泄漏到低压区，减小叶轮前后的压力差，但由此也会引起泵效率的降低。

轴封装置保证离心泵正常、高效运转。离心泵在工作时是泵轴旋转而壳不动，其间的环隙如果不加以密封或密封不好，则外界的空气会渗入叶轮中心的低压区，使泵的流量、效率下降。严重时流量为零，形成气缚。通常，可以采用机械密封或填料密封来实现轴与壳之间的密封。

需要强调的是，若在离心泵启动前未向泵壳内灌满被输送的液体。由于空气密度低，叶轮旋转后产生的离心力小，叶轮中心区不足以形成吸入储槽内液体的低压，因而虽启动离心泵也不能输送液体。这表明离心泵无自吸能力，此现象为气缚。为防止气缚现象的发生，离心泵启动前要用外来的液体将泵壳内空间灌满，这一步操作称为灌泵。为防止灌入泵壳内的液体因重力流入低位槽内，在泵吸入管路的入口处装有止逆阀（底阀）；如果泵的位置低于槽内液面，则启动时无须灌泵。

三、离心泵的分类

（一）按叶轮数目来分类

（1）单级泵：即在泵轴上只有一个叶轮。

（2）多级泵：即在泵轴上有两个或两个以上的叶轮，这时泵的总扬程为 n 个叶轮产生的扬程之和。

（二）按工作压力来分类

（1）低压泵：压力低于 100m 水柱。

（2）中压泵：压力为 100~650m 水柱。

（3）高压泵：压力高于 650m 水柱。

（三）按叶轮吸入方式来分类

（1）单侧进水式泵：又称为单吸泵，即叶轮上只有一个进水口。

（2）双侧进水式泵：又称为双吸泵，即叶轮两侧都有一个进水口。它的流量比单吸式泵大一倍，可以近似看作是两个单吸泵叶轮背靠背地放在了一起。

（四）按泵壳结合来分类

（1）水平中开式泵：即在通过轴心线的水平面上开有结合缝。

（2）垂直结合面泵：即结合面与轴心线相垂直。

（五）按泵轴位置来分类

（1）卧式泵：泵轴位于水平位置。

（2）立式泵：泵轴位于垂直位置。

（六）按叶轮出液方式分类

（1）蜗壳泵：液体从叶轮出来后，直接进入具有螺旋线形状的泵壳。

（2）导叶泵：液体从叶轮出来后，进入它外面设置的导轮，之后进入下一级或流入出口管。

（七）按安装高度分类

（1）自灌式离心泵：泵轴低于吸液池池面，启动时不需要灌液，可自动启动。

（2）吸入式离心泵（非自灌式离心泵）：泵轴高于吸液池池面。启动前，需要先用液灌满泵壳和吸水管道，然后驱动电动机使叶轮做高速旋转运动，液体受到离心力作用被甩出叶轮，叶轮中心形成负压，吸液池中液体在大气压作用下进入叶轮，又受到高速旋转的叶轮作用，被甩出叶轮进入压液管道。

另外，也可根据用途进行分类，如消防水泵、凝结水泵、循环水泵等。

四、离心泵的结构

实际生产中，可遇到各种类型的离心泵，在压头不大的情况下，多使用单级泵，而在长输管线或压头较大的场合，使用多级离心泵，如图5-1-2、图5-1-3所示。

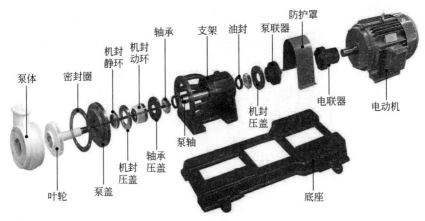

图5-1-2　离心泵结构示意图

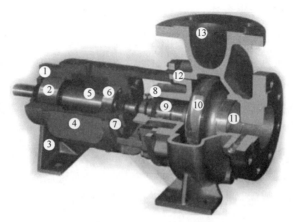

图 5-1-3　离心泵剖面示意图

1—轴承压盖；2—轴承；3—支架；4—悬架；5—主轴；6—轴承；7—轴承压盖；8—机封压盖；9—机封；
10—叶轮；11—叶轮螺母；12—泵盖；13—泵体

（一）离心泵的典型结构

1. 单级单吸悬架式离心泵

单级是指泵轴上只安装了一个叶轮；单吸是指只从叶轮的一侧进水；由于叶轮安装在泵轴的一端，所以称为悬架式或悬臂式。如图 5-1-4 所示，离心泵主要由叶轮、泵体、泵轴与轴承、悬架、轴封机构、后盖等组成。装有轴承的泵轴安装在悬架上，叶轮与联轴器或皮带轮（图 5-1-4 中未示出）分别固定在泵轴的两端，构成转动部分。泵体与后盖固定在悬架上，构成固定部分。固定部分和转动部分一起组成了离心泵整体。

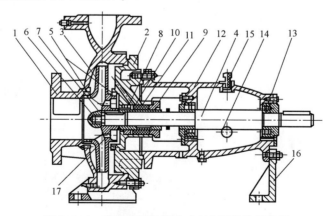

图 5-1-4　单级单吸悬架式式离心泵结构示意图

1—泵体；2—泵盖；3—叶轮；4—泵轴；5—密封环；6—叶轮螺母；7—止动垫圈；8—轴套；9—填料压盖；
10—填料环；11—填料；12—悬架；13—轴承；14—油标；15—油孔盖；16—支架；17—水压平衡孔

2. 单级双吸式离心泵

这种泵结构较简单，如图 5-1-5 所示，它采用双支撑式结构，液体由叶轮两边中心吸入，然后在离心力的作用下，通过排出管排出，因此它最大的特点是大排量、低压头。这种类型的离心泵，应注意使泵壳两端密封可靠，以防吸入空气破坏正常工作。通常用管子把输出段的高压液体引到两端密封填料中间的液封环处，可防止空气侵入吸入端，并有助于密封处的冷却和润滑。

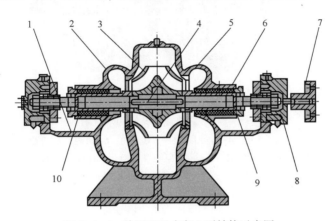

图 5-1-5　单级双吸式离心泵结构示意图
1—泵体；2—泵盖；3—叶轮；4—轴；5—双吸密封环；6—轴套；
7—联轴器；8—轴承体；9—填料压盖；10—填料

3. 多级离心泵

实际生产中，当需要比较高的压头时，往往采用多级离心泵，这种泵中的液体连续流经各个叶轮及导轮，多级叶轮的结构相同，整个泵体用长螺栓连接。它的缺点是由于叶轮按单向排列，叶轮两边的压力不平衡，会导致很大的轴向力，应采用专门的轴向力平衡装置。多级离心泵结构如图 5-1-6 所示。

（二）离心泵的主要零部件结构

离心泵的主要零件是叶轮、泵壳、导轮、轴、轴承、密封装置及轴向力平衡装置。

1. 叶轮

叶轮是离心泵中最重要的零件，它把来自电动机的能量传给液体，叶轮根据其吸入方式可分为单吸式和双吸式，如图 5-1-7 所示。

单吸式叶轮：它由两个轮盖构成，一个盖板带有轮毂，泵轴从其中通过，另一个盖板的中心部分形成了吸入孔，盖板中间铸有叶片，而形成一系列流道，叶片一般为 6~12 片。

双吸式叶轮：在这种叶轮上，两个轮盖上都是吸入孔，液体从两侧同时吸入

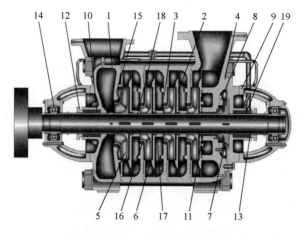

图 5-1-6　多级离心泵结构示意图

1—进水段；2—导轮；3—中段；4—出水段；5—首级叶轮；6—叶轮；7—平衡盘；8—平衡板；
9—尾盖；10—填料；11—平衡套；12—填料压盖；13—O 形圈；14—轴承；15—首级密封环；
16—密封环；17—导轮套；18—轴；19—轴套

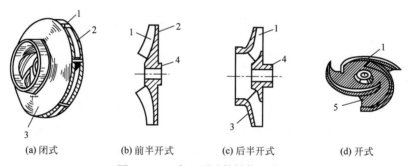

(a) 闭式　　　　　(b) 前半开式　　　　　(c) 后半开式　　　　　(d) 开式

图 5-1-7　离心泵叶轮结构示意图

1—叶片；2—后盖板；3—前盖板；4—轮毂；5—加强筋

叶轮，所以排量较大。

2. 泵壳

　　泵壳是一个转能装置，它导引从叶轮流出的液体，随着流道面积逐渐增大，使液体平缓地降低速度，将部分动能转化为压能，此外泵壳还用作改变液流方向，把液流导向排出管，如图 5-1-8 所示。

　　泵壳分螺旋形泵壳和透平泵壳，单级泵为螺旋形泵壳，多级泵为透平泵壳（多级泵中最后一级为螺壳）。

3. 导轮

　　它安装在叶轮外缘，并固定在泵壳上，用于多级透平式离心泵中。导轮内也有叶片形成逐渐增大的流道，以便收集从叶轮甩出的液体，并引导到下级叶轮入口，同时将部分动能转化成压能，如图 5-1-9 所示。

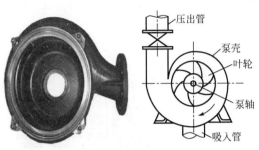

图 5-1-8 离心泵泵壳结构示意图

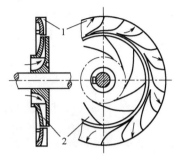

图 5-1-9 离心泵叶轮和导轮
结构示意图
1—导轮；2—叶轮

4. 密封装置

为保证泵的正常工作和效率高，应当防止液体外漏、内漏和外界空气吸入泵内，为此必须在叶轮和泵壳之间、泵轴与泵壳之间设置密封装置。

密封环（俗称口环），是离心泵密封装置中的一种，用来防止液体从叶轮排出口通过叶轮和泵壳间的间隙漏回吸入口（称内漏），同时承受叶轮与泵壳接缝处产生的机械摩擦，磨损后只换密封环，而不必更换叶轮和泵壳。

填料密封：在泵壳和轴承间，为防止外界空气侵入或泵内液体外漏，可用填料密封。用浸石墨的石棉绳作为填料，填料放在泵体上的填料盒内，由轴套和填料压盖压紧，靠填料的变形来达到泵轴与泵壳间密封的目的。用软填料时，在填料中间安装一个封漏环把高压液体引入此处，不仅可起到密封作用，同时也起到润滑和冷却密封装置的作用。

5. 轴向力平衡装置

离心泵在工作中，由于吸入口为低压区，排出口为高压区，在这个差压作用下，就会产生一定的轴向力，从而使叶轮沿轴向吸入口一侧窜动，引起叶轮振荡和磨损，所以应予以平衡，轴向力平衡装置如图 5-1-10 至图 5-1-13 所示。

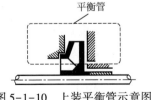

图 5-1-10 上装平衡管示意图

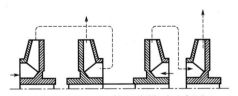

图 5-1-11 叶轮对称排列示意图

消除轴向力的几种常用措施如下：

（1）在叶轮后盖外侧设置密封环，液体通过此密封环进入叶轮后盖外侧的压力有所降低，从而与叶轮一侧的低压平衡。

（2）在叶轮后盖上既装密封环，又钻一圈平衡孔。

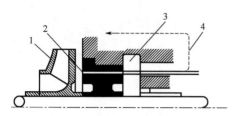

图 5-1-12　平衡鼓装置示意图

1—末级叶轮；2—平衡鼓；
3—低压室；4—平衡管

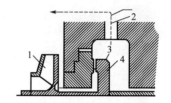

图 5-1-13　平衡盘装置示意图

1—末级叶轮；2—平衡管；
3—平衡座；4—平衡盘

（3）在叶轮入口处和后盖相应处加平衡管连通，从而消除轴向力。

（4）多级离心泵通常采用平衡盘来平衡轴向力。

自动平衡盘是一个轴向间隙或平衡装置，平衡盘和叶轮装在轴上一起旋转，在平衡盘和泵体接触面有一个间隙，平衡盘直径较叶轮吸入口直径略大，使作用在平衡盘左端的力稍大于轴向力。平衡室是与叶轮进口处相通的低压区。从最后一级叶轮排出的液体引入腔室，当腔室中液体对平衡盘的右作用力大于使叶轮左移动的轴向力时，则平衡盘略向右移，轴向间隙增大，液体流入平衡室，腔室压力降低，直到平衡为止，所以它是靠自动调节达到平衡的。

五、离心泵的汽蚀与允许吸入高度

在离心泵工作过程中，有时会发生"汽蚀"现象，破坏泵的正常工作，本节主要介绍汽蚀现象及离心泵的允许吸入高度。

（一）汽蚀现象

离心泵在使用过程中有时会出现一种奇怪的现象：泵内产生一种特殊的噪声和振动，此时泵的压头、排量显著降低，严重时连泵的吸入也中断，这种现象称为汽蚀现象。

根据物理学可知，当液面压力下降时，液体相应汽化，温度也降低，如水在1个大气压下的汽化温度为100℃，一旦水面压力降至0.024大气压力，水在20℃就开始沸腾。

汽化压力即液体开始汽化的液面压力。离心泵工作时，叶轮高速旋转，在吸入口形成真空，于是吸入口的液体不断流向泵内，当叶轮进口处某点的压力降低到输送温度下的汽化压力时，就有一部分液体汽化，形成汽泡。这时汽泡被带到高压区时又迅速凝结，在凝结的过程中，汽泡周围的液体又以很高的速度向汽泡中心运动，填补汽泡空间，从而产生严重水击，并产生巨大的瞬时压力，如果汽泡紧贴在叶轮或流道其他部分的金属面上，就会使此外表面受到破坏，同时由于氧气的析出和伴随着汽泡凝结过程产生的高温高压，使零件表面受到化学腐蚀。这种液体的汽化、凝结、水击和腐蚀的综合过程称为汽蚀现象。

汽蚀现象对离心泵的危害很大，离心泵即使在轻微的汽蚀现象下工作也是不允许的。

（二）离心泵的最大允许吸入高度

为了防止汽蚀现象发生，保证泵的正常吸入，在安装时，应按泵的最大允许吸入高度进行安装。

对于一些输高温水的泵，为了避免水泵汽蚀现象的发生，可将水箱安装在比泵高的地方，以增加进泵液面压力，从而提高液体的汽化压力，消除离心泵汽蚀现象。如锅炉给水泵，泵安装在一楼给水泵房，而除氧器安装在三楼除氧间，这种吸入方式称为灌注。

能使离心泵在工作时在输送液体温度下不发生汽化时的吸入高度称为离心泵的最大允许吸入高度。

六、离心泵的操作注意事项

（1）必须使泵内灌满液体，直至泵壳顶部小排气管（或阀）有液体冒出时为止，以保证泵内吸入管并无空气积存，严禁泵空转。

（2）离心泵应在出口阀门关闭即流量为零的条件下启动，此点对大型泵尤其重要。电动机运转正常后，再逐渐开启出口阀门，达到所需要的流量。停泵前应先关闭出口阀，以免压出管路内的液体倒入泵内，使叶轮和轴封装置受冲击而损坏。

（3）运转过程中应定时检查轴承发热情况、泵运行情况、压力、电流等是否正常，注意润滑，若采用填料密封，应注意其泄漏和发热情况，填料的松紧程度要适当。

七、离心泵故障分析

离心泵在使用过程中，必须经常检查，发现故障应及时排除，常见故障及处理方法见表 5-1-1。

表 5-1-1　离心泵常见故障及处理方法

序号	故障现象	故障原因	处理方法
1	轴承发热	润滑油过多	减油
		润滑油过少	加油
		润滑油变质	排除变质油并清洗油池，再加新油
		机组不同心	检查并调整泵和原动机的对中
		振动	检查转子的平衡度或在较小流量处运转
2	泵不输出液体	吸入管路或泵内留有空气	注满液体、排除空气
		进口或出口侧管道阀门关闭	开启阀门
		使用扬程高于泵的最大扬程	更换扬程高的泵
		泵吸入管漏气	杜绝进口侧的泄漏
		叶轮旋转方向错误	纠正电动机转向
		吸上高度太高	降低泵安装高度，增大进口处压力
		吸入管路管径过小或被杂物堵塞	加大吸入管径，消除堵塞物
		转速不符合要求	使电动机转速符合要求
3	流量、扬程不足	叶轮损坏	更换新叶轮
		密封环磨损过多	更换密封件
		转速不足	按要求增大转速
		进口或出口阀未充分打开	充分开启阀门
		在吸入管路中漏入空气	把泄漏处封死
		管道中有堵塞	消除堵塞物
		介质密度与泵要求不符	重新核算或更换合适功率的电动机
		装置扬程与泵扬程不符	设法降低泵的安装高度
4	密封泄漏严重	密封元件材料选用不当	向供泵单位说明介质情况，配以适当的密封件
		摩擦副严重磨损	更换磨损部件，并调整弹簧压力
		动静环吻合不均	重新调整密封组合件
		摩擦副过大，静环破裂	整泵拆卸更换静环，使之与轴的垂直度误差小于 0.10，按要求装密封组合件
		O 形圈损坏	更换 O 形圈
5	泵有振动及杂音	泵轴和电动机轴的中心线不对中	校正对中
		轴弯曲	更换新轴
		轴承磨损	更换轴承
		泵产生汽蚀	向厂方咨询

续表

序号	故障现象	故障原因	处理方法
5	泵有振动及杂音	转动部分与固定部分有磨损	检修泵或改善使用情况
		转动部分失去平稳	检查原因，设法消除
		管路和泵内有杂物堵塞	检查排污
		关小了进口阀	打开进口阀，调节出口阀
6	电动机过载	泵和原动机不对中	调整泵和原动机的对中性
		介质相对密度变大	改变操作工艺
		转动部分发生摩擦	修复摩擦部位
		装置阻力变小，使运行点偏向大流量处	检查吸入和排出管路压力的变化情况，并予以调整

八、屏蔽电泵

屏蔽电泵也是离心泵的一种，它设计先进、高效节能，由于具有完全无泄漏的优点，成功地解决了流体输送中跑、冒、滴、漏的问题，已成为环保工程不可替代的产品。屏蔽电泵在天然气处理厂主要用于甲醇回收装置区含醇污水、产品甲醇、塔底废液的输送，如图 5-1-14 所示。

图 5-1-14　屏蔽电泵

第二节　往复泵

往复泵在天然气处理厂广泛应用于污水回注系统、注醇系统、加药系统等，它是依靠活塞、柱塞或隔膜在泵缸内往复运动使缸内工作容积交替增大和缩小来输送液体或使之增压的容积式泵。往复泵按往复元件不同分为活塞泵、柱塞泵和隔膜泵 3 种类型。如图 5-1-15、图 5-1-16 所示。

图 5-1-15　往复泵

图 5-1-16　隔膜泵

一、往复泵的工作原理

往复泵的动力机构是电动机，电动机的旋转运动经联轴器传给主轴，通过主副轴上的斜齿轮，使曲轴做回转运动，使连杆、十字头及柱塞变为往复运动。当活塞自左向右移动时，工作室内的容积增大，形成低压，排空阀关闭，储池内的液体受大气压力作用，被压进吸入端时，工作室的容积最大，吸入的液体量也达到最大，此后活塞便开始向左移动，液体受挤压，使吸入阀受压关闭。同时，工作室内压力增大，排出阀被推开，液体进入排出管，活塞移到左侧时，排液完毕，完成一个工作循环，此后活塞又向右移动，开始另一个工作循环。

往复泵靠活塞在泵缸左右两端点间做往复运动一次的过程，吸液和排液各一次，交替进行，输送液体不连续，称为单动泵。若活塞左右两侧都装有阀室，则可使吸液与排液同时进行，即双动泵，在吸液阀、排液阀的配合下，使液体吸入和排出，达到输送液体的目的，如图 5-1-17 所示。

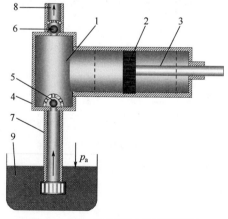

图 5-1-17　往复泵工作原理简图

1—泵缸；2—活塞；3—活塞杆；4—泵缸盖；5—吸液阀 6—排液阀；7—进口管；8—排出管；9—进液罐

二、往复泵的结构

往复泵的结构如图 5-1-18 所示，泵缸内有活塞，通过活塞杆与传动机械相连接。活塞在缸内做往复运动。泵体内设有阀室，内有吸入阀和排出阀，它们都是单向阀，泵缸内和阀室内活塞与阀之间的空间称为工作室。

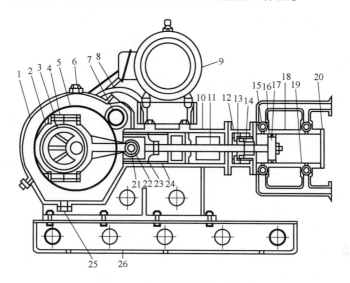

图 5-1-18　往复泵结构示意图

1—箱盖；2—连杆；3—连杆铜套；4—连杆螺栓；5—偏心轮；6—加油孔；7—齿轮油；8—皮带轮；
9—电动机；10—箱体；11—泵轴；12—填料架；13—填料压盖；14—填料；15—单向球阀；
16—活塞环；17—活塞；18—泵体；19—单向球阀座；20—泵盖；21—连杆销；
22—连杆小铜套；23—十字头；24—往复缸；25—放油孔；26—底盘

三、往复泵的分类

（一）活塞泵

活塞泵由泵缸、活塞、吸入阀、排出阀和驱动机构组成。当活塞向右运动时，泵缸工作容积增大，缸内压力降低，单向吸入阀开启，液体进入泵缸内；当活塞向左运动（回行程）时，工作容积缩小，缸内压力升高，单向吸入阀封闭，液体冲开单向排出阀向外排出。活塞上装有密封填料，以阻止液体向活塞另一侧泄漏。活塞泵分为曲轴连杆传动和蒸汽直接作用两种类型；按泵缸数目和作用方式又分为单缸、双缸和多缸，以及单作用和双作用等形式。只在一个运动方向上排出液体的为单作用泵；在两个运动方向（往、复行程）上都排出液体的为双作用泵。双缸或多缸泵相当于两个或多个并联的单缸泵。多缸泵大部分为单作用式。活塞泵一般适用于较高压力（可达7MPa）和较小流量（100m³/h以下），曲轴连杆传动活塞泵由电动机或内燃机通过减速机构传动，并借曲柄连杆机构将旋转运动变为往复运动。此外，在排出管路不通的情况下运转时（如排出阀未开启或管路堵塞），泵的压力和轴功率会增大到使泵缸破裂或使电动机烧坏，因此须设置安全阀防止过载。

（二）柱塞泵

工作原理与活塞泵相同。两者区别在于柱塞是穿过装在泵缸上的固定填料密封件在泵缸内运动的，其密封性较活塞的好。此外，柱塞推动液体做往复运动，其端面推着整个泵缸内的液体运动，所以柱塞的受力状况比活塞好得多。同时柱塞直径也比活塞直径小，所以柱塞泵可用于更高压力和更小流量。柱塞泵也可分为单缸和多缸，单作用和双作用等形式，但常见的是电动的单缸单作用和三缸单作用柱塞泵。柱塞泵也须设置安全阀，以防止过载。它的压力可以高达350MPa以上，流量一般很小，小的高压柱塞泵流量只有每小时数十升。

（三）隔膜泵

工作原理与活塞泵类似，但它是依靠夹紧在泵缸之间的平隔膜和筒形隔膜，在柱塞通过液压油的推动下使泵缸工作容积交替发生变化，并通过排出阀和吸入阀的启闭来输送液体的。隔膜靠静密封将输送的液体与外部严密隔开，所以隔膜泵不会泄漏。按操作方式不同隔膜泵分为机械操作和液压（或气压）操作两种。前者靠直接与隔膜相连的柱塞形推杆的往复运动使隔膜产生交替的运动；后者则靠由外部供入压力油或压缩空气或者通过柱塞作用于液压腔中液压油产生脉冲压力使隔膜交替运动。隔膜泵有单缸和双缸、单隔膜和双隔膜之分。在双隔膜泵中，筒形隔膜用来隔离输送的液体，平隔膜用来隔离液压油，以防止隔膜破裂时输送的液体被油污染。隔膜用金属、橡胶或聚四氟乙烯等材料制成，损坏时可方便地更换。隔膜泵流量一般为$1 \sim 25m³/h$，液压操作金属隔膜泵压力可达25MPa或更高，机械操作的压力较低。

四、往复泵的优缺点

（一）优点

（1）可获得很高的排压，且流量与压力无关，吸入性能好，效率较高。

（2）原则上可输送任何介质，几乎不受介质的物理或化学性质的限制。

（3）泵的性能不随压力和输送介质黏度的变化而变化。

（二）缺点

流量不是很稳定。同流量下体积比离心泵庞大，机构复杂，资金用量大，不易维修等。

五、往复泵的操作注意事项

（1）往复泵启动时不需灌入液体，因往复泵有自吸能力，但其吸上真空高度也随泵安装地区的大气压力、液体的性质和温度变化而变化，因此往复泵的安装高度也有一定限制。

（2）往复泵的流量不能用排出管路上的阀门来调节，而应采用旁路管或改变活塞的往复次数、改变活塞的冲程来实现。

（3）往复泵启动前必须将排出管路中的阀门打开。

（4）往复泵适用于高压头、小流量、高黏度液体的输送，但不适宜输送腐蚀性液体。

六、往复泵故障分析

往复泵在使用过程中，必须经常检查，发现故障应及时排除，常见故障及处理方法见表 5-1-2。

表 5-1-2　往复泵常见故障及处理方法

序号	故障	原因	处理方法
1	流量不足	吸入管道阀门稍有关闭或阻塞，过滤器堵塞	打开阀门，检查吸入管和过滤器
		柱塞阀接触面损坏或阀面上有杂物，使阀密合不严	检查阀的严密性，必要时更换
		柱塞填料泄漏	更换填料或拧紧填料压盖
2	阀有剧烈敲击声	阀的升程过高	检查并调整阀门升程高度
3	压力波动	安全阀、导向阀工作不正常	调校安全阀，检查清理导向阀
		管道系统漏	处理漏点
4	异常声音或振动	原轴与驱动机同心度不好	重新找正
		轴弯曲	校直轴或更换新轴
		轴承损坏或间隙过大	更换轴承
		地脚螺栓松动	紧固地脚螺栓
5	轴承温度过高	轴承内有杂物	清除杂物
		润滑油质量或油量不符合要求	更换润滑油、调整油量
		轴承装配质量不好	重新装配
		泵与驱动机对正不好	重新找正
6	密封泄漏	填料磨损严重	更换填料
		填料老化	更换填料
		柱塞磨损	更换柱塞

七、计量泵

(一) 概述

计量泵是往复泵的一种，适用于液体的流量十分准确而又便于调整，或要求两种以及两种以上的液体按严格的流量比例配送的情况。

计量泵主要由传动箱和液缸头两部分组成。

传动箱部件由曲柄连杆机构和行程调节机构组成。该传动箱采用了准确性高的 N 轴结构，利用 N 轴直接改变旋转偏心，来达到改变行程的目的。

液缸头部件是泵的水力部分，它由吸入阀组、排出阀组、柱塞和填料密封组成，如图 5-1-19 所示。

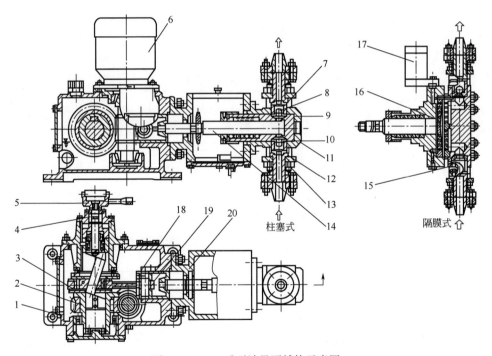

图 5-1-19　J 系列计量泵结构示意图

1—传动箱体；2—涡轮部件；3—N 轴部分；4—调节螺杆部件；5—调节手轮；6—电动机；7—阀套；8—阀球；9—出口阀；10—套；11—缸体；12—填料；13—进口阀；14—柱塞；15—充液阀组；16—隔膜；17—安全补油阀组；18—十字头；19—连杆；20—托架

(二) 工作原理

电动机联轴器与蜗杆直连，带动涡轮、下套筒偏心块做回旋运动。轴装在偏心块内（偏心块的偏心程度可以调整），并与偏心块套、连杆和十字头相连接，组成曲柄连杆机构，使十字头在托架内做往复运动，并带动柱塞做往复运动。当柱塞向后死点移动时，泵容积腔逐步形成吸入真空，在大气压力的作用下，将吸入阀打开，液体被吸入；当柱塞向前死点移动时，此时吸入阀关闭，排出阀打开，液体被挤出泵体外，使泵达到吸入、排出的目的。

第二章　常用阀门

第一节　常用手动阀门

阀门是一种管路附件，它是用来改变通路断面和介质流动方向，控制输送介质流动的一种装置。具体来讲，阀门有以下用途：

（1）接通或截断管路中的介质，如闸阀，截止阀，球阀，旋塞阀，蝶阀等。

（2）调节、控制管路中介质的流量和压力，如调节阀、节流阀、减压阀等。

（3）用于超压安全保护，排放多余介质，防止压力超过规定值，如安全阀，溢流阀等。

（4）阻止管路中的介质倒流，如各种不同结构的止回阀。

（5）改变管路中介质流动的方向，如分配阀、三通阀等。

（6）分离介质，如疏水阀。

以下是生产区常见的几种阀门。

一、闸阀

（一）闸阀的作用及工作原理

闸阀是一种靠启闭闸板控制开关的阀门，开关过程中通过阀门顶端的螺母以及阀体上的导槽，将阀门手轮的旋转运动变为阀杆的直线运动，闸板随阀杆一起运动，方向与流体方向相垂直。闸阀只能作全开和全关，不能作调节和节流。闸阀在关闭时，密封面可以仅依靠介质压力来密封，即依靠介质压力将闸板的密封面压向另一侧的阀座来保证密封面的密封，这就是自密封。目前气田使用的闸阀大部分是采用强制密封的，即阀门关闭时要依靠外力强行将闸板压向阀座，以保证密封面的密封性。开启阀门时，当闸板提升高度等于阀门通径的 1.1 倍时，流体的通道完全畅通，但在运行时此位置是无法监视的。实际使用时，以阀杆的顶点作为标志，即开不动的位置，作为它的全开位置。为考虑因温度变化导致的锁死现象，通常在开到顶点位置上，再倒回 1/2~1 圈，作为全开阀门的位置。因此，阀门的全开位置，按闸板的位置即行程来确定。闸阀实物图和剖面图分别如图 5-2-1、图 5-2-2 所示。

图 5-2-1　闸阀实物图

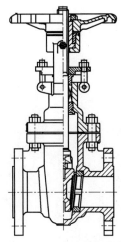

图 5-2-2　闸阀剖面图

（二）闸阀的特点

闸阀不仅适用于蒸汽、油品等介质，同时还适用于含有粒状固体的介质及黏度较大的介质，可用于放空和低真空系统。

（1）流体阻力小。因为闸阀阀体内部介质通道是直通的，介质流经闸阀时不改变其流动方向，所以流体阻力小。

（2）启闭力矩小。因为闸阀启闭时闸板运动方向与介质流动方向相垂直，与截止阀相比，闸阀的启闭较省力。

（3）介质流动方向不受限制。介质可从闸阀两侧任意方向流过，均能达到使用的目的，更适用于介质的流动方向可能改变的管路中。

（4）结构长度较短。因为闸阀的闸板是垂直置于阀体内的，而截止阀阀瓣是水平置于阀体内的，因而结构长度比截止阀短。

（5）密封性能好，全开时密封面受冲蚀较小。

（6）密封面易损伤。启闭时闸板与阀座相接触的两密封面之间有相对摩擦，易损伤，影响密封性能与使用寿命。

（7）启闭时间长，高度大。由于闸阀启闭时须全开或全关，闸板行程大，开启需要一定的空间，外形尺寸高。

（三）气田常用闸阀的分类及结构

气田常用闸阀如图 5-2-3、图 5-2-4、图 5-2-5 所示。

1. 平板闸阀

平板闸阀是一种关闭件为平行闸板的滑动阀，关闭件可以是单闸板或是其间带有撑开机构的双闸板，主要由阀体、闸板、阀盖、阀杆和手轮组成。平板闸阀适用于带悬浮颗粒的介质，其密封面是自动定位的，同时阀座密封面不会受到阀体热变形的损坏，如图 5-2-6、图 5-2-7 所示。

图 5-2-3　闸阀应用（一）

图 5-2-4　闸阀应用（二）

图 5-2-5　直埋软密封闸阀

图 5-2-6　双闸板式平板闸阀实物图

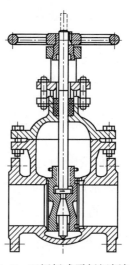

图 5-2-7　双闸板式平板闸阀剖面图

　　平板闸阀可分刀形平板闸阀、无导流孔平板闸阀、有导流孔平板闸阀。无导流孔平板闸阀闸板如图 5-2-8 所示，有导流孔平板闸阀闸板图如图 5-2-9 所示。长庆油田采气厂使用的平板闸阀一般为无导流孔的平板闸阀。

图 5-2-8　无导流孔平板闸阀闸板　　　　图 5-2-9　有导流孔平板闸阀闸板

2. 楔式闸阀

　　气田目前使用的阀门，大多是楔式闸阀，根据压力等级不同可以分为高压闸阀、中压闸阀和低压闸阀，长庆油田采气厂使用的闸阀主要包括气井采气树及集气站节流区上游处的高压闸阀、集气站节流区下游及处理厂处的中压闸阀。楔式闸阀如图 5-2-10 所示。

图 5-2-10　楔式闸阀

　　楔式闸阀的关闭件闸板是楔形的，其密封面与中心线成一定角度，此角度可根据阀门安装处介质的温度来决定，一般为 2°～10°，角度随介质的温度升高而增大，从而有效防止温度变化将闸阀楔住的情况。使用楔形闸板的目的是提高辅助的密封载荷，以使金属密封的楔式闸阀既能保证对高的介质压力密封，也能对低的介质压力进行密封。楔式闸阀实物图和剖面图分别如图 5-2-11、图 5-2-12 所示。

图 5-2-11　楔式闸阀实物图

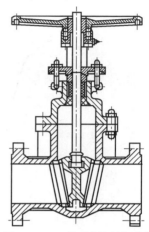

图 5-2-12　楔式闸阀剖面图

二、球阀

（一）球阀的工作原理

球阀的启闭件是一个球体，是利用球形阀芯绕阀杆的轴线旋转 90° 来使阀门畅通或闭塞的。球阀在管道上主要用于切断、分配和改变介质流动方向，阀芯开口处设计成 V 形的球阀，其还具有调节流量的功能。球阀的实物图和剖面图分别如图 5-2-13、图 5-2-14 所示。

图 5-2-13　球阀实物图

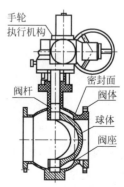

图 5-2-14　球阀剖面图

（二）球阀的特点

（1）流体阻力小。球阀是所有阀类中流体阻力最小的一种，即使是缩径球阀，其流体阻力也相当小。

（2）开关迅速、方便。只要阀杆转动90°，球阀就完成了全开或者全关动作，很容易实现快速启闭。

（3）阀座密封性能好。大多数球阀的密封圈都采用聚四氟乙烯等弹性材料制造，软密封结构易于保证启封，而且球阀的密封力随着介质压力的增大而增大。

（4）阀杆密封可靠。球阀启闭时阀杆只做旋转运动而不做升降运动，阀杆的填料密封不易破坏，且阀杆到密封的密封力随着介质压力的增大而增大。

（5）由于聚四氟乙烯等材料具有良好的自润滑性，与球阀球体的摩擦损失小，因此球阀的使用寿命长。

（6）球阀可配置气动、电动、液动等多种驱动机构，实现远距离控制和自动化操作。

（7）球阀阀体内通道平整光滑，可输送黏性流体、浆液及固体颗粒。

（8）球阀安装简便，能以任意方向安装于管道中的任意部位。

（三）气田常用球阀的分类及结构

1. 浮动球阀

浮动球阀的球体是浮动的，并在介质压力作用下能产生一定的位移并压紧在出口端的密封面上，保证出口端面密封。浮动球阀的结构简单，密封性好，但球体承压工作介质的载荷全部传给出口密封圈，因此要考虑密封圈材料能否经受住球体介质的工作载荷。这种结构，广泛应用于中低压球阀。

2. 固定球阀

固定球阀适用于长输管线和一般工业管线，设计时对其强度、安全性、耐恶劣环境性等性能均进行特殊考虑，适用于各种腐蚀性和非腐蚀性介质，目前在气田口径较大的输气管线上广泛使用，如图5-2-15所示。

与浮动球阀相比，固定球阀工作时，阀前流体压力在球体上产生的作用力全部传递给轴承，不会使球体向阀座移动，因而阀座不会承受过大的压力，转矩小，阀座变形小，密封性能稳定，使用寿命长，适用于高压、大口径管道。先进的弹簧预阀座组件，具有自紧特性，实现上游密封，每阀有两个阀座，每个方向都能密封，因此安装没有流向限制，一般只需要确保水平方向安装即可。固定球阀的实物图和剖面图如图5-2-16、图5-2-17所示。

图 5-2-15　球阀在生产中的应用

图 5-2-16　固定球阀实物图

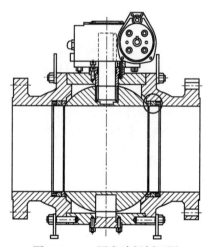

图 5-2-17　固定球阀剖面图

固定球阀还可安装阀杆接长装置，以便于阀门埋地时的操作。该类阀门的排泄阀、注脂系统通常都用接管接长露出地面，通常阀杆的接长长度为 1~7m。安装阀杆接长装置的固定球阀剖面图如图 5-2-18 所示。

3. 弹性球阀

弹性球阀（也称轨道球阀）适用于高温高压介质，其球体是弹性的，球体和阀座密封圈都采用金属材料制造，密封比压很大，仅依靠介质本身的压力已达不到密封的要求，同时还须施加外力。

弹性球阀主要由阀腔中的阀杆、撑拢装置、弹性球体、阀座组合而成。弹性球体的中间有与球阀通孔相适应的流道孔，在侧下处有弹性变形槽（弹性球体通过在球体内壁的下端开一条弹性槽而获得弹性），槽口倾下，上端有断开槽，底端有定芯轴。弹性球体与撑拢装置连接，撑拢装置又与球阀的启闭结构和驱动装置连接。弹性球阀关闭时，用阀杆的楔形头使球体胀开与阀座压紧达到密封。在转动球体前先松开楔形头，球体随之恢复原形，使球体与阀座之间出现很小的间隙，可减少密封面的摩擦和减小操作扭矩。弹性球阀的实物图和剖面图如图 5-2-19、图 5-2-20 所示。

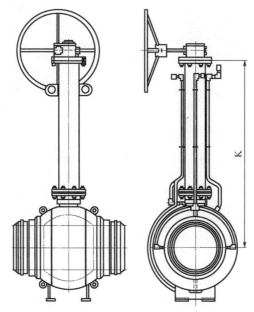

图 5-2-18 安装阀杆接长装置的固定球阀剖面图

图 5-2-19 弹性球阀实物图

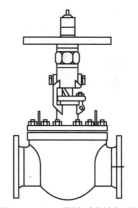

图 5-2-20 弹性球阀剖面图

4. V 形球阀

V 形球阀是一种固定球阀，也是一种单阀座密封球阀，其调节性能是球阀中最佳的，流量特性是等百分比的，可调比达 100∶1。其 V 形切口与金属阀座之间具有剪切作用，特别适用于含纤维、微小固体颗粒、料浆等介质。V 形球阀的实物图和剖面图如图 5-2-21、图 5-2-22 所示。

 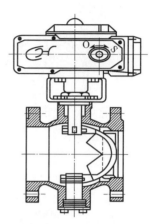

图 5-2-21　V 形球阀实物图　　　　图 5-2-22　V 形球阀剖面图

三、蝶阀

（一）蝶阀的工作原理

蝶阀又称翻板阀，是用圆形蝶板作启闭件并随阀杆转动来开启、关闭和调节流体通道的阀门，可用作调节阀，也可用于低压管道介质的开关控制。蝶阀的蝶板安装于管道的直径方向，在蝶阀阀体圆柱形通道内，圆盘形蝶板绕着轴线旋转，旋转角度为 0°~90°，旋转到 90°时成全开状态。蝶阀的阀杆为通杆结构，经调质处理后有良好的综合力学性能、抗腐蚀性和抗擦伤性。蝶阀启闭时阀杆只做旋转运动而不做升降运行，阀杆的填料不易破坏，密封可靠，同时与蝶板锥销固定，外伸端为防冲出型设计，可避免阀杆在与蝶板连接处意外断裂时崩出。

（二）蝶阀的特点

蝶阀具有结构简单、体积小、重量轻、材料耗用省、安装尺寸小、开关迅速、90°往复回转、驱动力矩小等特点，用于截断、接通、调节管路中的介质，具有良好的流体控制特性和关闭密封性能。蝶阀的密封形式分弹性密封和金属密封，但均具有受温度限制的缺陷，金属密封的阀门一般比弹性密封的阀门寿命长，能适应较高的工作温度，但同时也很难做到完全密封。蝶阀如图 5-2-23 所示。

蝶阀处于完全开启位置时，蝶板厚度是介质流经阀体时唯一的阻力，因此通过该阀门所产生的压力降很小，因此具有较好的流量控制特性。如果要求蝶阀作为流量控制使用，主要是正确选择阀门的尺寸和类型，蝶阀的结构原理尤其适合制作大口径阀门。

图 5-2-23　蝶阀

（三）气田常用蝶阀分类及结构

气田常用蝶阀包括对夹式蝶阀、法兰式蝶阀、对焊式蝶阀。对夹式蝶阀用双头螺栓将阀门连接在两管道法兰之间；法兰式蝶阀上带有法兰，用螺栓将阀门上两端的法兰连接在管道法兰上；对焊式蝶阀的两端面与管道焊接连接。蝶阀的实物拆分图如图 5-2-24 所示。

图 5-2-24　蝶阀的实物拆分图

1. 中心密封蝶阀

中心密封蝶阀的密封原理是阀板在加工时保证其密封面具有合适的表面粗糙度值，阀板的外圆密封面挤压合成橡胶阀座，使合成橡胶阀座产生弹性变形而形成弹性力作为密封比压保证阀门的密封。中心密封蝶阀的剖面图如图 5-2-25 所示。

密封结构一般采用聚四氟乙烯、合成橡胶构成复合阀座。其特点在于阀座的弹性仍然由合成橡胶提供，并利用聚四氟乙烯的摩擦系数低、不易磨损、不易老化等特性，采用聚四氟乙烯作为阀座密封面材料，从而使蝶阀的寿命得以提高。

2. 单偏心密封蝶阀

单偏心密封蝶阀的密封原理是阀板的回转中心（即阀门轴中心）

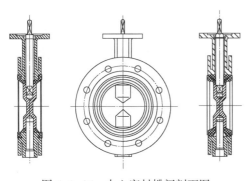

图 5-2-25　中心密封蝶阀剖面图

与阀板密封截面按偏心设置，使阀板与阀座上的密封面形成一个完整的圆，因而在加工时更易保证阀板与阀座密封面的表面粗糙度值。其阀板的回转中心（即阀门轴中心）位于阀体的中心线上，且与阀板密封截面形成一个尺寸偏置。当单偏心密封蝶阀处于完全开启状态时，其阀板密封面会完全脱离阀座密封面，在

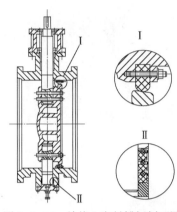

图 5-2-26　单偏心密封蝶阀剖面图

阀板密封面与阀座密封面之间形成一个间隙。该类蝶阀的阀板从 0°~90° 开启时，阀板的密封面会逐渐脱离阀座的密封面。通常的设计，当阀板从 0° 转动至 20°~25° 时，阀板密封面即可完全脱离阀座密封面，从而使蝶阀启闭过程中阀板与阀座的密封面之间相对机械磨损、挤压大为降低，蝶阀的密封性能得以提高。当关闭蝶阀时，通过阀板的转动，阀板的外圆密封面逐渐接近并挤压聚四氟乙烯阀座，使聚四氟乙烯阀座产生弹性变形而形成弹性力作为密封比压保证蝶阀的密封。单偏心密封蝶阀的剖面图如图 5-2-26 所示。

3. 双偏心密封蝶阀

双偏心密封蝶阀的结构特征是阀板回转中心（即阀门轴中心）与阀板密封截面形成一个尺寸偏置，并与阀体中心线形成另一个尺寸偏置，使得该类蝶阀的阀板从 0°~90° 开启。当开启蝶阀时，阀板的密封面会比单偏心密封蝶阀更快地脱离阀座密封面。通常的设计是当阀板从 0° 转动至 8°~12° 时，阀板密封面即可完全脱离阀座密封面，从而使蝶阀在启闭过程中，阀板与阀座的密封面之间相对机械磨损行程、挤压转角行程更短，从而使机械磨损、挤压变形更为降低，蝶阀的密封性能更为提高。当关闭蝶阀时，通过阀板的转动，阀板的外圆密封面逐渐接近并挤压阀座，使其产生弹性变形而形成弹性力作为密封比压保证蝶阀密封。双偏心密封蝶阀的剖面图如图 5-2-27 所示。

四、旋塞阀

（一）旋塞阀的工作原理

旋塞阀的启闭件是一个有孔的圆柱体，绕垂直于通道的轴线旋转，从而达到启闭通道的目的。旋塞阀主要供开启和关闭管道及设备介质之用，塞体随阀杆转动，以实现启闭动作。旋塞阀的塞体多为圆锥体或圆柱体，与阀体的圆锥孔面配合组成密封副。旋塞阀的实物图如

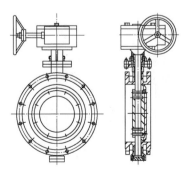

图 5-2-27　双偏心密封蝶阀剖面图

图 5-2-28 所示。

图 5-2-28　旋塞阀实物图

（二）旋塞阀的特点

旋塞阀的结构简单、开关迅速、流体阻力小，是最早使用的阀门之一。普通旋塞阀靠精加工的金属塞体与阀体间的直接接触来密封，所以密封性较差，启闭力大，容易磨损，通常只用于低压力区域。其特点如下：

（1）结构简单，外形尺寸小，重量轻。

（2）流体阻力小，介质流经旋塞阀时，流体通道可以缩小，因而流体阻力小。

（3）启闭迅速、方便，介质流动方向不受限制。

（4）启闭力矩大，启闭费力，因阀体与塞子靠锥面密封，其接触面积大。但若采用润滑的结构，则可减少启闭力矩。

（5）密封面为锥面，密封面较大，易磨损；高温下易产生变形而被卡住；锥面加工（研磨）困难，难以保证密封，且不易维修。但若采用油封结构，可提高密封性能。

（三）气田常用旋塞阀的分类及结构

1. 软密封旋塞阀

软密封旋塞阀常用于腐蚀性、剧毒和高危害介质等苛刻环境及严格禁止泄漏、阀门材料不对介质形成污染等场合。阀体可根据工作介质选用碳钢、合金钢及不锈钢材料。

2. 油润滑硬密封旋塞阀

油润滑硬密封旋塞阀分为常规油润滑旋塞阀、压力平衡式旋塞阀。特制的润滑脂从塞体顶部注入阀体锥孔与塞体之间，形成油膜以减小阀门启闭力矩，提高密封性和使用寿命。其工作压力可达 64MPa，最高工作温度可达 325℃，最大口径可达 600mm。油润滑硬密封旋塞阀的实物图和剖面图如图 5-2-29、图 5-2-30 所示。

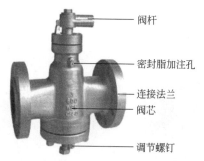

图 5-2-29　油润滑硬密封旋塞阀实物图

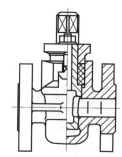

图 5-2-30　油润滑硬密封旋塞阀剖面图

3. 提升式旋塞阀

提升式旋塞阀有多种结构形式，按密封面的材料分为软密封和硬密封两种。开启旋塞阀时使旋塞上升，旋塞再转动 90°，到阀门全开的过程中能减小与阀体密封面的摩擦力；关闭旋塞阀时，使旋塞转动 90°，至关闭位置后再下降与阀体密封面接触达到密封。提升式旋塞阀的实物图和剖面图如图 5-2-31、图 5-2-32 所示。

图 5-2-31　提升式旋塞阀实物图

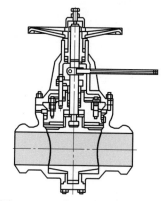

图 5-2-32　提升式旋塞阀剖面图

五、截止阀

（一）截止阀的工作原理

截止阀属于强制密封式阀门，只用作全开和全关，不允许用作调节和节流。其启闭件是塞形的阀瓣，密封面呈平面或锥面，阀瓣沿流体的中心线做直线运动，关闭阀门时须向阀瓣施加压力以强制密封。截止阀的阀杆运动形式分为升降杆式（阀杆升降，手轮不升降）、升降旋转杆式（手轮与阀杆一起旋转升降，螺母设在阀体上）。

当介质由阀瓣下方进入阀内时，操作力所需要克服的阻力是阀杆和填料的摩擦力与由介质的压力所产生的推力，关阀门的力比开阀门的力大，所以阀杆的直径要大，否则会发生阀杆顶弯的故障。通过完善截止阀内部结构，改变介质流向由阀瓣上方进入阀腔，在介质压力作用下使关闭阀门的力减小、开启阀门的力增大，阀杆的直径也相应减小，同时有效增强阀门的密封性能。开启截止阀时，阀瓣的开启高度达到公称通径的25%～30%时，流量达到最大，表示阀门已达全开位置，因此截止阀的全开位置应由阀瓣的行程来决定。

(二) 截止阀的特点

(1) 在开启和关闭过程中，由于阀瓣与阀体密封面间的摩擦力比闸阀小，因而耐磨。

(2) 开启高度比闸阀小得多。

(3) 通常在阀体和阀瓣上只有一个密封面，便于维修。

(4) 截止阀的缺点主要是介质在腔体中从直线方向变为向上流动，造成压力损失较大，特别是在液压装置中，这种压力损失尤为明显。

(三) 气田常用截止阀的分类及结构

1. 直通式截止阀

直通式截止阀的实物图和剖面图如图5-2-33、图5-2-34所示。

 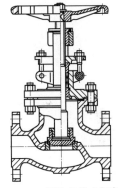

图5-2-33 直通式截止阀实物图　　图5-2-34 直通式截止阀剖面图

2. 直流形截止阀

直流形截止阀阀体的流道与主流道成一条斜线，使流动状态的破坏程度比常规截止阀小，使通过阀门的压力损失小于常规结构截止阀的压力损失。直流式截止阀的实物图和剖面图如图5-2-35、图5-2-36所示。

图 5-2-35　直流式截止阀实物图

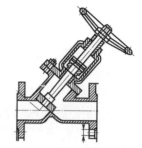

图 5-2-36　直流式截止阀剖面图

3. 角式截止阀

通过角式截止阀的流体只需改变一次方向，使通过阀门的压力损失小于常规结构截止阀的压力损失。角式截止阀的实物图和剖面图如图 5-2-37、图 5-2-38 所示。

图 5-2-37　角式截止阀实物图

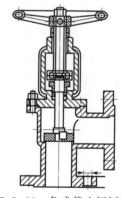

图 5-2-38　角式截止阀剖面图

4. 柱塞式截止阀

图 5-2-39　柱塞式截止阀实物图

柱塞式截止阀是常规截止阀的变型，其阀瓣和阀座通常是基于柱塞原理设计的，阀瓣磨光成柱塞与阀杆相连接。密封是由套在柱塞上的两个弹性密封圈实现的，这两个弹性密封圈用一个套环隔开，并通过由阀盖螺母施加在阀盖上的载荷把柱塞周围的密封圈压牢，其由各种材料制成，也能更换。柱塞式截止阀内若采用一般形式的柱塞或特殊的套环，则主要用于"开"或"关"，但如果柱塞式截止阀内采用特制形式的柱塞或特殊的套环，则还可用于调节流量。柱塞式截止阀的实物图和剖面图如图 5-2-39、图 5-2-40 所示。

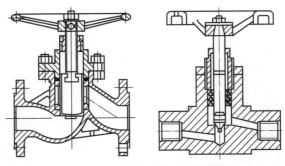

图 5-2-40　柱塞式截止阀剖面图

六、节流阀

（一）节流阀的工作原理

节流阀是一种特殊的截止阀，可通过改变节流截面或节流长度以控制流体流量，而且将节流阀和单向阀并联则可组合成单向节流阀。节流阀和单向节流阀均是简易的流量控制阀，节流阀没有流量负反馈功能，不能补偿由负载变化所造成的速度不稳定，一般仅用于负载变化不大或对速度稳定性要求不高的场合。节流阀剖面图如图 5-2-41 所示。

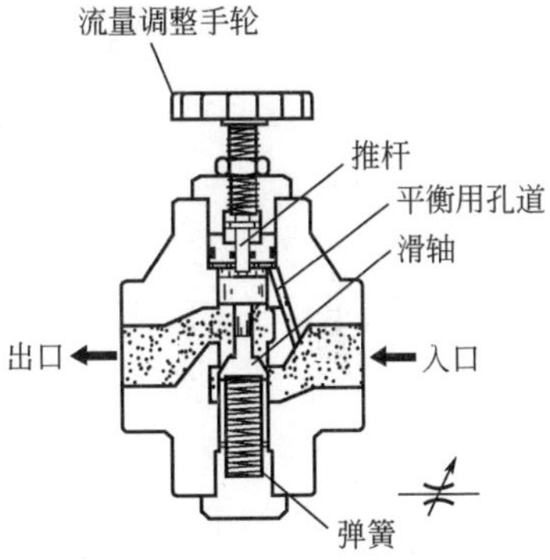

图 5-2-41　节流阀剖面图

（二）节流阀的特点

（1）构造较简单，便于制造和维修，成本低。

（2）调节力矩小，动作灵敏。

（3）流量调节范围大，流量、压差变化平滑。

（4）密封面易冲蚀，不能作切断介质用。

（5）密封性较差。

（三）气田常用节流阀的分类及结构

节流阀分为直流式节流阀、角式节流阀和柱塞式节流阀。

目前气田运用比较多的节流阀是角式节流阀，角式节流阀是一种调节流量和压力的阀门，主要用于气井产出天然气的节流降压。一般将阀塞设计为锥形，锥度一般有 1：50 和 1：60 锥角两种，锥表面要经过精细研磨以达到细微调节流量的作用，在调节气体流量时从关闭到开启到最大能连续细微地调节。角式节流阀的阀塞与阀座间的密封是依靠锥面紧密配合达到的，阀杆与阀座间的密封是靠波纹管实现的。角式节流阀的实物图和剖面图如图 5-2-42、图 5-2-43 所示。

图 5-2-42　角式节流阀实物图

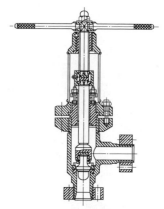

图 5-2-43　角式节流阀剖面图

七、止回阀

（一）止回阀的工作原理

止回阀又称逆流阀、单向阀，是依靠管路中介质本身的流动产生的力而自动开启和关闭的，属于一种自动阀门，只能安装在水平管道上，如图 5-2-44、图 5-2-45 所示。止回阀用于管路系统，其主要作用是防止介质倒流、防止泵及驱动电动机反转、防止容器介质泄放，同时止回阀还可用于管内压力升高至超过主系统压力的辅助系统管路上。

图 5-2-44　止回阀

图 5-2-45　消声止回阀

(二) 气田常用止回阀的分类及结构

止回阀主要分为升降式止回阀和旋起式止回阀、蝶阀止回阀。

1. 升降式止回阀

升降式止回阀是阀瓣沿着阀体做垂直中心线滑动的止回阀，只能安装在水平管道上，密封性较差。升降式止回阀的结构与截止阀相似，其阀体和阀瓣与截止阀相同，阀瓣上部和阀盖下部加工有导向套，阀瓣导向套可在阀盖导向套内自由升降，当介质顺流时阀瓣靠介质推力开启，当介质停流时阀瓣靠自垂降落在阀座上，起阻止介质逆流作用，在高压小口径止回阀上阀瓣可采用圆球。升降式止回阀实物图和剖面图如图 5-2-46、图 5-2-47 所示。

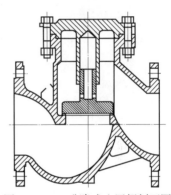

图 5-2-46　升降式止回阀实物图　　　图 5-2-47　升降式止回阀剖面图

2. 旋启式止回阀

旋启式止回阀是阀瓣围绕阀座内的销轴旋转的止回阀，它有一个铰链机构，还有一个像门一样的阀瓣，可以自由地靠在倾斜的阀座表面上。为了确保阀瓣每次都能到达阀座面的合适位置，阀瓣设计在铰链机构上，以便阀瓣具有足够的旋启空间，并使阀瓣真正、全面与阀座接触。阀瓣可以全部用金属制成，也可以在金属上镶嵌皮革、橡胶或者采用合成覆盖面，这取决于使用性能的要求。旋启式止回阀在完全打开的状况下，流体几乎不受阻碍，因此通过阀门的压力降相对较小。旋启式止回阀的实物图和剖面图如图 5-2-48、图 5-2-49 所示。

3. 蝶式止回阀

蝶式止回阀的阀瓣呈圆盘状，在开启和关闭的过程中阀瓣绕阀座通道的转轴做旋转运动，因阀内通道呈流线型，流动阻力比升降式止回阀小，适用于低流速和流动不常变化的大口径场合，但不宜用于脉动流，其密封性能不及升降式止回阀。蝶式止回阀分单瓣式、双瓣式和多瓣式三种，这三种形式主要按阀门口径来分。蝶式止回阀的实物图和剖面图如图 5-2-50、图 5-2-51 所示。

图 5-2-48　旋启式止回阀实物图

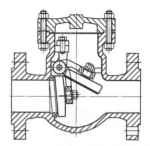

图 5-2-49　旋启式止回阀剖面图

图 5-2-50　蝶式止回阀实物图

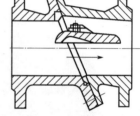

图 5-2-51　蝶式止回阀剖面图

八、隔膜阀

（一）隔膜阀的工作原理

隔膜阀是一种特殊形式的截断阀，其启闭件是一块用软质材料制成的隔膜，将下部阀体内腔与上部阀盖内腔及驱动部件隔开，使位于隔膜上方的阀杆、阀瓣等零件不受介质腐蚀，省去填料密封结构且不会产生介质外漏，同时转动手轮带动阀杆上、下移动，能将弹性体薄膜紧压在阀座上用来隔断气路，使隔膜离开阀座打开阀门或使隔膜紧压在阀座上关闭阀门。隔膜阀的实物图和剖面图如图 5-2-52、图 5-2-53 所示。

图 5-2-52　隔膜阀实物图

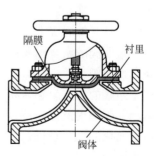

图 5-2-53　隔膜阀剖面图

（二）隔膜阀的特点

（1）隔膜阀结构简单，只由阀体、隔膜和阀盖组合件三个主要部件构成，易于快速拆卸和维修，更换隔膜可以在现场极短时间内完成。

（2）用隔膜将下部阀体内腔与上部阀盖内腔隔开，使位于隔膜上方的阀杆、阀瓣等零件不受介质腐蚀，且不会产生介质外漏，省去填料密封结构。

（3）隔膜阀因工作介质接触的仅是隔膜和阀体，二者均可采用多种不同材料，因此能理想地控制多种工作介质，尤其适用于带有化学腐蚀性或悬浮颗粒的介质。

（4）隔膜阀采用橡胶或塑料等软质密封材料制作隔膜，密封性较好。由于隔膜易损坏，应视工况及介质特性而定期更换。

（5）受隔膜材料限制，隔膜阀适用于低压、温度不高的场合，它的工作温度范围为-50~175℃。

（6）具有良好的防腐蚀特性。

（三）气田常用隔膜阀的分类及结构

隔膜阀的种类很多，分类方法多样，但因隔膜阀的用途主要取决于阀体衬里材料和隔膜材料，因此可按阀座结构形式分为堰式隔膜阀和直通式隔膜阀。

1. 堰式隔膜阀

堰式隔膜阀的隔膜与承压套相连，承压套再与带螺纹的阀杆相连，关闭阀门时隔膜被压下，与阀体堰形构造密封，或与阀门内腔轮廓密封，或与阀体内的某一部位密封，这取决于阀门的内部结构设计。隔膜的材料可是人造合成橡胶或带有合成橡胶衬里的聚四氟乙烯，因此只需用较小的操作力和较短的隔膜行程即可启闭阀门。标准的堰式隔膜阀也可使用于真空中，不过用于高真空时隔膜须特殊增强。

堰式隔膜阀在关闭至接近2/3开启位置时也可用于流量控制，但为防止密封面受到腐蚀和在液体介质中引起汽蚀损害，应尽量避免在接近关闭位置时进行流量控制。堰式隔膜阀的实物图和剖面图如图5-2-54、图5-2-55所示。

图5-2-54 堰式隔膜阀实物图

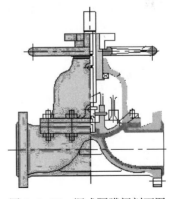

图5-2-55 堰式隔膜阀剖面图

2. 直通式隔膜阀

直通式隔膜阀没有堰，流体在阀门内腔直流，特别适用于某些黏性流体、水泥浆以及沉淀性流体。直通式隔膜阀相对堰式隔膜阀，其隔膜的行程较长，因此使隔膜选择合成橡胶材料的范围受到限制。直通式隔膜阀的实物图和剖面图如图 5-2-56、图 5-2-57 所示。

 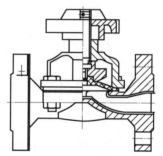

图 5-2-56 直通式隔膜阀实物图   图 5-2-57 直通式隔膜阀剖面图

九、减压阀

（一）减压阀的工作原理

减压阀是通过调节使进口压力减至某一需要的出口压力，并依靠介质本身的能量使出口压力自动保持稳定的阀门。从流体力学的观点看，减压阀是一个局部阻力可变化的节流元件，即通过改变节流面积使流速及流体的动能改变，造成不同的压力损失，最终达到减压目的，然后依靠控制与调节系统的调节使阀后压力的波动与弹簧力相平衡，使阀后压力在一定的误差范围内保持恒定。减压阀按动作原理分为直接作用式减压阀和先导式减压阀。直接作用式减压阀利用出口压力的变化直接控制阀瓣的运动；先导式减压阀由导阀和主阀组成，出口压力的变化通过导阀放大来控制主阀阀瓣的运动。减压阀的现场应用和剖面图如图 5-2-58、图 5-2-59 所示。

（二）减压阀的特点

（1）薄膜式减压阀是用薄膜作为传感件来带动阀瓣升降的减压阀，薄膜的行程小，容易老化损坏，受温度的限制，耐压能力低，因此通常用于水、空气等温度和压力不高的条件下。

（2）弹簧薄膜式减压阀是用弹簧和薄膜作为传感元件带动阀瓣升降的减压阀，主要由阀体、阀盖、阀杆、阀瓣、薄膜、调节弹簧和调节螺钉等组成，除具有薄膜式减压阀的特点外，其耐压性能比薄膜式减压阀高。

图 5-2-58　减压阀现场应用

（3）活塞式减压阀是用活塞机构来带动阀瓣做升降运动的减压阀，它与薄膜式减压阀相比，体积较小，阀瓣开启行程大，耐温性能好，但灵敏度较低，制造困难，因此普遍用于蒸汽和空气等介质管道中。

（4）波纹管式减压阀是用波纹管机构来带动阀瓣升降的减压阀，适用于蒸汽和空气等介质管道中。

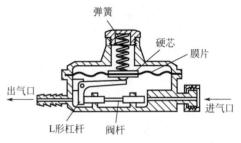

图 5-2-59　减压阀剖面图

（三）气田常用减压阀的分类及结构

1. 直接作用式减压阀

直接作用式减压阀带有平膜片或波纹管，独立结构，利用被调介质自身调节压力，压力设定值在运行中可随意调整，无须在下游安装外部传感线。直接作用式减压阀是体积最小、使用最经济的一种，主要适用于中低流量的各种气体、液体及蒸汽介质减压、稳压。直接作用式减压阀的精确度通常为下游设定点的±10%。直接作用式减压阀的实物图、剖面图如图 5-2-60、图 5-2-61 所示。

2. 活塞式减压阀

活塞式减压阀集两种阀（导阀和主阀）于一体，导阀的设计与直接作用式减压阀类似，来自导阀的排气压力作用在活塞上，使活塞打开主阀，若主阀较大无法直接打开时，这种设计就会利用入口压力打开主阀，因此活塞式减压阀与直接作用式减压阀相比，在相同的管道尺寸下，容量和精确度（±5%）更高。活塞式减压阀与直接作用式减压阀相同的是，减压阀内部感知压力，无须外部安装传感线。

图 5-2-60　直接作用式减压阀实物图

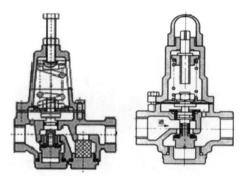

图 5-2-61　直接作用式减压阀剖面图

3. 薄膜式减压阀

薄膜式减压阀的双膜片代替了活塞式减压阀中的活塞，这个增大的膜片面积能打开更大的主阀，且在相同的管道尺寸下其容量比活塞式减压阀更大，最大减压比可达 20：1；同时膜片对压力变化更为敏感，精确度可达±1%（精确性更高是因在阀外部下游传感线的定位，使其所在位置气体或液体动荡更少）。薄膜式减压阀非常灵活，可采用不同类型的导阀（例如压力阀、温度阀、空气装载阀、电磁阀或几种阀同时配套使用）。

十、安全阀

（一）安全阀的工作原理

安全阀根据压力系统的工作压力自动启闭，一般安装于封闭系统的设备、容器或管路上，作为超压保护装置。当设备、容器或管路内的压力升高超过允许值时，阀门自动开启，继而全量排放，以防止设备、容器或管路内的压力继续升高；当压力降低到规定值时，阀门自动及时关闭，从而保护设备、容器或管路的安全运行。

安全阀可以由阀门进口的系统压力直接驱动，在这种情况下是由弹簧或重锤提供的机械载荷来克服作用在阀瓣下方的介质压力。它们还可以由一个机构来先导驱动，该机构通过释放或施加一个力来使安全阀开启或关闭。因此，按照上述驱动模式将安全阀分为直接作用式和先导式。

安全阀可以在整个开启高度范围或在相当大的开启高度范围内比例开启，也可能仅在一个微小的开启高度范围内比例开启，然后突然开启到全开位置。

安全阀的现场应用及实物图如图 5-2-62、图 5-2-63 所示。

（二）安全阀的特点

（1）阀座软密封保证安全阀起跳前后的良好密封性。

图 5-2-62　安全阀现场应用

图 5-2-63　安全阀实物图

（2）允许工作压力接近安全阀的整定压力。

（3）较小超压就能使安全阀主阀迅速达到全启状态。

（4）安全阀动作性能和开启高度不受背压的影响。

（5）启闭压差可调。

（6）导阀不流动型结构设计减少了有害介质的排放和环境污染。

（7）可在线检测安全阀的整定压力。

（三）气田常用安全阀分类及结构

安全阀结构主要有两大类，即弹簧式和杠杆式。弹簧式是指阀瓣与阀座的密封靠弹簧的作用力。杠杆式是指密封靠杠杆和重锤的作用力。随着大容量的需要，又出现一种脉冲式安全阀，也称为先导式安全阀，由主安全阀和辅助阀组成。当管道内介质压力超过规定压力值时，辅助阀先开启，介质沿着导管进入主安全阀，并将主安全阀打开，使增大的介质压力降低。

安全阀的排放量取决于阀座的口径与阀瓣的开启高度，根据阀瓣的开启高度安全阀也可分为两种，即微启式和全启式。微启式开启高度是阀座内径的 1/15～

1/20，全启式是阀座内径的 1/3~1/4。

此外，随着使用要求的不同，有封闭式和不封闭式。封闭式即排出的介质不外泄，全部沿着规定的出口排出，一般用于有毒和有腐蚀性的介质。不封闭式一般用于无毒或无腐蚀性的介质。目前，在天然气开采及处理装置和管线上使用的大都是弹簧式安全阀。

1. 弹簧微启式安全阀

弹簧微启式安全阀利用压缩弹簧的力来平衡作用在阀瓣上的力。螺旋圈形弹簧的压缩量可以通过转动它上面的调整螺母来调节，利用这种结构就可以根据需要校正安全阀的开启（整定）压力。根据对弹簧安全阀开启动作特性的分析，可以得出：当附加力从零逐步增加，与内压力之和正好为弹簧预紧力时，阀门微启，增大了介质作用面积，使得用来克服弹簧预紧力的内压作用力急剧增大，其结果是在瞬间减小了外附加力，从而出现第一个特征峰。当外附加力逐渐减小而达到关闭点时，由于介质作用面积忽然减小，为保持力的平衡关系，此时，外附加力会出现瞬间回升现象，即出现第二个特征峰。上述两个特征峰是在线条件下检测安全阀开启压力、回座压力的技术依据。当阀门未打开前，外附加力克服阀芯静态刚性力，当达到开启点以后，外附加力改为克服弹簧的弹性力，两者随时间变化的斜率不同，从而出现第一个拐点，同样情况，在阀门关闭时也会出现另一个拐点。这两个拐点分别对应阀门的开启和回坐，正是冷态时测试阀门开启、回坐压力的技术依据。

弹簧微启式安全阀结构轻便、紧凑，灵敏度也比较高，安装位置不受限制，而且因为对振动的敏感性小，所以可用于移动式的压力容器上。弹簧微启式安全阀实物图和剖面图如图 5-2-64、图 5-2-65 所示。

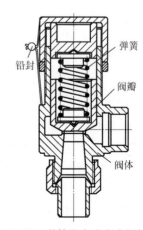

图 5-2-64　弹簧微启式安全阀实物图　　图 5-2-65　弹簧微启式安全阀剖面图

2. 重锤杠杆式安全阀

重锤杠杆式安全阀利用重锤和杠杆来平衡作用在阀瓣上的力。根据杠杆原理，它可以使用质量较小的重锤通过杠杆的增大作用获得较大的作用力，并通过移动重锤的位置（或变换重锤的质量）来调整安全阀的开启压力。

重锤杠杆式安全阀结构简单，调整容易而又比较准确，所加的载荷不会因阀瓣的升高而有较大的增加，适用于温度较高的场合，过去用得比较普遍，特别是用在锅炉和温度较高的压力容器上。但重锤杠杆式安全阀比较笨重，加载机构容易振动，并常因振动而产生泄漏；其回坐压力较低，开启后不易关闭及保持严密。重锤杠杆式安全阀剖面图如图 5-2-66 所示。

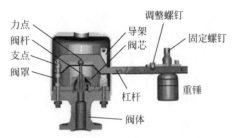

图 5-2-66　重锤杠杆式安全阀剖面图

第二节　常用气动阀门

气动阀门是在普通阀门的基础上安装气动执行器，通过气源压力驱动执行器工作，通过输出信号实现阀门的切断、接通、调节等功能。一般气动阀门都配置电磁阀、气源三联件、限位开关、定位器等配件一起使用。气田常用的气动阀门有气动调节阀、气动减压阀、气动紧急截断阀等。

一、气动调节阀

（一）气动调节阀的作用及工作原理

气动调节阀以压缩空气为动力源，以气缸为执行器，并借助于电气阀门定位器、转换器、电磁阀等附件去驱动阀门，实现开关量或比例式调节，并接收工业自动化控制系统的控制信号来完成调节管道介质的流量、压力、温度等各种工艺参数。气动调节阀现场应用如图 5-2-67、图 5-2-68 所示。

（二）气动调节阀的特点

气动调节阀控制简单，反应快速，且本质安全，不需要另外再采取防爆措施。

图 5-2-67　VETEC 气动调节阀

图 5-2-68　SAMSON 调节阀

(三) 气动调节阀的分类及应用

气动调节阀分为气开型和气关型两种。气开型（Air to Open）是当膜头上空气压力增大时，阀门向增加开度方向动作，当达到输入气压上限时，阀门处于全开状态；反之，当空气压力减小时，阀门向关闭方向动作，在没有输入空气时，阀门全闭，因此有时气开型阀门又称故障关闭型阀门（Fail to Close FC）。

气关型（Air to Close）动作方向正好与气开型相反。当空气压力增大时，阀门向关闭方向动作；空气压力减小或没有时，阀门向开启方向动作或全开，因此气关型阀门有时又称为故障开启型阀门（Fail to Open FO）。

气开气关的选择是从工艺生产的安全角度来考虑的。如果调节阀安装有智能式阀门定位器，在现场可以很容易进行气开气关互相切换。

有一些场合，故障时不希望阀门处于全开或全关位置，操作不允许，而是希望故障时保持在断气前的原有位置处。这时，可采取一些其他措施，如采用保位阀或设置事故专用空气储缸设施来确保阀门在断气前的原有位置。气动调节阀的实物图、剖面图如图 5-2-69、图 5-2-70 所示。

图 5-2-69　气动调节阀实物图

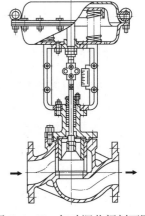

图 5-2-70　气动调节阀剖面图

二、气动减压阀

气动减压阀的出口压力由导阀上的调节螺栓来控制，它与导阀上的针阀协调操作，一旦调定后阀后压力便始终保持为恒定的常数。当主阀打开后，介质流向出口的同时也通过导阀进入主阀膜片室的上腔，使主阀板开口高度稳定在某个值，这样阀后压力便恒定。当出口压力增大，介质通过压力反馈系统使主阀上腔压力增大，主阀的上下腔压力平衡被破坏，将阀门的开度值减小，使通过开口介质的流速提高、动能改变后造成压力损失，阀后压力得到降低。反之，当阀后压力降低，则主阀板开度增大，阀后压力增大。气动减压阀的结构如图 5-2-71 所示。

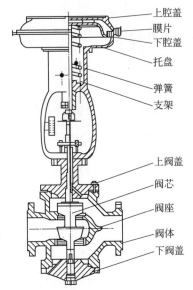

上腔盖
膜片
下腔盖
托盘
弹簧
支架

上阀盖
阀芯
阀座
阀体
下阀盖

图 5-2-71　气动减压阀的结构示意图

三、榆林气田气动紧急截断球阀

(一) 气动紧急截断球阀的作用及工作原理

在正常情况下，气动紧急截断装置串联了两个常闭式控制开关控制的 24V 闭合控制线路，UPS 正常向电磁阀供电，电磁阀打开，氮气充满截断阀执行机构腔体，活塞压缩腔体内弹簧，齿轮联动机构带动球阀阀杆转动，截断阀打开。当突发事故时，通过计算机程序的自动控制或者控制开关的手动控制（控制开关设置在值班室和站门口），电磁阀断电、关闭，并将执行机构腔体内的氮气排出，腔体内弹簧复位，齿轮联动机构带动球阀阀杆转动，截断阀关闭，即可实现截断球阀的远程关闭。气动紧急截断球阀如图 5-2-72 所示。

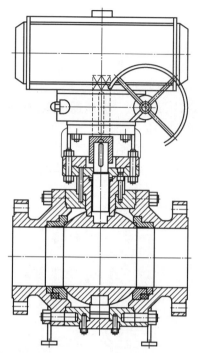

图 5-2-72　气动紧急截断球阀结构示意图

（二）气动紧急截断球阀气动头结构

结构：双活塞齿轮齿条式设计，如图 5-2-73 所示。

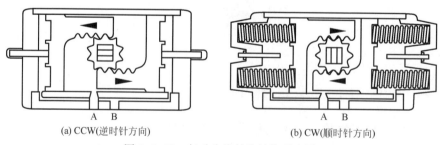

(a) CCW(逆时针方向)　　　　　　　　(b) CW(顺时针方向)

图 5-2-73　气动头齿轮头结构示意图

利用压缩气体或弹簧推动活塞做直线运动，通过齿轮传动，带动齿轮轴做 $0° \sim 90°$ 旋转，开启或关闭阀门。

A 孔进气，执行器逆时针旋转，打开阀门。

B 孔进气，执行器顺时针旋转，关闭阀门单作用执行器，A 孔放空，弹簧复位，推动执行器顺时针旋转，关闭阀门。

打开或关闭时的旋转方向，可以在安装时预先设定，没有要求的时候默认，逆时针打开，顺时针关闭。

（三）气动紧急截断球阀的操作

气动紧急截断球阀在使用时要特别注意阀门所处状态，当现场调试完毕，在正常使用时一定要将阀门处于自动状态，自动状态时操作手轮对阀门不起任何作用，用手转动手轮没有任何阻力；只有在特殊情况下，如现场停电、停气的时候可手动操作阀门。阀门自动和手动状态分别如图 5-2-74、图 5-2-75 所示。

图 5-2-74　阀门自动状态

图 5-2-75　阀门手动状态

自动转换手动——拉起锁销，逆时针转动手柄（不要强力转动，有顶齿现象时轻轻转动一下手轮，再转动手柄），直到锁销自动弹下，则完成自动转换手动。

手动转换自动——拉起锁销，顺时针转动手柄，直到锁销自动弹下，则完成手动转换自动，如图 5-2-76、图 5-2-77 所示。

图 5-2-76　拉起锁销

图 5-2-77　转动手柄

气动紧急截断球阀处于手动状态时，逆时针转动手轮，阀门开启（开启阀门时由于要克服气动装置内的弹簧弹力，则开启力矩大）；顺时针转动手轮，阀门关闭。手动操作如图 5-2-78 所示。

图 5-2-78　手动操作

注意：在进行手动操作时，必须在没有操作气源时进行，否则无法正常操作。

四、C-MAX SF 系列气动执行机构紧急截断阀

（一）使用环境条件及应用

1. 环境温度

标准型气动头：-20~80℃；

低温型气动头：-40~80℃；

高温型气动头：-20~120℃。

2. 操作压力

气动头：300~700kPa；

液动头：6000~15000kPa。

3. 工作介质

气动头：干燥洁净的压缩空气。

液动头：黏度不大于40cSt的液压油，在环境温度较低的地区应使用低温液压油。

产品可作为球阀、蝶阀、旋塞阀、风阀等90°回转阀门的自动驱动装置，广泛适用于化工、食品及饮料、冶金、海洋平台、制药、能源、石油天然气、造纸及纺织等行业。

（二）技术参数

1. 输出扭矩

双动作型：830~25000N·m；

弹簧复位型：307~71753N·m。

2. 操作介质

操作介质为过滤后的干燥空气，露点在-15℃以下需要除湿。

3. 气动（液动）头进气（油）口位置指示

气动（液动）头进气（油）口位置指示如图5-2-79至图5-2-82所示。

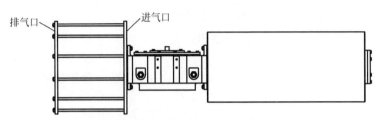

图5-2-79　单作用气动头进气口位置

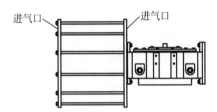

图5-2-80　双作用气动头进气口位置

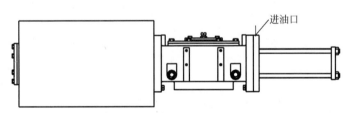

图5-2-81　单作用液动头进油口位置

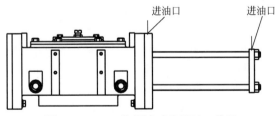

图5-2-82　双作用液动头进油口位置

（三）操作

1. 自动操作方法

1）开关型气动（液动）阀门

（1）电磁阀通电，阀门开启（常闭型）。

（2）电磁阀断电，阀门关闭（常闭型）。

（3）电磁阀通电，阀门关闭（常开型）。

（4）电磁阀断电，阀门开启（常开型）。

2）调节型气动阀门

（1）给定位器4~20mA的电信号（电—气定位器），阀门根据不同电流的大小实现0°~90°的开度调节。

（2）给定位器0.02~0.1MPa的气信号（气—气定位器），阀门根据不同气压的大小实现0°~90°的开度调节。

2. 手动操作方法

1）双动作型气动头手动操作

双动作型气动头手动操作示意图如图5-2-83示。

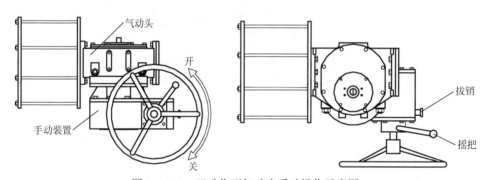

图5-2-83 双动作型气动头手动操作示意图

SF14×××、SF16×××、SF25×××规格的双动作型气动头手动装置为涡轮蜗杆手动装置，安装在气动头和阀门之间。

（1）手动操作时应先打开气动头上所配的均压阀，一只手拉出手操器上的拔销，同时另一只手逆时针转动摇把使手操器中的涡轮蜗杆啮合后松开拔销，确保拔销进入偏心套内后便可手动操作阀门了。顺时针转动手操器手轮，阀门关闭，逆时针转动手操器手轮，阀门打开。

（2）手动操作完阀门后需要自动操作阀门时，必须先一只手拉出手操器上的拔销，同时另一只手顺时针转动摇把使手操器中的涡轮蜗杆啮合后松开拔销，确保拔销进入偏心套内，关闭均压阀。

SF30×××、SF35×××、SF40×××、SF48×××、SF60×××规格的双动作型气动

头手动装置为液压手动装置。

（1）手动操作时应先打开气动头上所配的均压阀，关闭球阀，通过操作三位四通手动换向阀（图5-2-84）控制手动液压缸的进油/排油，操作手动泵实现阀门的手动开、关操作。

（2）手动操作完阀门后需要自动操作阀门时，应将三位四通手动换向阀的手柄置于中间位置，打开球阀。

双动作型液动头的操作与双动作型气动头手动操作方法类似。

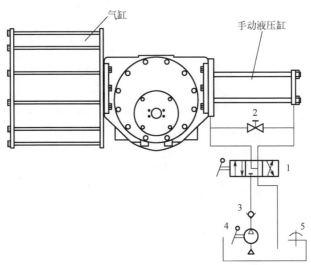

图5-2-84 三位四通手动换向阀示意图

1—三位四通手动换向阀；2—球阀；3—止回阀；4—手动泵；5—呼吸阀

2）单动作型气动头手动操作

（1）SF14×××、SF16×××规格的单动作型气动头手动装置为侧面手轮装置，通过转动手轮将弹簧缸中的梯形螺杆旋进/旋出操作阀门，顺时针转动手轮阀门打开，逆时针转动手轮阀门关闭，如图5-2-85所示。

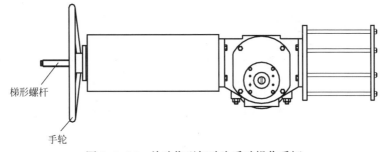

图5-2-85 单动作型气动头手动操作手柄

SF14×××、SF16×××规格的单动作型气动头手动操作完阀门后需要自动操作阀门时，应将弹簧缸中的梯形螺杆旋出，以保证气动头自动操作的顺利实现，在旋出梯形螺杆时避免将其整体旋出，但旋出不够会使阀门关闭不严或开不到位。

（2）SF25×××、SF30×××、SF35×××、SF40×××、SF48×××、SF60×××规格的单动作型气动头手动装置为液压手动装置。液压缸安装在弹簧缸内。液压手动装置是由手动泵、油箱、截止阀、止回阀等部分组成的集成化整体，操作和维修非常方便。安装位置如图5-2-86所示。操作方法如图5-2-87所示。

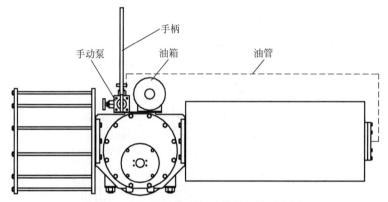

图 5-2-86　单动作型气动执行机构示意图

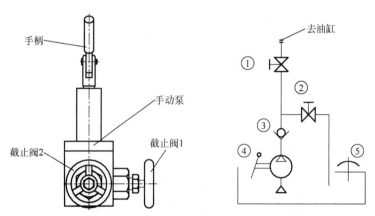

图 5-2-87　油路控制系统示意图

① 关闭截止阀1，打开截止阀2。

② 用手柄操作手动泵给油缸注油，油缸活塞压缩弹簧将阀门打开。

③ 关闭截止阀2。

④ 需要关闭阀门时，打开截止阀2、打开截止阀1。

⑤ 手动操作完阀门后需要自动操作阀门时，应将截止阀2、截止阀1同时

打开。

单动作型液动头的手动操作与双动作型气动头手动操作方法类似。

3. 阀门开、关位置的调节

SF 系列气动（液动）驱动装置设置有开、关限位装置，可以实现驱动装置在 $80°\sim100°$ 范围内的调节。

调节方法如图 5-2-88 所示。

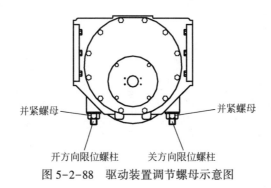

图 5-2-88 驱动装置调节螺母示意图

（1）首先将并紧螺母松开。

（2）将开方向的限位螺柱向外旋出，开度增大，将开方向的限位螺柱向内旋入，开度减小。

（3）将关方向的限位螺柱向外旋出，关度增大，将关方向的限位螺柱向内旋入，关度减小。

（4）开、关位置调节合适后，注意应将并紧螺母并紧。

4. 组装图、零件表

气动执行机构组装图如图 5-2-89 所示。

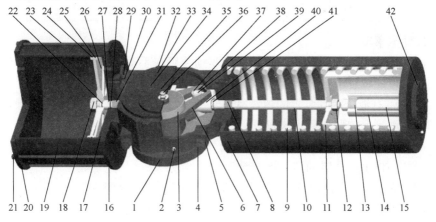

图 5-2-89 气动执行机构结构示意图

气动执行机构零件见表 5-2-1。

表 5-2-1　气动执行机构零件表

序号	零件名称	材质	序号	零件名称	材质
1	箱体	球墨铸铁	22	O 形圈	NBR
2	泄放阀	碳钢	23	螺柱	合金钢
3	滑动轴承	金属衬 TFE	24	导向环	PTFE
4	调节螺柱	合金钢	25	O 形圈	NBR
5	螺母	2H	26	活塞	球墨铸铁
6	拨叉	碳钢	27	活塞杆	合金钢
7	弹簧缸	碳钢	28	O 形圈	NBR
8	滑动轴承	金属衬 TFE	29	双头螺柱	合金钢
9	弹簧	合金钢	30	螺母	2H
10	拉杆	合金钢	31	滑动轴承	金属衬 TFE
11	弹簧座	碳钢	32	螺栓	碳钢
12	螺母	2H	33	箱盖	球墨铸铁
13	滑动轴承	金属衬 TFE	34	螺栓	碳钢
14	液压缸	碳钢	35	顶盖	球墨铸铁
15	液压活塞	碳钢	36	反馈轴	合金钢
16	隔板	球墨铸铁	37	滚套	合金钢
17	O 形圈	NBR	38	滑动轴承	金属衬 TFE
18	螺母	2H	39	销轴	合金钢
19	气缸	碳钢	40	导向块	球墨铸铁
20	端盖	球墨铸铁	41	螺母	碳钢
21	螺母	2H	42	封盖	碳钢

5. 注意事项

（1）带有侧面手动机构的弹簧复位驱动装置在手动操作后需要自动操作时，务必将梯形螺杆旋出到合适位置。

（2）带有液压手动装置的弹簧复位驱动装置在手动操作后需要自动操作时，务必将手动泵上的两个截止阀打开。

（3）带有涡轮蜗杆手动装置的双动作型驱动装置在手动操作后需要自动操作时，务必将手动装置的转动摇把置于自动位置。

（4）不需要手动操作时，不要转动手动装置的手轮和手柄。

（5）在操作前需要确认气压是否正常。

（6）操作介质应该为过滤后的干燥、洁净空气或清洁的液压油。

6. 动作不良时的维修

（1）首先确认气压是否正常。

（2）电磁阀通电，检查输出气体是否能切换，不能切换应检查电气回路。

（3）如果电磁阀通电，输出气体能切换，应将气动头从阀门上取下，分别检查气动头和阀门。

（4）检查气动头时应先给气动头通气，检查气动头动作是否正常和各部位有无漏气现象。

（5）如果有漏气情况，应更换密封圈。

第三节　常用电动阀门

电动阀门简单地说就是用电动执行器控制阀门，从而实现阀门的开和关。其可分为上下两部分，上半部分为电动执行器，下半部分为阀门。它可以接收运行人员或自动装置的命令，自动截断或调节管道中的介质流量，电动装置和阀门本身都是独立的部件。为了保证电动阀门的工作性能良好，除了必须有性能良好的阀门电动装置和阀门外，还应使二者能很好地协调工作。常用的电动阀门有电磁阀、电动蝶阀、电动球阀、电动闸阀、电动调节阀、电动选控紧急切断阀等。

一、电磁阀

电磁阀主要应用于苏里格气田天然气井口，当井口压力超过超欠压保护压力范围时迅速截断井口气源，防止下游管线超压或天然气的大量泄漏。电磁阀适用于井下节流器失效、采气管线发生破裂等超欠压事故发生时等情况。

远程控制电磁阀结构示意图如图5-2-90所示。电磁阀主要包括电磁头、阀体、阀盖、主阀芯、压力弹簧等。

电磁头为电磁阀的主要控制部分，电磁头A、B，分别控制副阀芯、锁芯，副阀芯为开合阀，锁芯为定位芯。开阀时，电磁头A通电，副阀芯吸回，电磁头B控制锁芯在弹簧弹力作用下卡在副阀芯的环形槽内，实现互锁。

卸荷孔位于阀盖中部，在装配后与阀体壁的卸荷通道相连，从而将出气口与阀芯腔连通。主阀芯是一个腔形结构，主要包括阀芯腔、平衡压力孔。

（一）技术原理

站内控制软件下达开关井指令，经过站内数传电台发送信号给井上接收电台，接收电台把信号转换成控制命令，传送给电磁阀控制模块，控制模块通过通、断电实现对电磁阀的开关控制。

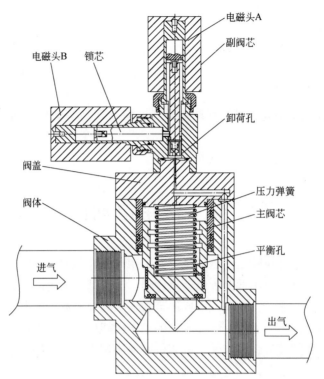

图 5-2-90　远程控制电磁阀结构示意图（关闭状态）

（二）紧急截断原理

压力变送器采集节流阀前的压力值，其输出信号接入 RTU 的 AI3 输入点，通过控制软件运算，当压力高于设定高限值（用户设定）时，RTU 输出点 DO1 触发，电磁头 B 闭合线圈得电，电磁阀关闭；当压力低于设定低限值（用户设定）时，RTU 输出点 DO1 触发，电磁头 B 闭合线圈得电，电磁阀关闭。

RTU 设置了一个用户可调参数，DO1 触发后延时 Ns（用户提供参数）失电，即电磁阀关闭后延时 Ns（甲方提供参数）失电，防止了线圈长期带电发热过多造成损坏，同时减少电能损耗，实现了电磁阀有效紧急截断。

（三）远程开关控制原理

电磁阀依托数据传输系统执行远程开关阀操作，见图 5-2-91。

站内控制软件使用串口将开阀控制指令通过无线电台传输给 RTU 控制器 DO1 继电器，继电器闭合，给电磁头 A 供电，电磁阀打开；开关量 DI1 收到开阀指令后，将开阀状态反馈给控制软件，控制软件将在界面上显示阀已打开的状态，开阀完成。

当要关闭阀门时，站内控制软件发出关阀指令，RTU 控制器收到指令后，继电器 DO2 闭合，电磁头 B 得电，电磁阀关闭；开关量 DI2 收到关阀指令后，将关阀状态反馈给控制软件，控制软件将在界面上显示阀已关闭的状态，关阀完成。

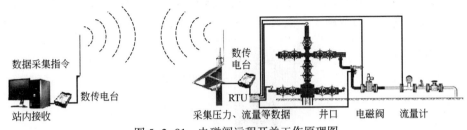

数据采集指令
站内接收
数传电台
数传电台
RTU
采集压力、流量等数据　井口　电磁阀　流量计

图 5-2-91　电磁阀远程开关工作原理图

（四）电磁阀工作原理

远程控制电磁阀属于常开常闭型先导卸荷电磁阀，通过控制阀盖上的卸荷孔开启及闭合，实现对电磁阀的先导式控制。

当开启阀门时，电磁头 A 把副阀芯吸回与锁芯互锁。卸荷孔打开，阀体上腔内的压力迅速下降，在主阀芯下腔周围形成上低下高的压差，气流压力通过主阀芯外部的受力台阶推动阀芯向上移动，阀门打开，主阀芯整个底面完全受力，如图 5-2-92 所示。

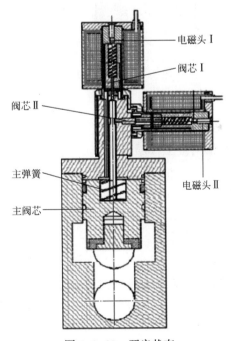

电磁头 I
阀芯 I
阀芯 II
主弹簧
主阀芯
电磁头 II

图 5-2-92　开启状态

当关闭阀门时，电磁头 B 把锁芯吸回，副阀芯在弹簧力作用下把卸荷孔关闭，进口压力通过阀芯上的平衡压力孔迅速充满阀芯上腔，在阀芯周围形成上下腔压力平衡状态，弹簧推动主阀芯向下移动，关闭阀门，气体压力越高，阀门关闭越死，如图 5-2-93 所示。此结构通过合理设计卸荷孔满足流体压差条件后，可以实现进气口压力范围宽、最大压力高等工况下阀门的开启关闭。

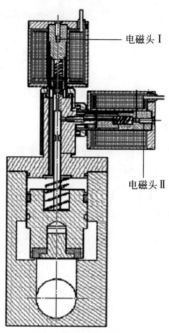

电磁头 I

电磁头 II

图 5-2-93　关闭状态

二、电动蝶阀

（一）电动蝶阀的作用及工作原理

电动蝶阀的蝶板安装于管道的直径方向。在电动蝶阀阀体圆柱形通道内，圆盘形蝶板绕着轴线旋转，旋转角度为 0°~90°，旋转到 90°时，阀门则处于全开状态。电动蝶阀处于完全开启位置时，蝶板厚度是介质流经阀体时唯一的阻力，因此通过该阀门所产生的压力降很小。

（二）电动蝶阀的特点

电动蝶阀的结构简单、体积小、重量轻，只由少数几个零件组成。而且只需旋转 90°即可快速启闭，操作简单，同时该阀门具有良好的流体控制特性。主要缺点是使用压力和工作温度范围小，密封性较差。电动双法兰式蝶阀的结构如图 5-2-94 所示。

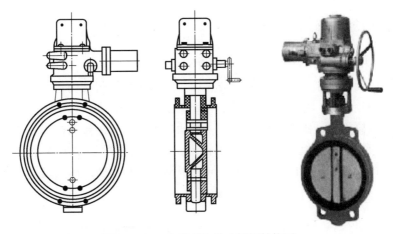

图 5-2-94　电动双法兰式蝶阀结构图

三、电动球阀

(一) 电动球阀的作用及工作原理

电动球阀在管路中主要用来切断、分配和改变介质的流动方向，电动球阀和旋塞阀是同属于一个类型的阀门，只有它的关闭件是个球体，球体绕阀体中心线旋转来达到开启、关闭的目的。

(二) 电动球阀的特点

电动球阀开关轻便，体积小，可以做成很大口径，密封可靠，结构简单，维修方便，密封面与球面常在闭合状态，不易被介质冲蚀。电动球阀的结构如图 5-2-95 所示。

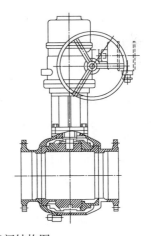

图 5-2-95　电动球阀结构图

四、电动闸阀

（一）电动闸阀的作用及工作原理

电动闸阀采用压力自紧式密封或阀体、阀盖垫片密封结构；阀瓣采用双闸板中间带万向顶结构，能自动调整阀瓣与阀座密封面吻合度，保证阀门的密封，同时此结构维修方便，阀瓣互换性较好；电动装置配有转矩控制机构、现场操作机构和手动、电动切换机构。除就地操作外，还可以进行远距离操作及智能控制等；阀门可安装在管道的任何位置，同时根据介质和介质的温度选择碳钢或合金钢阀门。电动闸阀的结构如图 5-2-96 所示。

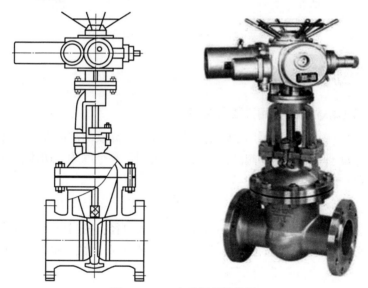

图 5-2-96　电动闸阀结构图

（二）电动闸阀的特点

电动闸阀适用于易燃易爆的场合，安全系数高、操作功能强、性能稳定。

五、电动调节阀

（一）电动调节阀的作用及工作原理

电动调节阀输入的是调节器送来的直流电信号，经放大器放大后来驱动执行机构，产生轴向推力，带动调节阀动作，从而引起介质流量的变化，来调节系统中各类参数。同时执行机构发出一个阀的位置信号供伺服放大器比较，使调节阀始终保持在与输入信号相对应的位置上，完成调节任务。

（二）电动调节阀的特点

电动调节阀具有体积小、重量轻、流量大、调节精度高等特点，广泛应用于电力、石油、化工、冶金、环保、轻工等行业的工业过程自动控制系统中。

电动调节阀的结构如图 5-2-97 所示。

图 5-2-97 电动调节阀结构图

六、电动远控紧急切断阀

（一）电动远控紧急切断阀的作用及工作原理

电动远控紧急切断阀主要应用于苏里格气田井口，它充分利用太阳能资源，采用太阳能板及蓄电池组成的系统来为切断阀供电，将原有的气动执行机构改为用直流低电压启动，无须外部气源作为动力。该阀用电动机作为执行机构驱动元件，实现了就地动力源来执行远程开关井的操作，彻底取消了氮气的补充，而且保留了就地自动超压、欠压保护及人工干预等功能。

（二）切断阀的远程控制原理

1. 超压保护

如图 5-2-98 所示，当导压管将采集到的管线压力信号 Pgy 传输至压力传感器内，使其中的推杆力大于由弹簧力所设定的超压保护值时，在气（液）力的作用下推杆向下运动，使得平衡杆围绕平衡杆销轴逆时针转动，销钉被推着向上运动，从而使平衡块绕平衡块销轴顺时针旋转，因此平衡块的挂钩将失去对控制杆的约束，支撑器上月牙轴、控制杆等构件失去原有的力平衡关系而逆时针旋转90°，因此月牙轴不再支撑阀瓣、齿条等构件维持开启的位置关系，即有回坐弹簧力推动阀瓣快速向阀座运动的动作。这样，阀瓣便切断管线气流起到超压保护作用。

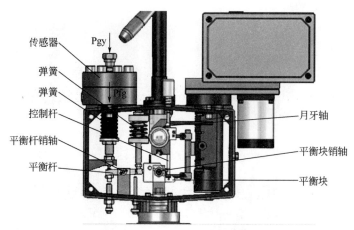

图 5-2-98　意外紧急截断

2. 欠压保护

如图 5-2-98 所示，当导压管将采集到的管线压力信号 Pgy 传输至压力传感器内，使其中的推杆力小于由弹簧力所设定的欠压保护值时，在弹簧力的作用下推杆向上运动，使得平衡杆围绕平衡杆销轴顺时针转动，销钉被推着向下运动，从而使平衡块绕轴平衡块销轴顺时针旋转，即有回坐弹簧力推动阀瓣快速向阀座运动的动作。这样，阀瓣便切断管线气流起到欠压保护作用。

压力/远控电动开关设有紧急切断按钮，如图 5-2-99 所示，以便在发生其他未预见的危难工况条件下，实施人为的干预来切断管线的气（液）流，而进

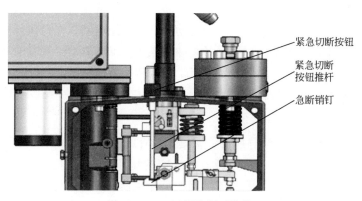

图 5-2-99　远程控制开关井

入安全状态。

当人为干预按下紧急切断按钮时，紧急切断按钮推杆随即向下运动，它便触及并推动着安装在平衡块上的急断销钉也向下运动，从而带动平衡块逆时针旋转，也可达到截断管线气流的目的。

3. 远程遥控开启

如图 5-2-100 所示，远程遥控开关是借助于远程数据传输系统来实现的，基本过程是远程控制站通过发送天线发送控制命令，井口的接收天线将命令给控制箱，控制箱给提升电动机通电并控制提升电动机工作，通过提升立柱装配体中的提升电动机传动端齿轮，带动提升齿条向上运动，提升齿条上连接着阀杆，使得阀杆上升，阀杆带动阀瓣上升到开启位置，使阀门开启。然后控制箱给辅助电动机通电并控制辅助电动机工作，辅助电动机带动上撬杆，使上撬杆上行，带动控制转臂与月牙轴旋转，使控制杆锁定到平衡杆挂钩中，并使月牙轴支撑住提升齿条，阀门开启状态锁定。

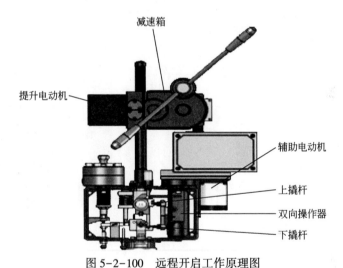

图 5-2-100　远程开启工作原理图

4. 远程遥控关闭

控制室关闭指令下达后，通过无线传输，控制电路控制辅助电动机反向工作，带动下撬杆动作，使下撬杆下行，压动平衡块中的拨动销钉，使平衡块旋转，因此平衡块的挂钩将失去对控制杆的约束，释放控制杆锁定状态，控制转臂与月牙轴在偏心力的作用下旋转，月牙轴不再支撑阀瓣齿条等构件维持开启的位置关系，在蓄能关闭弹簧力的作用下阀瓣快速向阀座运动。这样，阀瓣便切断管线气流起到远程遥控关闭的作用。

第四节　气液联动阀

　　气液联动阀广泛应用于长输天然气管道，具有传动稳定、容易控制、不需要电源等优点。气液联动阀以高压天然气作为动力，常作为输气管道的线路截断阀使用。常见的气液联动阀门有气液联动截断阀或气液联动紧急自动截断阀、气液联动球阀。

一、气液联动紧急自动截断阀

　　气液联动紧急自动截断阀如图 5-2-101 所示。管道破裂保护的控制原理是基于驱动机构对压力变化产生响应，通过系统中各机构组合动作，切断主管线中的天然气，以主管线中的天然气作为动力源驱动阀门关闭。

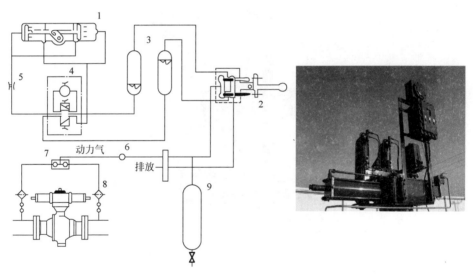

图 5-2-101　气液联动紧急自动截断阀结构示意图

1—驱动机构；2—控制阀；3—气液灌；4—手摇泵；5—节流阀；6—单向阀；
7—双联单向阀；8—过滤器；9—蓄能器

　　阀门全开时，由可调节流小孔、驱动机构、开/关气液罐、紧急提升阀、基准罐和换向阀等控制。特定的压降速率完全由可调节流小孔来调节设定。通过泄放小孔的调整确保在正常管线压力波动状态下驱动机构不受影响。当主管线上发生的严重持续压降达到设定的压降速率时，驱动机构的前侧腔室（无簧侧）内就会响应。受可调节流小孔制约的基准罐内的稳定压力与前者相互作用，在驱动机构膜片上产生一个压力差，驱使膜片带动输出轴向外移动，触发两位三通换向阀关闭，通口 P 与通口 C 由连通变为切断。紧急提升阀的通口 O 无压力源，阀芯向 O 侧移动，其通口 P 与通口 C 由切断变为连通，动力气源通过关气液罐上的梭阀进入关气液罐，并将高压液压油压入液压缸，快速关闭阀门。关气液罐上的梭阀同时也隔离了控制模块。留存于液压缸的液压油被压入开气液罐。当主阀关闭时，就会在阀前后产生压差，使安装于主阀上的梭阀换向，自动选择高压侧的气源作为动力源输入给液压缸。

当液压缸达到行程的末端时，安装于液压缸上的阀位联动机构相应地触发紧急提升阀，迫使阀瓣关向阀座，其通口 P 与通口 C 被切断，保持气液罐和液压缸稳压。液压缸处于紧急关断位置，相应的主阀也保持关位，切断下游管线，这样便可以进行维修工作。液压缸只有在两位三通换向阀经手动复位后才能被打开。阀位联动机构此时不再需要保持紧急提升阀处于关位。

二、气液联动球阀

气液联动球阀通过控制电磁阀的动作来实现其远程开关的气动、液压操作。具体原理为：当调控中心给出关阀信号后，截止式电磁换向阀导通，管道内的天然气可经过一级滤网和过滤度为 $25\mu m$ 的二级过滤网进入电磁阀和梭阀，推动活塞运动。提升阀一旦离开密封座，气体会经过提升阀进入关阀气液罐，并压迫罐内的液压油通过调速阀进入执行器，推动执行器内的翼片旋转，将执行器开阀腔内的液压油压入开阀液压罐，实现远程关阀操作。

目前我国天然气管道的干线截断阀采用了 SHAFER 和意大利的 LDEEN 的气液联动球阀，其中以 SHAFER 居多。气液联动球阀的结构如图 5-2-102 所示。

（一）气液联动球阀的工作原理

1. SHAFER 气液联动球阀的工作原理

SHAFER 气液联动球阀在自动控制方式下，由一台专用微处理器及其附属部件实现管道检测和管道截断保护功能。处理器通过压力传感器每 8s 对管道压力进行一次采样，并将采样的压力值与用户设定值进行对比，如压力值和压降速率异常超过设定值一段时间后，处理器会控制电磁阀动作，实现自动关阀；同时处理器自动处理 30min 内的压力采样值，并将其自动保存在存储器中。在数据采集模式被激活时，处理器每隔 32s 对管道压力进行一次采样，并以滚动方式存储 30min 内的压力检测值。SHAFER 气液联动球阀在自动模式停止使用时，可按照阀门标识通过手泵或气动方式进行开关阀动作。

2. LEDEEN 气液联动球阀的工作原理

LEDEEN 气液联动球阀在自动控制方式下，通过检测单元的参比罐与气液分离罐之间液压油的流动在节流元件前后产生压差，当压差超过两位式差压变送器的允许范围后带动机构动作，使阀门关断。正常情况下，输气管道内天然气通过截流阀引入气液分离罐，当管道压力增大时，管道内天然气压迫气液分离罐内液压油向参比罐流动，使参比罐内压力相应增大；当管道压力下降时，由于参比罐内压力高于管道压力，会使液压油倒液回分离罐内，倒液回时因孔板节流元件的作用会在差压变送器前后产生压差，当压差大到足以使两位式差压变送器动作时，即发出关阀信号实现自动关断。为了防止因压力波动而导致的误动作，可在差压变送器后安装一个延时开关，若压力在设定时间内恢复，差压变送器恢复原位，则可避免自动关断。当阀门自动关断故障处理完毕后，必须将控制阀复位才能将阀门打开。同 SHAFER 气液联动球阀一样，LEDEEN 气液联动球阀在自动模式停止使用时，可按照阀门标识通过手泵或气动方式进行开关阀动作。

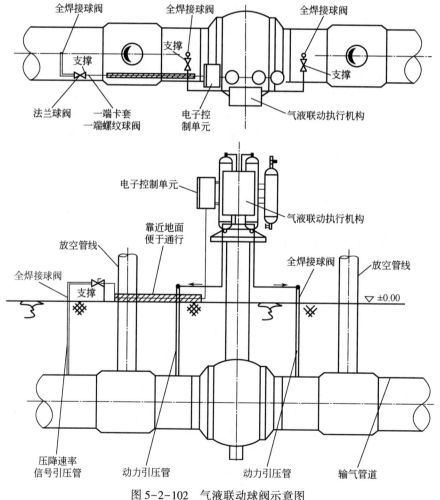

图 5-2-102　气液联动球阀示意图

（二）气液联动球阀的特点

1. 非正常工况的自动切断功能

为满足管道运行需要，气液联动球阀分别设置了一个压力上限、压力下限和压降速率。当管道压力高于或低于压力上下限时，球阀将自动关闭；如果管道发生爆炸或破裂事故，当检测到的压降超过设定的压降速率时，阀门也将自动关闭。

2. 多种操作模式

气液联动球阀具有手动、自动、气动和遥控四种操作模式，可以根据实际运行工况自行选择操作模式，以提高阀门的安全可靠性。

3. 安全性高

气液联动球阀以高压天然气或手泵作为动力源，无须外加机械或电力设备，事故率低，安全可靠，经济性好。

三、GPO 气液联动执行机构介绍

（一）气液联动执行机构原理简介

GPO 气液联动执行机构，通过气体的压力变化转化成液体推动力，适用于 90°旋转阀门的操作（球阀、蝶阀、旋塞阀），由拨叉机械装置制成的执行机构能将液压缸的直线运动转换成旋转运动。气液联动罐用作输入气体与液压缸的分离。罐的上部管口用螺纹连接着一个测量罐内油位的油位计。罐的底部装有一个带油过滤器的流量控制阀。

罐内的液压油被气体压缩流入相应的油缸腔，同时另一个油缸腔的液压油流回到第二个罐内。油缸的活塞行程驱使执行机构动作。从油缸流入罐的液压油的流量依靠二个控制阀调节。拨叉的角度行程依靠安装在外壳左侧的机械制动螺钉（调整开位）和安装在液压缸端面法兰上的机械制动螺钉（调整关位）进行调整，可以在 82°~98°之间调节。

（二）执行机构与阀门本体的连接

执行机构可以通过执行机构外壳上带螺栓孔的法兰或者插入过渡法兰或者联轴节被安装到阀门的法兰上。执行机构相对阀门的安装位置，必须符合工厂的要求（与油缸轴线平行或与管道轴线垂直）。将执行机构安装到阀门上的程序如下：

（1）检查阀门或者相应加长部分的法兰和阀杆的连接尺寸，符合执行机构的连接尺寸。

（2）将阀门移动到与执行机构弹性操作的相对位置。

（3）为了装配容易，需用油或者脂润滑阀杆。

（4）清洁阀门的法兰，除去影响阀门法兰与执行机构法兰接合的杂物。

（5）如果单独提供了与阀门连接的插入轴套或者加长杆，将它装配到阀杆上，并用适当的定位销固定。

（6）将执行机构移到弹性操作的理想位置。

（7）将吊索安在执行机构支撑点上的起吊执行机构上，确保吊索适合执行机构的重量，将阀杆处于垂直位置。

（三）角度行程的设定

用在执行机构两端的机械限位（不是阀门的机械限位）限定阀门位置（全开和全关）的角度行程是十分重要的。阀门开启位置设定的操作是调节机械外壳左壁上的行程制动螺钉。阀门关闭位置设定的操作是调节在执行机构右边的行程制动螺钉（将螺钉拧入液压油缸的端面法兰）。调节液压油缸端面法兰上的行程制动螺钉的程序如下：

（1）从油缸的端面法兰旋松塞子。

（2）如果执行机构的角度行程在到达末端位置（阀门全开或者全关）前停止了，则需松开制动螺钉，用扳手逆时针转动螺钉直到阀门到达正确的位置。

（3）如果执行机构的角度行程超过了末端位置（阀门全开或者全关），则要旋紧制动螺钉，顺时针转动螺钉直到阀门到达正确的位置。

（4）将塞子旋进油缸的端面法兰。

（四）启动前的准备

1. 气源的接通

按照工厂的技术要求，把执行机构连接到带配件和管子的气源管线上。配件和管子的尺寸必须正确，保证执行机构操作时气体的流畅，压降不超过最大的允许值。连接管子的形状不能造成执行机构进口的额外压力。管子必须固定合格，如果系统遭受强烈振动，不要产生额外的压力或者造成连接螺纹松开。必须采取每一个防范措施，确保除去可能存在于连通执行机构液压输送管线中的固体或者液体的污染物，避免造成可能的损害或者动作的丢失。用于连接的管子，使用前管内必须进行清洁，应用合适的物质清洗或者用氮气吹扫。连接一旦完成，就可操作执行机构，以检查执行机构的功能是否正确、操作时间是否符合工厂的要求以及液压连接中是否有泄漏。

2. 电源的接通

将电源线、控制线和信号线连接到执行机构，把它们和电气元件的终端接线柱连接。用于电气连接的元件（电缆密封管、电缆、软管、导管）都要符合工厂技术规格书的要求。从电缆进口拆去塞子。将电缆密封管旋入螺纹进口并拧紧，以便保证全天候防护和防爆保护。把连接电缆通过电缆密封管穿入到电气设备外壳内，并按照可适用的接线图把电缆线连接到终端接线柱上。如果使用导管，那么在电缆外壳内插入软管，这样做可避免在电缆进口的壳体处造成异常的压力。用金属塞子替代没有使用的壳体进口处的塑料塞子，以保证完美的全天候密封和符合防爆保护的规定，完成连接，检查电气控制工作和信号工作。

（五）启动

执行机构启动期间的程序如下：

（1）检查所供气源的压力和质量（过滤程度，脱水）是否符合规定。检查电气元件的供电电压（电磁阀线圈、微动开关、压力开关等）是否符合规定。

（2）检查执行机构的控制工作是否适合（遥控、就地控制、紧急控制等）。

（3）检查所要求的远程信号（阀门位置、油压等）是否正确。

（4）检查执行机构控制单元组成部分的设定（压力调节、压力转换、流量控制阀等）是否满足工厂的要求。

（5）用适合的液位杆伸入油罐，检查油位。

（6）如需要，可通过拆卸装配在气缸法兰上的螺钉来净化气缸里的空气。

（7）依靠液压方向控制阀选择工作方式（开启或者关闭）以后，借助液压泵检查执行机构是否正常工作。

（8）检查气动装置的连接中是否有泄漏。

（六）常规维修

GPO执行机构被设计成可长期在苛刻的条件下工作、不需要维修的产品。然而，为确保执行机构安全平稳运行，应定期按如下要求检查执行机构。

（1）用要求的操作时间检查执行机构开关阀门的正确性。如果执行机构的操作非常少，并且工厂的条件允许，则要用所有的控制（遥控、就地控制、紧急控制等）进行少量的阀门开启和关闭操作。

（2）检查遥控台信号的正确性。检查提供的气体压力是否在要求的范围内。

（3）如果在执行机构上有一个气体过滤器，要打开排放旋塞阀排出积聚在杯中的凝结水。定期拆卸这个杯子，用肥皂水洗涤。拆卸过滤器，如果滤芯是烧结的，用硝酸盐溶液洗涤并用油吹扫；如果滤芯是纤维的，当滤芯被堵塞时，必须换掉。

（4）检查执行机构的外部组件处于良好的状况。

（5）检查执行机构的所有油漆表面。如果一些区域有损坏，请按照有关技术规范进行油漆表面修补。

（6）检查气和液的管线连接中是否有泄漏。如果有必要，拧紧管接头的螺母。

第五节 气田阀门维护

一、手动阀门的维护和保养

（一）阀门清洁

经常保持阀门外部和活动部位的清洁，保护阀门油漆的完整。阀门上的灰尘用毛刷或压缩空气吹扫。

室外阀门容易受雨雪、灰尘等污染，要对阀杆加保护套，以防雨、雾、尘土锈污。

梯形螺纹和齿间的脏物用抹布擦干净；阀门上残留的油和介质用蒸汽吹扫干净。

（二）注脂润滑

阀杆螺纹经常与阀杆螺母摩擦，需要涂抹润滑油或石墨粉末，起润滑作用。即使不经常启闭的阀门，也要定期转动手轮，对阀杆螺纹添加润滑剂以防止咬住。

阀门注脂时，注意阀门的开关位置。球阀维护时一般都处于开位状态，特殊情况下选择关闭保养。闸阀在维护保养时则必须处于关闭状态，确保润滑脂沿密封圈充满沟槽，如果处于开位，密封脂则直接掉入或流到阀腔造成浪费。

注脂时要注意阀体排污和丝堵泄压问题。阀门打压试验后，密封腔内的空气和水因环境温度升高而升压注脂时，要先进行排污泄压，以利于注脂工作顺利进行。注脂后密封腔内的空气和水被充分置换出来，及时的泄掉阀腔压力，也保障了阀门的使用安全。注脂结束后，一定要拧紧排污和泄压堵丝，以防止意外发生。

注脂时要注意出脂的均匀问题。正常注脂时，距离注脂口最近的出脂孔先出脂，然后到低点，最后是高点，逐点出脂。如果不按规律出脂或不出脂，证明存在堵塞，应及时进行清通处理。注脂后一定要封好注脂口，避免杂质进入，或注脂口处脂类氧化。封盖要涂抹防锈脂，避免生锈。

阀门梯形螺纹、螺母及配套活动部位，应经常保持良好的润滑，防止锈蚀及卡死。露在外部的润滑部位，如螺纹，应保持润滑和不污染灰尘。对于旋塞阀等，应定期加注密封脂，防止磨损及泄漏。

注脂时不能忽略阀杆部位的注脂。阀轴部位有滑动轴套或填料，也需要保持润滑状态，以减小操作时的摩擦阻力。如不能确保润滑，则需进行手动开关阀门操作。

(三) 填料的维护

填料是直接关系着阀门开关时是否发生外漏的关键密封件，如果填料失效造成外漏，阀门也就等于失效，特别是尿素管线阀门，因其温度比较高，腐蚀比较厉害，填料容易老化，加强维护则可以延长填料的寿命。

阀门在出厂时，为了保证填料的弹性，一般以静态下试压不漏为标准，阀门装入管线后，由于温度等因素的影响，可能会发生外渗，需要及时上紧填料两边的螺母，只要不外漏即可，以后再出现外渗再紧，不能一次紧死，以免填料失去弹性，丧失密封性能。

二、电动阀门的维护和保养

电动阀门的维护，一般情况下每月不少于一次。维护的内容主要有：保持外表清洁、无粉尘，装置不受汽水、油污污染；密封良好，密封部位应严密无泄漏；传动部位应定期润滑，防止锈蚀或卡死；确保驱动装置工作正常自如，执行操作准确无误。

(一) 阀门清洁

电动阀门维护时，要注意电动头及其传动机构中进水的问题，尤其在雨季容易渗入雨水，使得传动机构生锈，温度较低时还可能发生冻结，造成阀门控制时扭矩过大，损坏传动部件或使得电动机空载或超扭矩保护。

定期检查和清理阀内沉积物，发现异常及时处理。

(二) 注脂润滑

电动执行机构动作频率高、速度快，难以避免受冲击，这是导致润滑油脂泄漏的一个重要原因，一旦润滑油脂泄漏，需要及时加以解决。

加强润滑油的清洁度管理。由于润滑油的黏度会随油温变化，黏度过低，涡轮蜗杆及齿轮等传动部件磨损会增大，传动精确度下降；黏度过高时，阀门会动作不良。涡轮蜗杆及齿轮等传动部件磨损、老化产生的杂质与水分的渗入，内部涂层的脱落、锈蚀等都会影响润滑油清洁度，所以需定期检查润滑油脂清洁度。

(三) 驱动装置维护

每周检查一次电动阀门关闭时的密封性能，即用手摸、耳听判定电动阀门密封效果，发现问题及时报告处理。

电动执行机构运行一段时间后，各类组件因工作频率和负载条件的差异，各易损件先后磨损超标。这个阶段的故障特征是位置反馈接触不良、定位精确度差、稳定性下降、效率显著降低、故障率逐渐增加。这时应全面检查，更换失效部件，开启、关闭电动阀门时应注意观察运行平稳状况，发现问题及时处理。

三、气动阀门的维护和保养

气动装置的日常维护工作，一般情况下每月不少于一次。维护的主要内容有：外表清洁、无粉尘；装置应不受水蒸气、水、油污的沾染；气动装置的密封应良好，各密封面、点应完整牢固，严密无损；手动操作机构应润滑良好，启闭灵活。

（一）阀门清洁

阀门的气源应保持干燥、清洁，定期对与执行器相应配合使用的空气过滤器进行放水、排污，以免污物进入电磁阀和执行器，影响正常工作。执行器外表清洁、无粉尘；执行器应不受水蒸气、水、油污的沾染。

（二）注脂润滑

阀门在开关过程中，原来加注的油脂会不断地流失，再加上温度、腐蚀等因素的作用，也会使润滑油不断干涸。因此，每周定期两次加注润滑油、润滑脂，防止运转部件缺油烧伤损坏。对阀门的传动部位应经常检查，发现缺油时应及时补入，以防止由于缺少润滑剂而增加磨损，造成传动不灵活或卡壳失效等故障。

（三）气动执行器的维护

定期检查电磁阀、气源处理三联件、定位器的气源管路，连接应完好无损，不得有泄漏。检查电气部分的电源信号或调节电流信号，应无缺相、短路、断路故障，外壳防护接头连接应紧实、严密，防止进水、受潮与灰尘的侵蚀，保证电磁阀或定位器的正常工作。

定期检查气缸进出口气接头有无损伤，气缸和空气管系的各部位应进行仔细检查，不得有影响使用性能的泄漏。管子不能有凹陷，信号器应处于完好状态，信号器的指示灯应完好，不论是气动信号器还是电信号器的连接螺纹应完好无损，不得有泄漏。气动装置上的阀门应完好、无泄漏，开启灵活，气流畅通。整个气动装置应处于正常工作状态，开、关灵活。

第六部分
安全应急

第一章 火灾、爆炸及消防知识

第一节 火灾、爆炸基础知识

一、防火、防爆常识

气田生产接触的是具有易燃、易爆特性的天然气，所以掌握防火防爆常识是十分必要的。

（一）燃烧的必备条件

燃烧，俗称着火，是指可燃物与氧化剂作用发生的释放热量的化学反应，通常伴有火焰和发烟的现象。任何物质发生燃烧，都有一个由未燃状态转向燃烧状态的过程。这个过程的发生必须具备三个条件，即可燃物、助燃物和着火源，并且三者要相互作用，如图 6-1-1 所示。

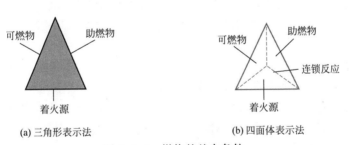

(a) 三角形表示法　　　　　　(b) 四面体表示法

图 6-1-1　燃烧的基本条件

1. 可燃物

凡是与空气中的氧或其他氧化剂起化学反应的物质都被称为可燃物。按其物理状态还可分为气体可燃物（如天然气、氢气、一氧化碳）、液体可燃物（如汽油、甲醇）和固体可燃物（如木材、布匹、塑料）三类。

2. 助燃物

凡是能帮助和支持可燃物燃烧的物质，即能与可燃物发生氧化反应的物质称为助燃物（空气、氧气、氯气以及高锰酸钾等氧化物和过氧化物等）。能够使可燃物维持燃烧不致熄灭的最低氧含量称为氧指数，空气中氧含量约为 21%，而空气是到处都有的，因而它是最常见的助燃物。发生火灾时，除非是一些起初的小火可以用隔绝空气的"闷火"手段扑灭，否则这个条件较难控制。

3. 着火源

凡是能引起可燃物与助燃物发生燃烧反应的能量来源（常见的是热能源）称为着火源。根据能量来源不同，着火源可分为明火、高热物体、化学热能、电热能、机械热能、生物能、光能和核能等。此外，可燃物质燃烧所需的着火能是不同的，一般可燃气体比可燃固体和可燃液体所需要的着火能量要低。着火源的温度越高，越容易引起可燃物燃烧。

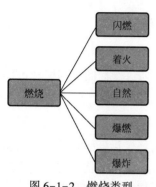

图 6-1-2　燃烧类型

（二）燃烧类型

燃烧可分为闪燃、着火、自燃、爆燃和爆炸等几种类型，每种类型的燃烧都有其特点，如图 6-1-2 所示。

1. 闪燃

闪燃是可燃性液体的特征之一。各种液体的表面都有一定量的蒸气存在，蒸气的浓度取决于该液体的温度。对同种液体，温度越高，蒸气浓度越大。液体表面的蒸气与空气混合会形成可燃性混合气体，当液体升温至一定的温度，蒸气达到一定的浓度时，如有火焰或灼热物体靠近液体表面，就会发生一闪即燃的燃烧，称为闪燃。在规定的试验条件下，液体发生闪燃的最低温度，称为闪点。闪点是评定液体火灾危险性的主要根据。液体的闪点越低，火灾的危险性越大。

2. 着火

着火也称强制点燃，即在可燃物质和空气共存条件下，达到某一温度时与明火接触引起燃烧，在火源移去后仍能保持继续燃烧的现象。物质能被点燃的最低温度称为燃点，也称为着火点。对可燃固体和高闪点液体，燃点是用于评价其火灾危险性的主要依据。在防火和灭火工作中，只要能把温度控制在燃点温度以下，燃烧就不能进行。

3. 自燃

自燃包括本身自燃和受热自燃。某些物质在没有外来热源影响时，由于物质内部所产生的物理、化学及生物化学反应产生热量，这些热量在某些条件下会积聚起来，导致升温，升温又进一步加快上述过程的进行速度，于是可燃物温度越来越高，当其温度达到自燃温度时，未与明火接触就发生燃烧，这就称为本身自燃。本身自燃与受热自燃的区别在于热的来源不同。在规定的试验条件下，可燃物质产生自燃的最低温度称为自燃点。自燃点是判断、评价可燃物质火灾危险性的重要指标之一，自燃点越低，物质的火灾危险性越大。

4. 爆燃

可燃物质（包括气体、雾滴和粉尘）和空气或氧气的混合物由火源点燃，火焰立即从火源处以不断扩大的同心球形式自动扩展到混合物存在的全部空间，这种以热传导方式自动在空间传播的燃烧现象称为爆燃。混合物的燃烧速度在音速以下是爆燃的重要特征。

爆燃发生时，除产生热量外，燃烧空间的气体由于高温膨胀，还能产生很大的压力，使未燃烧区压缩升温，增加了单位空间的能量储藏密度，使燃烧速度加快。上述现象在密闭容器中尤为显著。石油企业内可燃混合气体爆燃造成的爆炸事故，可发生在容器、地沟，也可发生在厂房和厂区空间内，这类事故通常是对石油企业危害最大的一类事故。

5. 爆炸

爆炸可分为化学爆炸、物理爆炸和核爆炸。爆炸是指在极短的时间内，由于可燃物质和爆炸物品发生化学反应而引发的瞬间燃烧，同时产生大量的热和气体，并以很大压力向四周扩散的现象。物理爆炸是一种纯物理过程，如蒸汽锅炉爆炸、压力容器爆炸等，多数是由于物质受热、体积膨胀、压力剧增、超过容器耐压而引起的。爆炸时没有燃烧，但有可能引发火灾，而化学爆炸的火灾危险性要大得多。可燃气体（或蒸气、粉尘）与空气的混合物必须在一定的浓度范围内，遇火源才能爆炸。这个遇火源能发生爆炸的可燃气体浓度范围，称为爆炸浓度极限。爆炸浓度极限可用来评定可燃气体和可燃液体火灾危险性的大小，作为可燃气体分级和确定其火灾危险性类别的标准。

（三）预防火灾的基本措施

预防火灾，就是消除产生燃烧的条件，可以按下面的措施破坏燃烧的必备条件，最终达到防火的目的。

1. 控制可燃物

如对具有火灾、爆炸危险性的建筑，采取局部排风或全部通风的办法，以降低房内可燃、易燃气体在空气中的浓度，使之不超过爆炸浓度极限；用难以燃烧或不燃材料代替易燃或可燃材料；用砖石水泥代替木料建造房屋；用防火涂料浸涂可燃材料；将性质上会发生互相作用的物质分开存放等。

2. 隔绝助燃物

将易燃、易爆物质生产置于密闭的设备中进行；容易自燃的物品必须隔绝空气存储等。

3. 消除着火源

一方面，采取控温、遮阳、防雷装置、防爆装置等措施避免产生火源；另一方面在建筑物之间构筑防火墙，留出防火间距，在能形成可燃介质的厂房设泄压门窗、轻质屋盖，在可燃气体管道上装阻火器、安全水封等。

除了从物质上、客观环境上做好防火工作外，还要强化人们的防火意识，唯有如此，才能真正消除产生火灾的条件。

二、天然气的防火防爆

(一) 天然气的燃烧

1. 天然气燃烧的形式

燃烧是可燃物质与氧气或氧化剂化合时放热发光的化学反应，由于可燃物质存在的状态不同，所以它们的燃烧形式是多种多样的。按照产生燃烧反应相的不同，可分为均相燃烧和非均相燃烧。天然气在空气中的燃烧是在同一相中进行的，因此属于均相燃烧。天然气的燃烧有混合燃烧和扩散燃烧两种形式。

1) 混合燃烧

将天然气预先同空气（或氧气）混合，在这种情况下发生的燃烧称为混合燃烧。混合燃烧反应迅速，温度高，火焰传播速度也快。通常的爆炸反应即属于这一类。

2) 扩散燃烧

天然气气体由管中喷出，同周围空气（或氧气）接触，天然气分子同氧分子相互扩散，边混合边燃烧，这种形式的燃烧称为扩散燃烧。在扩散燃烧中，由于氧气只是部分参加反应，所以经常有因烷烃燃烧不完全而生成的炭黑。

2. 天然气的燃烧条件

燃烧必须同时具备三个条件，即：

（1）有可燃物质存在，如常见的天然气、酸气等。

（2）有助燃物质存在，如常见的空气、氧气等。

（3）有能导致燃烧的能源，即点火源，如撞击、摩擦、明火、静电、火花、雷击等。

可燃物、助燃物和点火源是构成燃烧的三要素，缺少其中任何一个，燃烧就不能发生。但是燃烧在可燃物浓度、温度、点火能量等方面都存在着极限值。天然气与空气混合未达到燃烧极限浓度范围之内或不具备足够的点火能量，那么即使具备了上述三个条件，燃烧也不会发生。对于已经发生的燃烧，若消除三个条件中的任何一个，燃烧就会停止，这就是灭火的基本原理。

3. 天然气的燃烧过程

天然气是气体，最容易燃烧，只要达到其本身氧化分解所需的热量便能迅速燃烧，在极短的时间内全部燃烧完。

4. 天然气的燃烧极限

在一定的温度和压力下，只有燃料浓度在一定范围之内的混合气才能被点燃并传播火焰。这个混合气中燃料的浓度范围称为该燃料的燃烧极限。燃烧时可燃物或助燃物的浓度都不能过小，否则会使燃烧反应速度减小并使释放出的热能不能补偿热量的散失，因而使混合气不能点燃及传播火焰。这就是混合气浓度过低或过高都不能实现顺利点火的原因。

　　混合气中能保证顺利点燃并传播火焰的燃料最低浓度称为该燃料的燃烧下限，最高浓度称为该燃烧的燃烧上限。天然气在空气中的燃烧下限（体积）是6.5%，上限是17.0%。

5. 天然气的自燃和自燃点

　　自燃是物质在无外界火源的条件下，由于散热受到阻碍，使热量积蓄逐渐达到自燃点而引起的燃烧。

　　1）受热自燃

　　可燃物质在外部热源作用下，使温度升高，当达到其自燃点时，即着火燃烧，这种现象称为受热自燃。在天然气净化过程中，天然气由于接触高温表面、加热或烘烤过度、冲击摩擦等，均可导致自燃。

　　2）本身自燃

　　某些物质因内部所发生的化学、物理或生化过程而产生热量，使物质温度上升，达到自燃点而燃烧，这种现象称为本身自燃。本身自燃的物质可分为自燃点低的物质，遇空气、氧气发热自燃的物质，自燃分解发热的物质，易产生聚合热或发酵热的物质。因 H_2S 存在使设备受腐蚀所生成的铁的硫化物（FeS、Fe_2S_3），就是遇空气极易自燃的物质。在天然气集输和加工处理过程中，天然气和酸气中的硫化氢使设备或容器内表面腐蚀而生成一层铁的硫化物，若容器或设备在检修时被敞开，它与空气接触，便能自燃；如同时有可燃气体存在，则可能引起火灾爆炸事故。

　　铁的硫化物自燃的主要原因是在常温下发生（与空气作用）氧化作用。其主要反应式如下：

$$FeS_2+O_2 \rightarrow FeS+SO_2+222.3kJ$$
$$FeS+3/2O_2 \rightarrow FeO+SO_2+49kJ$$
$$Fe_2S_3+3/2O_2 \rightarrow Fe_2O_3+3S+586.2kJ$$

其他因硫化氢存在而生成铁的硫化物的机会如下：

设备腐蚀（常温下）：

$$2Fe_2(OH)_3+3H_2S \rightarrow Fe_2O_3+6H_2O$$

高温下（310℃以上）：

$$2H_2S+O_2 \rightarrow 2H_2O+2S$$
$$Fe+S \rightarrow FeS$$

300℃左右：

$$Fe_2O_3+4H_2S=2FeS_2+3H_2O+H_2 \uparrow$$

物质在没有外部火花或火焰的条件下，能自动引燃和继续燃烧的最低温度称为该物质的燃点。自燃点也称为燃点。天然气的自燃点是550~650℃，硫化氢的自燃点是260℃，硫黄的自燃点255℃。

6. 天然气的燃烧速度

天然气燃烧不需要像固体、液体那样经过熔化、蒸发等过程，所以燃烧速度很快。气体燃烧通常情况下混合燃烧速度高于扩散燃烧速度。气体的燃烧速度用火焰传播速度来衡量。

火焰传播速度在不同直径的管段中测试时其值不同。天然气中的主要成分甲烷在不同管径内测得的火焰传播速度见表6-1-1。一般来讲，火焰传播速度随着管道直径增大而增大，当达到某个直径时速度就不再增大。同样，随着管道直径的减小而减小，当直径小到一定程度时火焰就不再传播而熄灭，这是由管子直径减小时热损失增加所致，这也是阻火器的原理。

表6-1-1　甲烷和空气混合物的火焰传播速度（cm/s）

甲烷[%(V)]	管径（cm）					
	2.5	10	20	40	60	80
6	23.5	43.5	63	95	118	137
8	50	80	100	154	183	203
10	65	110	136	188	215	236
12	35	74	80	123	163	185
13	22	45	62	104	130	138

甲烷与空气以理论燃烧混合比（此时甲烷的体积浓度为9.5%）混合时，火焰传播速度大。

7. 天然气的热值

所谓热值，就是单位质量或单位体积的可燃物质，在完全燃烧时所放出的热量。可燃物燃烧时所能达到的最高温度、最高压力及爆炸力均与物质热值有关。

8. 天然气的燃烧温度

燃烧温度实质上就是火焰温度。因为可燃物质燃烧所产生的热量是火焰燃烧区域内析出的，因而火焰温度也就是燃烧温度。天然气在空气中的最高燃烧温度可达2020℃。

（二）引起天然气火灾的原因及预防

1. 原因

（1）集输场站内的生产设备、集输管线以及阀门、法兰、压力表接头等因腐蚀或者关闭不严造成漏气，遇火源就可能发生火灾。

（2）点燃天然气火头时，未按"先点火、后开气"的次序操作。

（3）切割或焊接气管线和设备时，安全措施不当。

（4）硫化铁粉末遇空气自燃。

（5）闪电或静电等原因引起火灾。

（6）电气设备损坏、导线短路引起火灾。

2. 预防措施

（1）经常检查设备、管线，及时堵漏。

（2）切割、焊接油气管线或设备时，要有安全防护措施，防止油气和空气的混合物着火爆炸伤人。一般采取的措施如下：

① 设备、管线发生破裂漏气需要焊接或气割时，要在正压下动火，操作人员要站在动火口的两侧，禁止面对动火口，防止燃火伤人。

② 在污油和凝析油容器上动火前，先用蒸汽冲洗容器，使余油挥发，再用水冲洗容器，使其干净后才能动火。

③ 动火前备齐灭火器材，如消防毛毡、灭火器等，一旦起火就可及时扑救。

（3）点燃锅炉、水套炉或生活用气火头时，严格按"先点火、后开气"的次序操作。

（4）清除设备内的硫化铁粉末时，一定要湿式作业，容器打开后立即喷入冷水，以防自燃。

（5）搞好用气管理，禁止私自乱接乱安天然气管线，严格执行有关规定。

（6）设备管线放空吹扫时，一般情况下要点火烧掉，情况特殊不能点火时，应根据放空量的多少和时间长短划定安全区，区内禁止烟火、断绝交通。

（7）井站的电气设备、仪表，应有防爆设施。井站内禁用裸线照明。照明要用防爆灯或探照灯。雷击区的井站，要装避雷针。

（8）井站内禁止堆放油料、木材、干草等易燃物品。灭火器材应完好、齐备，随时能用。

（三）天然气的爆炸

1. 爆炸及其分类

爆炸是物质自一种状态迅速转变成另一种状态，并在瞬间放出大量能量，同时产生巨大声响的现象。

爆炸可分为物理性爆炸和化学性爆炸。

1）物理性爆炸

物理性爆炸是由物理变化引起的，物质因状态或压力发生突变，超过容器所能承受的压力而造成的爆炸。物理性爆炸前后物质的性质及化学成分均不改变。例如，压力容器因超压引起的爆炸属于物理性爆炸。这种爆炸能间接造成火灾或促使火势的扩大蔓延。

2）化学性爆炸

化学性爆炸是由于物质发生极迅速的化学反应，产生高温高压而发生的爆炸。化学性爆炸前后物质的性质和成分均发生了改变。化学性爆炸按爆炸时所发生的化学变化又分为简单分解爆炸、复杂分解爆炸和爆炸性混合物爆炸三类。

（1）简单分解爆炸

爆炸物在爆炸时不一定发生燃烧反应，爆炸所需的热量是由爆炸物本身分解时产生的，如乙炔在压力下的分解爆炸。

（2）复杂分解爆炸

这类爆炸伴有燃烧现象，燃烧所需氧由自身分解时供给，如各种炸药均属此类。

（3）爆炸性混合物爆炸

爆炸性混合物爆炸即所有可燃气体、蒸气及粉尘与空气混合所形成的混合物的爆炸。天然气和甲醇蒸气爆炸属于此类。这类爆炸需要一定条件，如爆炸物质的含量、空气含量及激发能源等。在天然气集输及加工处理过程中，泄漏的天然气与空气混合形成爆炸混合物，遇到火种，便会造成爆炸事故，危害性很大。

2. 爆炸极限及其影响因素

1）爆炸极限

爆炸极限是指可燃气体、蒸气或粉尘与空气混合形成的爆炸性混合物，遇火源发生爆炸的浓度范围。

爆炸上限——爆炸性混合物遇火源发生爆炸的最高浓度。

爆炸下限——爆炸性混合物遇火源发生爆炸的最低浓度。

一切可燃物质与空气所形成的可燃性混合物浓度在爆炸极限范围内都有爆炸危险。混合物浓度低于爆炸下限，既不爆炸也不燃烧，这是因为空气量过多，可燃物浓度过低，使反应不能进行下去。混合物浓度高于爆炸上限时，不会爆炸，但能燃烧。

2）爆炸极限的单位

爆炸极限的单位通常用体积百分比（%）或 mg/L 来表示，部分可燃气体、蒸气的爆炸极限如表 6-1-2 所示。

表 6-1-2　部分可燃气体、蒸气的爆炸极限

分类	可燃气体或蒸气	分子式	相对分子质量	爆炸极限			
				%		mg/L	
				下限 L1	上限 L2	下限 Y1	上限 Y2
无机物	氢气	H_2	2.0	4.0	75.6	3.3	63
	二硫化碳	CS_2	76.1	1.25	44	40	1400

续表

分类		可燃气体或蒸气	分子式	相对分子质量	爆炸极限			
					%		mg/L	
					下限 L1	上限 L2	下限 Y1	上限 Y2
无机物		硫化氢	H₂S	34.1	4.3	45	61	640
		一氧化碳	CO	28.0	12.5	74	146	860
碳氢化合物	不饱和烃	乙炔	C₂H₂	26.0	12.5	81	27	880
	饱和烃	甲烷	CH₄	16.0	5.3	14	35	93
		乙烷	C₂H₆	30.1	3.0	12.5	38	156
		丙烷	C₃H₈	44.1	2.2	9.5	40	174
其他有机化合物	含氧衍生物	乙醇	C₂H₅OH	43.1	4.3	19	82	360
		甲醇	CH₃OH	32.0	5.5	36	97	480

3）影响爆炸极限的主要因素

爆炸极限不是一个固定值，它随着各种因素而变化，主要的影响因素有以下几点：

（1）温度的影响：混合物的温度升高，爆炸极限范围扩大，爆炸危险性增大。

（2）压力的影响：混合物的压力增大，爆炸极限范围扩大，爆炸危险性增大。压力减小，爆炸极限范围缩小。当压力降至某一数值时，爆炸上限和爆炸下限重合为一点，此时的压力为临界压力。若压力降到临界压力以下，则不会发生爆炸。压力对甲烷爆炸极限的影响见表6-1-3。在已知的气体中，只有CO的爆炸极限范围是随压力增大而变窄的。

表6-1-3　压力对甲烷爆炸极限的影响

初始压力（Pa）	爆炸下限（%）	爆炸上限（%）
1000	5.6	14.3
1000	5.9	17.2
5000	5.4	29.4
12500	5.7	45.7

（3）容器大小的影响：容器的直径减小，爆炸极限范围缩小，爆炸危险性降低。

（4）含氧量的影响：由于可燃气在上限浓度时含氧量不足，所以增大氧含量使上限显著增高，爆炸范围扩大，增大了发生火灾爆炸的危险性。若减少氧含量，则会起到相反的效果。例如，甲烷在空气中的爆炸范围为5.3%~14%，而在纯氧中的爆炸范围则放大到 5.0% ~ 61%。甲烷的极限氧含量为 12%，低于极限氧含量，可燃气就不能燃烧爆炸了。

3. 爆炸危险性的评价参数

（1）自然点：燃点越低，爆炸危险性越大。

（2）爆炸极限：爆炸极限范围越宽，爆炸下限越低，爆炸危险性越大。

（3）密度：与空气密度相近者易与空气均匀混合；比空气轻者易顺风飘动而使火灾蔓延扩展；比空气重，易窜入沟渠、死角而积聚，造成燃爆隐患。

（4）扩散系数：扩散系数越大越易扩散混合，其爆炸及火焰蔓延扩展的危险性就越大。

（5）爆炸威力指数：爆炸威力指数越高，爆炸时对容器或建筑物冲击度越大，爆炸的破坏性也越大。

（四）引起天然气爆炸的原因及预防

1. 采气设备、管线发生爆炸的原因

（1）设备的操作压力大于设计工作压力。

（2）设备被腐蚀，壁厚减薄，或因氢脆使设备的实际承压能力远远低于设计工作压力。

（3）天然气和空气的混合气体，在爆炸极限范围内遇明火，或者被突然压缩成高压，温度升高而发生爆炸。

2. 防爆措施

（1）采气井站设备、管线安装后应进行整体试压，试压合格后才能投入使用。

（2）定期对设备、管线进行腐蚀调查，发现严重腐蚀，应立即组织检修或更换等工作。

（3）设备、管线严禁超压工作，若生产需要提高压力工作，需报告上级批准，并进行鉴定和试压，合格后方能升压。

（4）设备、管线上的安全阀和压力表，要定期检查、校验，保证准确、灵敏。

第二节　灭火常识及消防器具的使用

一、火灾定义及分类

（一）定义

火灾是指在时间和空间上失去控制和燃烧所造成的灾害。

（二）火灾分类

GB/T 4968—2008《火灾分类》规定，火灾根据可燃物的类型和燃烧特性，分为 A、B、C、D、E、F 六大类，如图 6-1-3 所示。

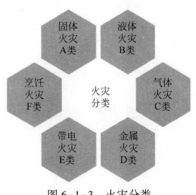

图 6-1-3　火灾分类

A 类火灾：固体物质火灾。这种物质通常具有有机物质性质，一般在燃烧时能产生灼热的余烬，如木材、干草、煤炭、棉、毛、麻、纸张等火灾。

B 类火灾：指液体或可熔化的固体物质火灾，如煤油、柴油、原油、甲醇、乙醇、沥青、石蜡、塑料等火灾。

C 类火灾：气体火灾，如煤气、天然气、甲烷、乙烷、丙烷、氢气等火灾。

D 类火灾：金属火灾，如钾、钠、镁、铝镁合金等火灾。

E 类火灾：带电火灾，即物体带电燃烧的火灾。

F 类火灾：烹饪器具内的烹饪物（如动植物油脂）火灾。

（三）等级划分

根据 2007 年 6 月 26 日公安部下发的《关于调整火灾等级标准的通知》（公传发〔2007〕245 号），新的火灾等级标准由原来的特大火灾、重大火灾、一般火灾三个等级调整为特别重大火灾、重大火灾、较大火灾和一般火灾四个等级。

1. 特别重大火灾

特别重大火灾是指造成 30 人以上死亡，或者 100 人以上重伤，或者 1 亿元以上直接财产损失的火灾。

2. 重大火灾

重大火灾是指造成 10 人以上 30 人以下死亡，或者 50 人以上 100 人以下重伤，或者 5000 万元以上 1 亿元以下直接财产损失的火灾。

3. 较大火灾

较大火灾是指造成 3 人以上 10 人以下死亡，或者 10 人以上 50 人以下重伤，或者 1000 万元以上 5000 万元以下直接财产损失的火灾。

4. 一般火灾

一般火灾是指造成 3 人以下死亡，或者 10 人以下重伤，或者 1000 万元以下直接财产损失的火灾。注："以上"包括本数，"以下"不包括本数。

（四）火灾危险性

火灾危险性是指火灾发生的可能性与暴露于火灾或燃烧产物中而产生的预期

有害程度的综合反应。

生产的火灾危险性根据生产中使用或产生的物质性质及其数量等因素，分为甲、乙、丙、丁、戊类。

1. 甲类

（1）闪点小于28℃的液体。

（2）爆炸下限小于10%的气体，以及受到水或空气中水蒸气的作用，能产生爆炸下限小于10%气体的固体物质。

（3）常温下能自行分解或在空气中氧化能导致迅速自燃或爆炸的物质。

（4）常温下受到水或空气中水蒸气的作用，能产生可燃气体并引起燃烧或爆炸的物质。

（5）遇酸、受热、撞击、摩擦以及遇有机物或硫黄等易燃的无机物，极易引起燃烧或爆炸的强氧化剂。

（6）受撞击、摩擦或与氧化剂、有机物接触时能引起燃烧或爆炸的物质。

2. 乙类

（1）闪点不小于28℃，但小于60℃的液体。

（2）爆炸下限不小于10%的气体。

（3）不属于甲类的氧化剂。

（4）不属于甲类的化学易燃危险固体。

（5）助燃气体。

（6）常温下与空气接触能缓慢氧化、积热不散引起自燃的物品。

3. 丙类

（1）闪点不小于60℃的液体。

（2）可燃固体。

4. 丁类

难燃烧物品。

5. 戊类

不燃烧物品。

注：同一座仓库或仓库的任一防火分区储存不同火灾危险物品时，该仓库或防火分区的火灾危险性按其中危险性最大的类别确定。丁、戊类储存物品的可燃包装重量大于物品本身重量的1/4的仓库，其火灾危险性应按丙类确定。

当符合下述条件之一时，可按火灾危险性较小的部分确定：

（1）火灾危险性较大的生产部分占本层或本防火分区面积的比例小于5%或丁、戊类厂房内的油漆工段小于10%，且发生火灾事故时不足以蔓延到其他部位或火灾危险性较大的生产部分采取了有效的防火措施。

（2）丁、戊类厂房内的油漆工段，当采用封闭喷漆工艺，封闭喷漆空间内保持负压，油漆工段设置可燃气体自动报警系统或自动抑爆系统，且油漆工段占其所在防火分区面积的比例不大于20%。

二、常用灭火方法

根据燃烧的基本条件，任何可燃物燃烧或持续燃烧都必须具备燃烧的必要条件和充分条件。因此，火灾发生后，所谓灭火就是破坏燃烧条件使燃烧反应终止的过程。

灭火的基本原理可以归纳为四个方面，即冷却、窒息、隔离和化学抑制。前三种灭火作用主要是物理过程，化学抑制是一个化学过程。不论是使用灭火剂灭火，还是通过其他机械作用灭火，都是通过上述四种作用的一种或几种来实现的。

（一）冷却灭火

对一般可燃物可言，它们之所以能够持续燃烧，其条件之一就是它们在火焰或热的作用下，达到了各自的着火温度。因此，对于一般可燃固体，将其冷却到其燃点以上；对于可燃液体，将其冷却到闪点以下，燃烧反应就会中断。用水扑灭一般固体物质的火灾，主要是通过冷却作用来实现的。水能够大量吸收热量，使燃烧物的温度迅速降低，最后导致燃烧终止。

（二）窒息灭火

各种可燃物的燃烧都需要在其最低氧浓度以上进行，低于此浓度时，燃烧不能持续。一般碳氢化合物的气体或蒸气通常在氧浓度低于15%时不能维持燃烧。用于降低氧浓度的气体有二氧化碳、氮气、水蒸气等。通过稀释氧浓度来灭火的方法，多用于密闭或半密闭空间。

（三）隔离灭火

可燃物是燃烧条件中的主要因素，如果把可燃物与引火源以及氧隔离开来，那么燃烧反应就会自动中止。火灾中关闭有关阀门，使已经发生燃烧的容器或受到火势威胁的容器中的液体、气体可燃物通过管道导流致安全区域，都是隔离灭火的措施。这样，残余可燃物烧尽后，火也就自熄了。

此外，用喷洒灭火剂的方法，把可燃物同氧隔离开来，也是通常采用的一种灭火方法。泡沫灭火剂灭火，就是用产生的泡沫覆盖于燃烧液体或固体的表面，在冷却的同时，把可燃物与火焰和空气隔离开，达到灭火的目的。

（四）化学抑制灭火

物质的有焰燃烧中的氧化反应，都是通过链式反应进行的。碳氢化合物的气体或蒸气在热和光的作用下，分子被活化，分裂出活泼氢自由基与氧作用生成 $H\cdot$、$OH\cdot$、$O\cdot$ 等自由基成为链式反应的媒介物，反应的媒介物使反应迅速进行。对于含氧的化合物，燃烧的速度取决于 OH· 的浓度和反应的压力。对于不含氧的化合物，O· 的浓度决定了燃烧的速度。因此，如果能够有效地抑制自由基的产生或者能够迅速降低火焰中 H·、OH·、O· 等自由基的浓度，燃烧就会中止。许多灭火剂都能起到这样的作用，如干粉灭火剂，其表面能够捕获 OH·和 H·使之结合成水，自由基浓度急剧下降，导致燃烧的中止。

三、灭火器的使用

灭火器由筒体、喷嘴等部件组成，借助驱动压力将充装的灭火剂喷出。目前，我国能生产六大类 23 种规格的各类灭火器。由于灭火器结构简单，使用方便，所以在现场得到了大量的应用。

（一）灭火器的型号、分类及标志

1. 编号规则

我国灭火器的型号由代号及主要参数两部分组成，其编制方法见表 6-1-4。例如，MFT35 代表推车式 35kg 干粉灭火器，MY0.5 代表手提式 0.5kg 1211 灭火器，MT3 代表手提式 2kg 二氧化碳灭火器。

表 6-1-4　灭火器型号编制

类	组	特征	代号	代号含意	主要参数	
灭火器 M	泡沫 P（泡）	手提式 舟车式 推车式	MP MPZ MPT	手提式泡沫灭火器 舟车式泡沫灭火器 推车式泡沫灭火器	灭火剂量	升
	二氧化碳 T（碳）	手轮式 鸭嘴式 推车式	MT MTZ MTT	手提式 CO_2 灭火器 鸭嘴式 CO_2 灭火器 推车式 CO_2 灭火器		千克
	干粉 F（粉）	手提式 背负式 推车式	MF MFB MFT	手提式干粉灭火器 背负式干粉灭火器 推车式干粉灭火器		千克
	1121Y	手提式 推车式	MY MYT	手提式 1121 灭火器 推车式 1121 灭火器		千克

2. 分类

我国通常按照充装灭火剂的种类、灭火器重量、加压方式三种分类方法进行分类。

1）按充装灭火剂种类

清水灭火器：水和少量添加剂。

酸碱灭火器：碳酸氢钠和硫酸。

化学泡沫灭火器：碳酸氢钠和硫酸铝。

轻水泡沫灭火器：氟碳表面活性剂和添加剂。

二氧化碳灭火器：CO_2。

干粉灭火器：碳酸氢钠或磷酸铵干粉。

卤代烷灭火器：卤代烷 1211、卤代烷 1301、卤代烷 2402。

2）按灭火器的重量

手提式灭火器：总重在 28kg 以下；容量在 10kg(L) 左右。

背负式灭火器：总重在 40kg 以下；容量在 25kg(L) 以内。

推车式灭火器：总重在 40kg 以上；容量在 100kg(L) 以内。

3）按加压方式

化学反应式：两种药剂混合，进行化学反应产生气体而加压，包括酸碱灭火器和化学泡沫灭火器。

储气瓶式：气体储存在钢瓶内，当使用时，打开钢瓶使气体与灭火剂混合，包括清水灭火器、清水泡沫灭火器和干粉灭火器。

储压式：灭火器筒身内已充入气体，灭火剂与气体混装，经常处于加压状态，包括二氧化碳灭火器和卤代烷灭火器。

3. 标志

灭火器外表涂以红色油漆，铭牌上标有灭火器名称、型号、商标、灭火级别、使用方法、毒性、检查周期、出厂年月等字样。气瓶应有气瓶实验压力、出厂日期、驱动气体的名称及重量的钢印。

（二）干粉灭火器

干粉灭火器是以二氧化碳气体为驱动力，喷射干粉灭火剂的器具，主要用于扑救油类、易燃液体、可燃气体和电气设备的初起火灾。

干粉灭火器内充装的是干粉灭火剂。干粉灭火剂是用于灭火的干燥且易于流动的微细粉末，由具有灭火效能的无机盐和少量的添加剂经干燥、粉碎、混合而成的微细固体粉末组成。利用压缩的二氧化碳吹出干粉（主要含有碳酸氢钠）来灭火。

干粉灭火器按移动方式分为 MF 型手提式、MFT 型推车式和 MFB 型背负式三种；按储气瓶在灭火器上的安装形式又分为内装式和外装式两种。凡是二氧化碳储气瓶装在干粉筒内的称为内装式干粉灭火器，装在干粉筒外的称为外装式干粉灭火器。

1. 手提式干粉灭火器

1）规格及主要性能

MF 型手提式干粉灭火器的规格是按充装干粉重量划分的，有 MF1、MF2、MF3、MF4、MF5、MF6、MF8、MF10 八种规格，常用的是 MF4 和 MF8 两种规格的干粉灭火器。其技术性能如表 6-1-5 所示。

表 6-1-5　MF 型手提式干粉灭火器技术性能

规格	MF1	MF2	MF3	MF4	MF5	MF6	MF8	MF10
灭火器质量（kg）	1±0.05	2±0.05	$3^{+0.05}_{-0.10}$	$4^{+0.05}_{-0.10}$	$5^{+0.10}_{-0.15}$	$6^{+0.10}_{-0.15}$	$8^{+0.10}_{-0.20}$	$10^{+0.10}_{-0.20}$
有效喷射时间（s）	>6	>8	>8	>9	>9	>9	>15	>15
有效喷射距离（m）	>2.5	>2.5	>2.5	>4	>4	>4	>5	>5
喷射滞后时间（s）	<5							
喷射剩余率（%）	<10							
电绝缘性能（V）	>50000							

2）构造

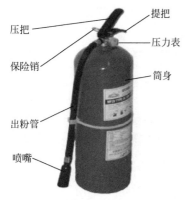

图 6-1-4　手提式干粉灭火器示意图

手提式干粉灭火器主要由筒身、喷嘴、保险销、压把、压力表、出粉管及提把组成，如图 6-1-4 所示。

3）使用方法

使用手提式干粉灭火器灭火时，先上下颠倒几次，使干粉松动后，拔下保险销，将喷嘴对准火焰根部，握住提把，然后用力按下压把，干粉即从喷嘴喷出，形成浓云般粉雾。灭火时应站在上风侧，应左右摆动喷嘴，由近及远，快速推进灭火。

4）维护保养

手提式干粉灭火器应放置在被保护物品附近干燥、通风和取用方便的地方。要注意防止受潮和日晒，灭火器各连接件不得松动，喷嘴塞盖不能脱落，保证密封性能。灭火器应按制造厂规定要求和检查周期进行定期检查，如发现灭火剂结块或储气瓶气量不足时，应更换灭火剂或补充气量。灭火器的检查，应由专人进行。灭火器一经开启必须进行再充装。

2. 推车式干粉灭火器

推车式干粉灭火器是移动式灭火器中灭火剂量较大的消防器材。它适用于石油化工企业和变电站、油库，能迅速扑灭初起火灾。推车式干粉灭火器规格有 MFT35 型、MFT50 型和 MFT70 型三种。由于形式不同，其结构及使用方法也有差异。现以 MFT35 型为例加以介绍。

1）构造

MFT35 型干粉灭火器，主要由喷枪、钢瓶、车架、出粉管、压力表、进气压杆等组成，如图 6-1-5 所示。压力表用于显示罐内二氧化碳气体压力，通过压力表的显示来控制进气压杆，使储罐内压力保持最佳状态。

图 6-1-5　MFT35 型推车式干粉灭火器示意图

2）主要性能

在（20±5）℃时，MFT 型推车式干粉灭火器的主要性能如表 6-1-6 所示。

表 6-1-6　MFT 型推车式灭火器技术性能

规　格		MFT35	MFT50	MFT70
装粉量（kg）		35	50	70
CO_2 充气量（g）		700	3000	
射程（mm）		10~13	8~10	10~13
喷射时间（s）		17~20	30~35	>30
胶管尺寸（内径×长）（mm×mm）		25×7000	25×8000	25×8000
适用温度范围（℃）		−10~+45℃	−10~+45℃	−10~+45℃
总质量（kg）		90	121	145
外形尺寸	长（mm）	528	600	621.5
	宽（mm）	520	520	575
	高（mm）	1040	1100	1291

3）使用方法

使用 MFT35 型灭火器时，先取下喷枪，展开出粉管，提起进气压杆，使二氧化碳气体进入储罐；当表压升至 700~1100kPa 时（800~900kPa 灭火效果最佳），放下压杆停止进气。站在上风侧，同时两手持喷枪，枪口对准火焰边缘根部，打开旋转开关，干粉即从喷枪喷出，由近至远灭火。如扑救油火时，应注意干粉气流不能直接冲击油面，以免油液激溅引起火灾蔓延。

4）维护检查

检查车架上的转动部件是否灵活可靠；经常检查干粉有无结块现象，如发现结块，立即更换灭火剂；定期检查二氧化碳重量，如发现重量减少 1/10 时，应立即补气；检查密封件和安全阀装置，如发现有故障，须及时修复，修好后方可使用。

（三）二氧化碳灭火器

1. 适用范围

二氧化碳灭火器主要用于扑救贵重设备、档案资料、仪器仪表、600V 以下电气设备及油类的初起火灾。

2. 原理

二氧化碳具有较高的密度，约为空气的 1.5 倍。在常压下，液态的二氧化碳会立即汽化，一般 1kg 的液态二氧化碳可产生约 $0.5m^3$ 的气体。因而，灭火时，二氧化碳气体可以排除空气而包围在燃烧物体的表面或分布于较密闭的空间中，降低可燃物周围或防护空间内的氧浓度，产生窒息作用而灭火。另外，二氧化碳从储存容器中喷出时，会由液体迅速汽化成气体，而从周围吸收部分热量，起到冷却的作用。

3. 结构

二氧化碳灭火器筒体采用优质合金钢经特殊工艺加工而成，重量比碳钢减少了 40%。具有操作方便、安全可靠、易于保存、轻便美观等特点。手提式二氧化碳灭火器主要由筒体、喷管、喷嘴、压把、提把、拉环、保险销等组成，如图 6-1-6 所示。推车式二氧化碳灭火器主要由瓶体、器头总成、喷管总成、车架总成等几部分组成，内装的灭火剂为液态二氧化碳灭火剂。

图 6-1-6　手提式二氧化碳灭火器示意图

4. 使用方法

将灭火器提至火场附近上风侧，去掉保险铅封，拔掉销钉，抽出喷管对准火焰，一只手压下灭火器压把，另一只手抓喷管手持部位，使喷出药剂扑向火焰根部，将喷出的药剂左右摆动，由近及远地快速推进，直到火灭或药剂喷完。

5. 注意事项

（1）使用时，不能直接用手抓住喇叭筒外壁或金属连接管，防止手被冻伤。

（2）在使用二氧化碳灭火器时，在室外使用的，应选择上风方向喷射。

（3）在室内窄小空间使用的，灭火后操作者应迅速离开，以防窒息。

6. 维护保养

二氧化碳灭火器应放置在被保护物品附近干燥、通风和取用方便的地方。要注意防止受潮和日晒，灭火器各连接件不得松动，喷嘴塞盖不能脱落，保证密封性能。灭火器应按制造厂规定要求和检查周期进行定期检查，如发现灭火剂结块或储气瓶气量不足时，应更换灭火剂或补充气量。灭火器的检查，应由专人进行。灭火器一经开启必须进行再充装。

二氧化碳灭火器应每月检查一次重量，手提式灭火器的年泄漏量不得大于灭火剂额定充装量的5%或50g（取两者较小者）；推车式灭火器的年泄漏量不得大于灭火剂充装量的5%。

（四）消防炮安全操作

1. 组成

消防炮如图6-1-7所示。

2. 操作方法

（1）首先迅速松开两个固定阀。

（2）紧握控制手柄对着着火方向，同时迅速打开消防炮总闸阀。

（3）根据着火位置的远近，通过炮口调节阀来调节消防炮的射程；通过控制手柄左右上下摆动来调节方向。

（4）使用完毕后，首先关闭消防炮总闸阀，待消防液不再流出时，关闭固定阀。

图 6-1-7　消防炮示意图
1—消防炮总闸阀；2—炮口调节阀；
3—控制手柄；4—固定阀

第二章　防毒知识

第一节　防毒基础知识

在工业生产劳动过程中，存在着多种影响身体健康的因素，这些因素被称为生产性有害因素。生产性有害因素包括三大类：一是化学性有害因素，如各种有机、无机毒物；二是物理性有害因素，如噪声、射线、高温、微波等；三是生物性有害因素，如布氏杆菌、霉菌等。在石油生产中，所使用的原料、产品、中间产品、副产品和"三废"排放物等，很多都是有毒物质。

一、工业毒物及来源

毒物是指较小剂量的化学物质，在一定条件下，作用于机体与细胞成分产生生物化学作用或生物物理变化，扰乱或破坏机体的正常功能，引起功能性改变，导致暂时性或持久性病理损害，甚至危及生命。工业毒物是指在工业生产中所使用或产生的毒物。

在石油生产中，工业毒物的来源是多方面的：有的作为原料，如天然气开采中使用的甲醇；有的为中间体或副产品，如天然气开采过程中的硫化氢、一氧化碳；有的是成品，如天然气开采的天然气；有的为夹杂物，还有的是反应产物或废弃物，如氩弧焊作业中产生的臭氧等。

二、工业毒物的形态和分类

（一）工业毒物的形态

粉尘：飘浮于空气中的固体微粒，大都在机械粉碎固体物质时形成。

烟尘：又称烟雾或烟气，为悬浮在空气中的烟状、固体微粒，是某些金属熔化时产生的蒸气在空气中氧化凝聚而成。

雾：为混悬于空气中的液体微滴，多是蒸气冷凝或液体喷散而成。

蒸气：为液体蒸发或固体升华而形成。

气体：常温常压下呈气态的物质，逸散于生产场所的空气中。

（二）工业毒物的分类

工业毒物分类方法很多，有的按毒物来源分，有的按进入人体的途径来分，有的按毒物作用的器官分类。目前最常用的分类方法是按化学性质及其用途相结合的分类法。一般分为如下几类：

（1）金属、非金属及其化合物，这是最多的一类。

（2）卤族及其无机化合物，如氟、氯、溴、碘等。

（3）强酸和碱性物质，如硫酸、硝酸、盐酸、氢氧化钠、氢氧化钾、氢氧化铵等。

（4）氧、氮、碳的无机化合物，如臭氧、氮氧化物、一氧化碳、光气等。

（5）窒息性情性气体，如氯、氖、氩、氮等。

（6）有机毒物，按化学结构又分为烃类、芳香烃类、卤代烃类、氨基及硝基烃类、醇、醛类、酚类、醚类等。

（7）农药类，包括有机磷、有机氮、有机汞、有机硫等。

（8）杂料及中间体、合成树脂、橡胶、纤维等。

按毒物的作用性质可分为刺激性、腐蚀性、窒息性、麻醉性、溶血性、致敏性、致癌性、致突变性等毒物。

按损害的器官或系统可分为神经毒性、血液毒性、肝脏毒性、肾脏毒性、全身毒性等毒物。有的毒物具有一种作用，有的具有多种作用或全身性作用。

三、毒物侵入人体的途径

毒物可通过呼吸道、皮肤和消化道侵入人体。

（一）呼吸道

石油化工生产中的毒物，主要是从呼吸道进入人体。整个呼吸道的黏膜和肺泡都能不同程度地吸收有害气体、蒸气及烟尘，但主要的部位是支气管和肺泡，尤以肺泡为主。肺泡接触面积大，周围又布满毛细血管，有毒物质能很快地经过毛细血管进入血液循环系统，从而分布到全身。这一途径是不经过肝脏解毒的，因而具有较大的危险性。在石油企业中发生的职业中毒，大多数是经呼吸道吸入体内而导致中毒的。

（二）皮肤

脂溶性毒物可以通过人体皮肤，经毛囊空间到达皮脂腺及腺体细胞而被吸收，一小部分则通过汗腺进入人体。毒物进入人体的这一途径也不经肝脏转化，直接进入血液系统而散布全身，危险性也较大。

（三）消化道

毒物由消化道进入人体的机会很少，多由不良卫生习惯造成误食或由呼吸道侵入人体，一部分沾附在鼻咽部，混于其分泌物中，无意被吞入。毒物进入消化道后，大多随粪便排出，其中一小部分在小肠内被吸收，经肝脏解毒转化后被排出，只有一小部分进入血液循环系统。

四、工业毒物对人体的危害

（一）神经系统

毒物对中枢神经和周围神经系统均有不同程度的危害作用，其表现为神经衰弱症候群：全身无力、易于疲劳、记忆力减退；头昏、头痛、失眠、心悸、多汗、多发性末梢神经炎及中毒性脑病等。汽油、四乙基铅、二硫化碳等中毒还表现为兴奋、狂躁、癔症。

（二）呼吸系统

氨、氯气、氮氧化物、氟、三氧化二砷、二氧化硫等刺激性毒物可引起声门水肿及痉挛、鼻炎、气管炎、支气管炎、肺炎及肺水肿。有些高浓度毒物（如硫化氢、氯、氨等）能直接抑制呼吸中枢或引起机械性阻塞而窒息。

（三）血液和心血管系统

严重的苯中毒可抑制骨髓造血功能。砷化氢等中毒可引起严重的溶血，出现血红蛋白尿，导致溶血性贫血。一氧化碳中毒可使血液的输氧功能发生障碍。

（四）消化系统

肝是人体解毒器官，人体吸收的大多数毒物积蓄在肝脏里，并由它进行分解、转化，起到自救作用。但某些"亲肝性毒物"，如四氯化碳、磷、三硝基甲苯、锑、铅等，主要伤害肝脏，往往形成急性或慢性中毒性肝炎。汞、砷、铅等急性中毒，可发生严重的恶心、呕吐、腹泻等消化道炎症。

（五）泌尿系统

某些毒物损害肾脏，尤其以升汞和四氯化碳等引起的急性肾小管坏死性肾病最为严重。此外，乙二醇、汞、铜、铅等也可以引起中毒性肾病。

（六）皮肤

强酸、强碱等化学药品及紫外线可导致皮肤灼伤和溃烂。液氯、丙烯脂、氯乙烯等可引起皮炎、红斑和湿疹等。苯、汽油能使皮肤因脱脂而干燥、酸裂。

（七）眼睛

化学物质的碎屑、液体、粉尘飞溅到眼内，可发生角膜或结膜的刺激炎症、腐蚀灼伤或过敏反应。尤其是腐蚀性物质，如强酸、强碱、石灰或氨水等，可使眼结膜坏死糜烂或角膜浑浊。甲醇影响视神经，严重时可导致失明。

（八）致癌性

某些化学物质（如石棉粉尘等）有致癌作用，可使人体产生肿瘤。

第二节 天然气生产中常见的毒物

一、甲醇（CH₃OH）

（一）甲醇基础知识

1. 甲醇的物理性质

甲醇在常温、常压下为无色透明、易挥发、易燃烧的有毒液体，稍有酒精的芳香味，与水互溶，与油气有较大的溶解度，相对密度为 0.7915，沸点为 64.5~64.7℃，蒸汽相对密度为 1.11，闪点为 7℃，自燃点为 430℃，爆炸极限为 6.0%~36.5%。

2. 甲醇对人体的危害

甲醇为神经性毒物，可经过呼吸道、肠胃和皮肤吸收，具有明显的麻醉作用。人喝入 5~10mg 即可导致严重中毒，10mg 以上即有眼睛失明的危险，30mg 以上能使人死亡。人在甲醇浓度为 39~65mg/m³ 的环境中工作 30~50min 会引起急性中毒。国标规定工作环境甲醇浓度最高不准超过 50mg/m³。

甲醇中毒特点：甲醇属于低度性毒类，对人体有麻醉作用和体内蓄积作用，主要中毒特征是双目失明、头痛、恶心、腹泻、狂躁。甲醇一般通过呼吸道、消化道及皮肤进入人体。

1）呼吸道

肺是人体的呼吸器官，肺泡面积大，泡壁极薄，表面有含酸的液体，所以湿润，并有丰富的毛细血管。甲醇在体内的氧化物如甲酸的积累，会引起酸中毒，同时甲醇在体内抑制某些氧化酶系统，抑制酶的分解，机体新陈代谢受到阻碍。

甲醇对视神经和视网膜具有特殊的选择作用。因眼房水、玻璃体内含水量达99%以上，因此中毒后眼房中的甲醇含量很高。由于甲醇的脱氧酶作用，使甲醇在视网处转换成甲醛，能抑制视网膜氧化磷酸化过程，使眼膜肉不能合成三磷酸腺苷，导致细胞发生退化形变，最后神经萎缩，造成视力下降，严重时甚至造成失明。

2）消化道

甲醇从口进入胃部引起中毒。

3）皮肤

由于甲醇易挥发，当空气中有甲醇存在，尤其是环境温度较高时，甲醇会通过皮肤毛孔进入人体。

（二）甲醇中毒症状

1. 急性中毒

（1）轻度中毒症状：神经衰弱症状，如头痛、头晕、失眠、乏力、步态蹒跚、酒醉态、恶心、耳鸣、视力迅速减退、视线模糊。

（2）重度中毒症状：除轻度中毒症状明显外，视力迅速减退，并有眼球疼痛、畏光、瞳孔扩大症状，严重者剧烈头痛、眩晕、抽搐，甚至死亡。

2. 慢性中毒

表现为神经衰弱及植物性神经功能紊乱症状，如头痛、头晕、乏力、健忘、易兴奋、多汗、恶心、呕吐、耳鸣、视力下降等症状。

（三）甲醇中毒的急救与治疗

1. 急救

迅速将患者移离现场，脱去污染衣服，平卧，头部稍高、使呼吸畅通，如呼吸困难时则将上衣扣解开，进行人工呼吸，有条件的应输氧。

（1）眼睛受污染者，须立即用2%的碳酸氢钠溶液清洗。

（2）根据二氧化碳结合力，用碳酸氢钠或乳酸钠纠正酸中毒。

（3）中毒性神经患者，应注射B族维生素或镇静剂。

（4）中毒严重者立即送医院进行治疗。

2. 治疗

（1）补充体液，促进血液循环，有条件可用腹膜透析或人工肾透析，加速甲醇排泄。

（2）中药治疗对视力减退有效，可用淡竹叶、银花、菊花等中药治疗。

3. 预防甲醇中毒措施

（1）涉及有毒工作场所时，必须有良好的通风设备、可靠的报警监测装置，定期校验、检测设备，一般采用漏失装置加防护棚。

（2）做好设备、管线、阀件、仪表的维护保养，杜绝泄漏。

（3）在室内作业时，注意通风、换气，进入不安全环境作业前，做到先检查后进入。

（4）必须进入高浓度甲醇危险场所工作时，必须戴防毒面具。

二、硫化氢（H_2S）

（一）硫化氢基础知识

H_2S 为无色、易燃气体，在低浓度时具有臭鸡蛋气味，在高浓度时由于嗅觉迅速麻痹而无法闻到臭鸡蛋气味，相对分子质量为34.08，蒸气相对密度为1.19，沸点为 -60.7℃，比空气略重，易积聚在低洼处。易溶于水，也溶于醇类、石油溶剂和原油。易燃，与空气混合能形成爆炸性混合物，遇明火、高温能引起燃烧爆炸。能在较低处扩散到相当远的地方，遇火源会着火回燃。与空气的混合物爆炸极限为 4.3%~46.0%。能与大部分金属反应形成黑色硫酸盐。

（二）硫化氢的中毒原理

（1） H_2S 为剧毒气体，主要经呼吸道进入，在血液内可与血红蛋白结合为硫血红蛋白，一部分游离的 H_2S 经肺排出，另一部分被氧化为无毒的硫酸盐和硫代硫酸盐，随尿排出。

（2） H_2S 遇到潮湿的黏膜迅速溶解，并与体液中的钠离子结合成为碱性的 Na_2S，对黏膜和组织产生刺激和腐蚀作用。

（3）进入体内的 H_2S，如未及时被氧化解毒，能与氧化型细胞色素氧化酶中的二硫键或与三价铁结合，使之失去传递电子的能力，造成组织细胞内窒息，尤以神经系统敏感。

（4） H_2S 还能使脑和肝中的三磷酸腺苷酶活性降低；与体内谷胱甘肽中的巯基结合，使其失活，影响体内生物氧化过程。

（5）高浓度 H_2S 可作用于颈动脉窦及主动脉的化学感受器，引起反射性呼吸抑制，可直接作用于延髓的呼吸及血管运动中枢，使呼吸麻痹，造成"电击型"死亡。

（三）硫化氢中毒的特点

H_2S 是一种神经毒剂，也是窒息性和刺激性气体，主要作用于中枢神经系统和呼吸系统，也可造成心脏等多个器官损害，对其作用最敏感的部位是脑和黏膜。

（1） H_2S 进入人体的主要途径是吸入， H_2S 经黏膜吸收快，皮肤吸收甚少。

空气中硫化氢达到 $0.02g/m^3$ 时，就会引起中毒，主要症状是恶心头痛、胸部压迫感和疲倦。中毒长时间后，眼鼻及咽喉的黏膜部分感到剧痛，口腔出现金属味。硫化氢浓度达到 $0.7g/m^3$ 以上时，可出现重度中毒，表现为抽筋、丧失知觉，最后使人呼吸器官麻痹而死亡。长期接触低浓度的硫化氢，可引起神经衰弱综合征和自主神经功能紊乱等。

（2）接触较高浓度 H_2S，常先出现眼和上呼吸道刺激，随后出现头痛、头晕、乏力等症状，并发生轻度意识障碍。

（3）接触高浓度 H_2S，出现头痛、头晕、易激动、步态蹒跚、烦躁、意识模糊、谵妄、癫痫样抽搐，可呈全身性强直阵挛发作等症状；可突然发生昏迷；也可出现呼吸困难或呼吸停止后心跳停止症状。

（4）接触极高浓度 H_2S 后可发生电击样死亡，即在接触后数秒或数分钟内呼吸骤停，数分钟后可心跳停止；也可立即或数分钟内昏迷，并呼吸骤停而死亡。

(四) 硫化氢中毒的症状

1. 轻度中毒

出现眼胀痛、畏光、咽干、咳嗽、轻度头痛、头晕、乏力、恶心、呕吐等症状。检查见眼结膜充血，肺部可有干锣音，X线胸片显示肺纹理增强。

2. 中度中毒

有明显的头痛、头晕症状，并出现轻度意识障碍。或有明显的黏膜刺激症状，出现咳嗽、胸闷、视物模糊、眼结膜水肿及角膜溃疡等。肺部可闻干性或湿性锣音，X线胸片显示两肺纹理模糊，肺叶透亮度降低或有片状密度增高阴影。

3. 重度中毒

可出现昏迷、肺泡性肺水肿、呼吸循环衰竭或"电击型"死亡症状。

4. 慢性影响

长期接触低浓度 H_2S 可引起眼及呼吸道慢性炎症，甚至可致角膜糜烂或点状角膜炎。全身可出现类神经症、中枢性自主神经功能紊乱，也可损害周围神经。

(五) 硫化氢中毒的诊断 (依据 GBZ 31—2002)

1. 诊断原则

在短期内吸入较大量硫化氢，出现中枢神经系统和呼吸系统损害为主的临床表现，参考现场卫生学调查，综合分析，排除其他类似表现的疾病。

2. 接触反应

接触硫化氢后，出现眼刺痛、畏光、流泪、结膜充血、咽部灼热感、咳嗽等，眼及上呼吸道刺激表现，或有头痛、头晕、乏力、恶心等神经系统症状，脱离接触后在短时间内消失者。

3. 诊断分级标准

(1) 轻度中毒。具有下列情况之一者：明显的头痛、头晕、乏力等症状并出现轻度至中度意识障碍；急性气管—支气管炎或支气管周围炎。

(2) 中度中毒。具有下列情况之一者：意识障碍表现为浅至中度昏迷；急性支气管肺炎。

(3) 重度中毒。具有下列情况之一者：意识障碍程度达深昏迷或呈植物状态；肺水肿；猝死；多脏器衰竭。

(六) 急性中毒现场急救

急性硫化氢中毒的特点是病情发生急骤，症状严重，变化迅速，处理不当常常危及生命。一旦发生 H_2S 中毒，在现场的人员必须争分夺秒，全力以赴地抢救患者，原则如下：

（1）尽快阻止 H_2S 继续侵入人体。

（2）将中毒者立即从现场运到空气新鲜处，注意朝逆风向撤离，解开领口、衣服和裤带，静卧保暖，意识丧失者取侧位，头后仰，拉出舌头。

（3）除去中毒者染毒衣物，用大量清水冲洗染毒部位，口、鼻、眼受污染应尽快用清洁流水彻底冲洗，减少吸收。

（4）昏迷的患者要保持呼吸道通畅，防止呼吸、心脏停止。冲洗被污染的部位时，应注意保护清洁部位，防止产生新的污染。对有外伤者，在抢救和搬运时防止造成新的伤害。抢救时，应防止抢救者本身中毒。

（5）发现呼吸停止，采用人工呼吸救治，施行者应避免吸入患者呼出的气体，防止自身中毒。必要时可注射呼吸兴奋剂。

（6）发现心跳停止，采用叩击或胸外按压术救治，必要时可注射强心剂。

（7）在事故现场选定监测点，迅速及时地进行 1 次采样检测，直到空气中的毒物浓度低于容许浓度为止。

（七）硫化氢中毒的预防及控制措施

（1）生产过程应注意设备的密闭和通风，设置自动报警器。

（2）在作业岗位醒目的位置，设置警示标识和说明。警示说明应当载明 H_2S 名称、危害后果、预防以及应急救治措施等内容。

（3）硫化氢及含硫的工业废水排放前必须采取净化措施。

（4）在疏通阴沟、下水道等有可能产生硫化氢的场所，应事先尽量通风。

（5）进入高浓度 H_2S 场所，应戴空气呼吸器或供氧式防毒面具。国家规定 H_2S 的车间最高允许浓度为 $10mg/m^3$。

（6）工人可口服较长效的高铁血红蛋白形成剂"对氨基苯丙酮"，作为预防药物。成人口服 90~180mg，有效时间 4~5h。

（7）有明显呼吸系统、神经精神系统及心、肝、肾病患者不应从事接触硫化氢作业。

（8）建立工作场所职业病危害因素监测及评价制度，按照有关法律、法规的要求对 H_2S 作业现场进行定期检测及评价。定期向所在地卫生行政部门报告，并向职工公布。

（9）对职业病防护设备、应急救援设施和个人使用的防护用品，应当进行经常性维护、检修，定期检测其性能和效果。确保其处于正常状态，不得擅自拆除或者停止使用。

（10）对从事接触 H_2S 的职工进行上岗前、在岗期间和离岗时的职业性健康检查，并将检查结果如实告知职工，建立健康监护档案。

（11）对职工进行上岗前的职业卫生培训和在岗期间的定期职业卫生培训，

普及职业卫生知识，督促职工遵守职业病防治法律、法规、规章和操作规程，指导职工正确使用职业病防护设备和个人使用的防护用品。

（12）制定卫生安全操作规程；易发生 H_2S 中毒的工作场所配置现场急救用品、冲洗设备、应急撤离通道和泄险区；建立职业病危害事故应急救援预案。

三、氮气

（一）氮气基础知识

氮气在常温常压下为无色、无臭的气体，微溶于水和乙醇，比空气稍轻，是合成氨的原料，也是一种制冷剂。采气作业中氮气可作为一种安全气，用于氮封、气密、置换、输送等，也可作为液压蓄能器的高压源。氮气不燃，压缩气体若遇高热，容器内压增大，有开裂和爆炸的危险。

（二）氮气中毒的特点

常压下氮气无毒。当作业环境中氮气浓度增大、氧气相对减少时，引起单纯性窒息作用。氮气在空气中有排挤氧气的作用。氮气浓度大于 84% 时，可出现头晕、头痛、眼花、恶心、呕吐、呼吸加快、脉率增大、血压升高、胸部压迫感症状，甚至失去知觉，出现阵发性痉挛、发绀、瞳孔缩小等缺氧症状，如不及时脱离环境，可致死亡。皮肤接触液态氮可引起严重冻伤。

（三）氮气中毒的急救与治疗

（1）迅速将病人移离至空气新鲜处。

（2）若设备密闭或出口太小，一时难以救出时，应迅速向设备内输送空气。

（3）紧急给予吸氧，包括应用人工呼吸机，有条件时，立即送高压氧舱治疗。

（4）如呼吸心跳停止，立即施行心肺复苏术。

（四）预防氮气中毒的措施

（1）做好设备、管线、阀件、仪表的检查和维护保养，杜绝泄漏。

（2）设计氮气工作场所时，必须有良好的通风设备、可靠的报警监测装置，定期校验、检测设备。

（3）在室内作业时，注意通风、换气，进入不安全环境作业前，做到先检查后进入，确保工作区空气中的含氧量不能低于 19%。

（4）必须进入高浓度氮气危险场所工作时，必须戴防毒面具。

四、丙烷（C_3H_8）

（一）丙烷基础知识

丙烷（C_3H_8）常温下为无色、无臭气体，易燃、易爆，化学性质稳定，熔点为-187.7℃，沸点为-42.17℃，闪点为-104℃，蒸汽密度为1.52g/L，爆炸极限为2.1%~9.5%，在650℃时分解为乙烯和乙烷。

（二）丙烷中毒的特点

丙烷属于微毒类物质，为单纯麻醉剂，对眼和皮肤无刺激，直接接触可致冻伤。接触较高的浓度丙烷、丁烷混合气，可出现头晕、头痛、兴奋或嗜睡、恶心、呕吐、流涎、血压较低、脉搏慢、神经生理反射减弱症状，但不出现病理反射。严重者可呈麻醉状态，甚至出现意识障碍。长期接触低浓度的（100~300g/m³）丙烷，出现头晕、头痛、睡眠障碍、易疲倦、情绪不稳定及多汗、脉搏不稳、立毛肌反射增强、皮肤划痕症等自主神经功能紊乱现象，并出现肢体远端感觉减退症状。丙烷气体不会影响皮肤，但其液体可能造成冻伤或冻疮。丙烷气体不会刺激眼睛，但其液体可能造成冻伤或冻疮。

（三）丙烷中毒的急救与治疗

（1）施救前先做好自身的防护措施，以确保自己的安全。

（2）将伤者移至空气新鲜处，联络急救医疗救助。

（3）对于呼吸停止的伤者，给予人工呼吸。

（4）对于呼吸困难的伤者，则给予氧气协助或立即就医。

（5）如果患者冻伤，可用热水使其冻伤部位暖和起来。

（6）保持伤者的平静，且维持其正常的体温。

（四）预防丙烷中毒的措施

（1）做好设备、管线、阀件、仪表的检查和维护保养，杜绝泄漏。

（2）涉及丙烷工作场所时，必须有良好的通风设备。

（3）在室内作业时，注意通风、换气，进入不安全环境作业前，做到先检查后进入。

（4）穿戴好个人防护装备。

（5）必须进入高浓度丙烷危险场所工作时，必须戴防毒面具。

（五）事故处置

1. 泄漏处置

迅速撤离泄漏污染区人员至上风处，并隔离直至气体散尽，切断火源。建议应急处理人员戴自给式呼吸器，穿防静电消防防护服。切断气源，喷雾状水稀释、溶解，抽排（室内）或强力通风（室外）。如有可能，将漏出气用防爆排风机送至空旷地方或装设适当喷头烧掉。也可以将漏气的容器移到空旷处，注意通风。漏气容器不能再用，且要经过技术处理以清除可能剩下的气体。

2. 消防措施

严格按照储运规定操作，对于因泄漏引起的燃烧，应立即切断气源，如不能切断气源，则不允许扑灭正在燃烧的气体；对钢瓶喷水降温，尽可能将钢瓶移至空旷安全地带。灭火剂为雾状水、二氧化碳。

五、一氧化碳（CO）

（一）一氧化碳基础知识

一氧化碳是一种无色、无味、无臭的气体；相对密度为 0.97，绝对密度为 1.25kg/m³；微溶于水；在正常的温度和压力条件下，化学性质不活泼，当空气中一氧化碳浓度达到 13%~75% 时，能引起燃烧和爆炸。

（二）一氧化碳中毒的症状

一氧化碳中毒症状表现在以下几个方面：

（1）轻度中毒：患者可出现头痛、头晕、失眠、视物模糊、耳鸣、恶心、呕吐、全身乏力、心动过速、短暂昏厥症状。血中碳氧血红蛋白含量达 10%~20%。

（2）中度中毒：除上述症状加重外，口唇、指甲、皮肤黏膜出现樱桃红色，多汗，血压先升高后降低，心率加速，心律失常，烦躁，一时性感觉和运动分离（即尚有思维，但不能行动）。症状继续加重，可出现嗜睡、昏迷。血中碳氧血红蛋白含量达 30%~40%。经及时抢救，可较快清醒，一般无并发症和后遗症。

（3）重度中毒：患者迅速进入昏迷状态。初期四肢肌张力增强，或有阵发性强直性痉挛；晚期肌张力显著降低，患者面色苍白或青紫，血压下降，瞳孔散大，最后因呼吸麻痹而死亡。经抢救存活者可有严重并发症及后遗症。

（三）一氧化碳中毒的急救与治疗

（1）现场处理：迅速将患者脱离现场，移至空气新鲜处；如呼吸困难，给其吸氧；对于出现猝死症状者，立即进行心肺脑复苏。

（2）高压氧疗法：对于促进神志恢复、预防及治疗迟发脑病都具有较好疗效。

六、天然气

（一）天然气基础知识

天然气在常温常压下为无色气体，相对密度（空气=1）约为 0.60，易燃，与空气混合能形成爆炸物性混合物，遇明火、高温有燃烧爆炸危险，与空气的混合物爆炸极限为 5%~15%。

（二）天然气中毒的特点

天然气的主要成分是甲烷，不属于毒性气体，但当空气中的甲烷含量达到

11%以上时，氧的含量相对减少，使人感到氧气不足而产生中毒现象，虚弱眩晕，进而可能失去知觉，直至死亡。长期接触一定浓度的天然气，可造成头晕、头痛、失眠、记忆力减退、食欲不振、无力等神经衰弱症，接触高浓度的天然气，可引起缺氧窒息、昏迷、呼吸困难，以至于出现脑水肿、肺水肿等严重并发症。

（三）天然气中毒的急救与治疗

将吸入中毒者立即脱离现场至空气新鲜处，保持呼吸道畅通；如呼吸困难，给输氧；如果呼吸停止，进行人工呼吸，并立即就医。

（四）预防天然气中毒的措施

（1）做好设备、管线、阀件、仪表的检查和维护保养，杜绝泄漏。

（2）涉及天然气工作场所时，必须有良好的通风设备、可靠的报警监测装置，定期校验、检测设备。

（3）在室内作业时，注意通风、换气，进入不安全环境作业前，做到先检查后进入，工作区空气中的含氧量最低不小于 19.5%。

（4）必须进入高浓度天然气危险场所工作时，必须戴防毒面具。

七、氢氧化钠（NaOH）

氢氧化钠俗称烧碱、火碱、苛性钠，常温下是一种白色晶体，现常制成小片状；具有较强腐蚀性；易溶于水，其水溶液呈强碱性，能使酚酞变红；易吸收空气中的水分和二氧化碳；溶于水、乙醇时或溶液与酸混合时产生剧热反应；相对密度为 2.13，熔点为 318℃，沸点为 1390℃。氢氧化钠的半数致死量（小鼠，腹腔）为 40mg/kg。其水溶液有涩味和滑腻感。

氢氧化钠对二氧化碳有吸收作用，也是生物实验常用的化学品。氢氧化钠应密封干燥保存，容器盖用胶皮盖（即不能敞口放置）。空气中含有水蒸气、二氧化碳，而氢氧化钠容易被水蒸气潮解，易与二氧化碳反应生成碳酸钠，也就会发生变质。

氢氧化钠不可与皮肤接触，若与皮肤（眼睛）接触，用流动清水冲洗，涂抹硼酸溶液。若误食，用清水漱口，饮牛奶或蛋清（等酸性无害食品）且需立即就医。废弃的氢氧化钠不能直接倒入下水道，可以利用酸中和，如盐酸、硫酸等。

八、过氧化氢

过氧化氢，其水溶液俗称双氧水，化学式为 H_2O_2，外观为无色透明液体，有微弱的特殊气味，是一种强氧化剂，适用于伤口消毒及环境食品消毒。浓过氧化氢有强烈的腐蚀性。其熔点为 $-0.89℃$（无水），沸点为 $152.1℃$，相对密度（水 $=1$）为 1.46（无水），能与水、乙醇、乙醚以任何比例混合，不溶于苯、石油醚。

吸入过氧化氢蒸气或雾气对呼吸道有强烈刺激性。眼睛直接接触液体可致不可逆损伤甚至失明。口服中毒出现腹痛、胸口痛、呼吸困难、呕吐、一时性运动和感觉障碍、体温升高等症状。个别病例出现视力障碍、癫痫样痉挛、轻瘫。

过氧化氢储存于阴凉、干燥、通风良好的专用库房内，远离火种、热源。库温不超过 $30℃$，相对湿度不超过 80%，保持容器密封。应与易（可）燃物、还原剂、活性金属粉末等分开存放，切忌混储。储区应备有泄漏物应急处理材料和合适的收容材料。

九、絮凝剂

天然气处理厂污水处理单元所用的絮凝剂为聚合碱式氯化铝（PAC），是一种无机高分子的高价聚合电解质混凝剂，是由于氢氧根离子的架桥作用和多价阴离子的聚合作用而生成的相对分子质量较大、电荷较高的无机高分子水处理药剂。主要成分为 Al 和 Al_2O_3，结构式为 $[Al_2(OH)_nC_{16-n}]_m$ 或 $Al_n(OH)_mC_{13n-m}$。可视为介于三氯化铝和氢氧化铝之间的一种中间水解产物。该药品活性好、用量少、适应性强、溶解快、沉淀快，能有效去除金属及放射物质对水质的污染，但有毒性及腐蚀性。

十、助凝剂

污水处理单元所用助凝剂为聚丙烯酰胺（PAM），为水溶性高分子聚合物，不溶于大多数有机溶剂，具有良好的絮凝性，可以降低液体之间的摩擦阻力，按离子特性可分为非离子、阴离子、阳离子和两性型四种类型。聚丙烯酰胺为白色粉状物，密度为 $1.32g/cm^3$，玻璃化温度为 $188℃$，软化温度接近于 $210℃$。用一般方法干燥时含有少量的水，干燥时会很快从环境中吸取水分，用冷冻干燥分离的均聚物是白色松软的非结晶固体，但是当从溶液中沉淀并干燥后则为玻璃状部分透明的固体，完全干燥的聚丙烯酰胺 PAM 是脆性的白色固体。聚丙烯酰胺通常是在适度的条件下干燥的，一般含水量为 $5\%\sim15\%$，浇铸在玻璃板上制备的高分子膜，则是透明、坚硬、易碎的固体。聚丙烯酰胺本身及其水解体没有毒性，聚丙烯酰胺的毒性来自其残留单体丙烯酰胺（AM）。丙烯酰胺为神经性致毒剂，对神经系统有损伤作用，中毒后表现出肌体无力、运动失调等症状。

十一、缓蚀剂

缓蚀剂一般用于含硫气井中，延缓气井油套管及井站设备的腐蚀，如粗吡啶，是恶臭有毒物质，刺激眼睛、神经，有强烈毒性。

缓蚀剂在天然气处理厂主要用于污水处理过程中，减缓含醇污水对甲醇精馏单元设备和管线的腐蚀。目前所采用的是 FHZ-Ⅱ复合缓释阻垢剂，外观为浅黄色至浅棕色液体，其中固体含量不小于 23%，pH 值（1%水溶液）为 6.0~7.0，密度（20℃）为 1.15~1.20g/cm³，总氮含量不小于 0.7%。

第三节　气体检测仪器

一、基本概念

爆炸下限：通常用 LEL 表示，是指可燃性气体跟空气或氧气掺混，组成的混合气体达到一定的浓度遇火源引起爆炸的最低浓度。

气体体积分数：通常用 VOL%表示，是指某种气体在混合气体中所占的体积百分比。

容许浓度：通常用 TLV 表示，是指化学物质在空气中的浓度限值，并表示一天在有害气体等的工作环境下连续工作 8h，对健康没有根本影响的浓度极限。

二、日本新宇宙气体检测仪用途及型号

日本新宇宙气体检测仪用途及型号见表 6-2-1。

表 6-2-1　日本新宇宙气体检测仪用途及分类型号

型号	检测介质	检测范围	备注
XP-311A	CH_4	0~100%LEL	用于动火分析，不可用于置换
XP-314	CH_4	0~100%VOL	用适用于管道气体置换检测
XP-316A	甲醇	0~6544mg/m³	只能适用于甲醇气体含量检测
XP-3160	甲醇	0~6544mg/m³	只能适用于甲醇气体含量检测
XA-913H	H_2S	0~45mg/m³	适用于人体防护
XP-335	H_2S	0~45mg/m³	适用于 H_2S 检测
XPO-317 XP-3118 XP-3180	CH_4/O_2 CH_4/O_2 O_2	0~100%LEL 0~25%VOL 0~25%VOL	适用于检测氧气含量及动火分析，不可进行甲烷气体含量大于 5%VOL 的检测作业
XPO-303	CH_4 H_2S O_2	0~100%LEL 0~45mg/m³ 0~25%VOL	用于检测甲烷、氧气、硫化氢气体，也可用于动火分析，不可进行甲烷气体含量大于 5%VOL 的检测作业

续表

型号	检测介质	检测范围	备注
XP-302IIE XP-302M	CH$_4$ H$_2$S O$_2$ CO	0~100%LEL 0~45mg/m^3 0~25%VOL 0~344mg/m^3	用于检测甲烷、氧气、硫化氢、一氧化碳气体，也可用于动火分析，不可进行甲烷气体含量大于5%VOL的检测作业

三、现场常用的气体检测仪

（一）XP-311A、XP-314、XP-316A

气体检测仪结构示意图如图6-2-1所示。

图6-2-1　XP-311A、XP-314、XP-316A结构示意图

1. 各部件名称及功能

（1）转换开关（电源及检测转换开关）：开电源时，将转换开关转到BATT的位置，检查电池电压后将开关转换L挡、H挡进行测量。

（2）零调节旋钮：将转换开关转换到L挡，调刻度指针指到"0"位。把旋钮顺时针转，指针向右摆动；逆时针转，指针向左摆动。

（3）表盘：L挡是0~500ppm，H挡是0~5000ppm。

（4）表盘照明按钮：若按此按钮，就有两个LED照明半透明的刻度板。黑暗处也可以测定。

（5）电池腔：装4节5号干电池。

（6）吸引管：为标准金属管。

（7）气体导入胶管：使用了优良的、耐腐蚀性的氟化橡胶双层管。

（8）过滤/除潮器：阻挡灰尘和潮气，保护传感器和微型吸气泵。

2. 操作方法

（1）装入电池：必须在无气体泄漏的安全地方装入。按照电池室内的极性，正确装入。

（2）检验电池电压：将转换开关由"OFF"转至"BATT"位置，检查电池电压，判断能否使用。

（3）调节零位：先将转换开关由"BATT"转至 L 挡位置，待指针稳定，确认"0"位。如指针偏差于"0"位时将"零"（ZERO）调节旋钮缓转，进行调节，调至"0"位为止。

（4）测量感应到被测气体时，指针会摆动，当指针稳定下来后，所指示的刻度便是气体的浓度。将转换开关转至 L 挡或 H 挡并将吸引管靠近所要检测地点来测量。

（5）XP-311A、XP-314 检测气体时，应先将开关转到 H 挡（0～100% LEL），如指针指示在 10%LEL 以下时，当即转换到 L 挡（0～10%LEL），以便读到更精确的数值。

（6）关机检查完后，一定要吸入清洁空气，指针为"0"后，再关掉电源。

（7）使用中若是电源电压不足时，发出连续警报音报警（警报灯不亮），表示电池电量不足，请更换电池。

3. 故障判断及处理方法

送交售后服务机构之前，请按照表 6-2-2 中内容进行检查。

表 6-2-2　常见故障及处理方法

故障现象	可能原因	处理方法
装入新电池，将电源开关转到"BATT"位置，指针不动	电池接触不良，电池极性接反	将电池重新装入，将电池按正确方向装入
装入新电池，将电源开关转到"BATT"位置，虽然指针摆动，但没指示到"BATT"标记范围	电池方向（正负极）接错	将电池正确装入
应答速度延迟，灵敏度低下	过滤器中过滤纸堵塞	更换新过滤纸

（二）XPO-317

1. 各部分名称及功能

XPO-317 结构示意图如图 6-2-2 所示。

（1）转换开关：旋转此开关，可进行电源电压检查、氧气检测和可燃气检测。

（2）零调节旋钮：仪器检测可燃气之前，旋转"ZERO ADJ"钮，调整指针指向零点。

（3）表盘：表盘上有两条刻度线，转换开关置于"GAS"挡，用于检测可燃气含量，范围为 0～100%LEL，置于"O_2"挡，用于检测氧气浓度，范围是 0～15%VOL。

（4）表盘照明按钮：按下"METER LIGHT"开关，可照明表盘。

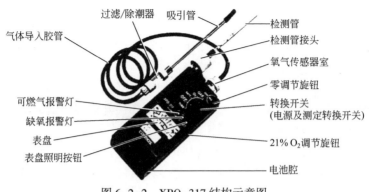

图 6-2-2　XPO-317 结构示意图

（5）21% O_2 调节旋钮：在新鲜空气中，旋转"21% O_2 ADJ"，调整氧气传感器的信号输出，使指针指向 21%。

（6）氧气传感器室：氧气传感器被安装在此室内。

（7）缺氧报警灯：如氧气浓度低于 18%VOL，缺氧报警灯闪亮，并伴随断续报警声。

（8）可燃气报警灯：如果可燃气浓度超过 20%LEL，此灯闪亮，并伴随断续报警声。

（9）气体导入胶管：采用了双层管，具有耐药性，而且吸附气体也少。

（10）过滤/除潮器：装在吸引管和气体导入胶管之间，可用于防止灰尘和微粒、水或其他液体进入仪器中。

（11）吸引管：为标准金属管。

（12）电池腔：装 4 节 5 号干电池做仪器电源。

2. 操作方法

（1）将气体导入胶管一端与固定在氧传感器室顶部的气样入口处相连接。

（2）将过滤/除潮器与吸引管连接。

（3）将气体导入胶管另一端与过滤/除潮器连接。

（4）将转换开关至于"BATT"挡上，表盘指针应指在蓝色的"BATT"测量标记上，如指针达不到蓝色标记时，应更换电池。

（5）将转换开关置于"O_2"挡上，指针应指在氧气浓度 21% 刻度上，若在新鲜空气中指针达不到 21%，应旋转 21% O_2 调节旋钮，使指针指在 21% 刻度上。

（6）将转换开关置于"GAS"挡，指针应指在可燃气浓度刻度线的零点上，若在新鲜空气中，指针不在零点，应调整"ZERO ADJ"钮，使指针指向零点。

（7）在测量中，若氧气浓度低于 18% 及可燃气浓度超过 20%LEL 时，仪器发出断续警报声，同时，缺氧报警灯及可燃气报警灯闪亮。缺氧及可燃气浓度超限或两者皆有时的报警声是不同的。

（8）转换开关不论放在"O_2"挡还是"GAS"挡，当可燃气浓度超限和缺氧同时发生时，可发出合成音警报。

将转换开关置于"O_2"挡，可读取氧气浓度值。

将转换开关置于"GAS"挡，可读取可燃气浓度值。

（三）XP-3118

1. 各部分名称及功能

XP-3118 结构示意图如图 6-2-3 所示。

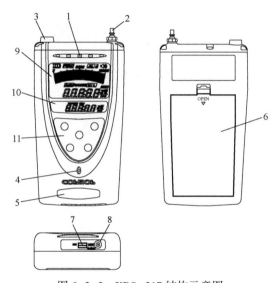

图 6-2-3　XPO-317 结构示意图

1—报警灯；2—气体导入管；3—排气口；4—蜂鸣器口；5—机型与对象气体标签；6—电池盖；
7—USB 接口；8—DC 插孔；9—LCD 主画面；10—LCD 副画面；11—操作面板

（1）报警灯：气体报警时闪烁。

（2）气体导入管连接口：连接气体导入管。

（3）排气口：排放吸入的气体。

（4）蜂鸣器口：蜂鸣器鸣叫。

（5）机型与对象气体标签：显示本机的型号与检测对象气体。

（6）电池盖：电池盒盖。

（7）USB 接口：连接 USB 线（选购品）。

（8）DC 插孔：连接 AC 转换器（选购品）。

（9）LCD 主画面：显示气体浓度与各种信息，如图 6-2-4 所示。

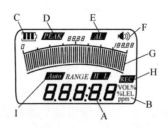

图 6-2-4　LCD 主画面

A—显示气体浓度；B—显示单位；C—显示电池电量；D—如设定峰值保持功能，则显示；E—气体报警时显示；F—表示气体报警时报警器鸣叫；G—以条线图显示气体浓度；H—显示记录（记忆）中；I—自动

（10）LCD 副画面：显示气体浓度与各种信息，如图 6-2-5 所示。

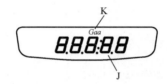

图 6-2-5　LCD 副画面

J—显示气体浓度；K—可燃性气体对象气体为 2 种以上时，欲确认编号时，显示

（11）操作面板，如图 6-2-6 所示。

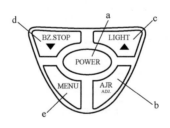

图 6-2-6　操作面板

a—电源开/关时使用，在气体浓度画面显示过程中，用于范围切换；b—用于自动零位调整；
c—用于点亮背景灯；d—用于停止报警蜂鸣器鸣叫 ［对象气体为 2 种以上时，用于确认
气体编号（无报警时）；长按按钮，用于确认报警点］；e—用于各种功能设定

2. 操作方法

（1）装入电池。

（2）接通电源—预热运转—显示气体画面。

① 按"POWER"键，蜂鸣器发出"哔"的声音，电源接通。

② LCD 主画面显示"ADJ"，以条线图进行倒计时（预热运转中）。LCD 画面显示时钟。

③ 传感器稳定后，蜂鸣器发出"哔——"的鸣叫声，显示气体浓度画面。

（3）检测：气体浓度画面显示出气体浓度画面便可进行检测。LCD 主画面显示"GAS1"、LCD 小画面显示"GAS2"。

（4）对象气体确认方法：对象可燃性气体为 2 种以上时，按"BZ STOP"键，可确认气体编号。约 3s 后，返回气体浓度显示。但在发出气体警报时，无法确认气体编号。

（5）零位调整（气体尝试 21VOL%调整）约按"AOR ADJ"3s，蜂鸣器发出"哔、哔、哔"的鸣叫，可同时进行可燃气体零位调整和气体浓度 21VOL%调整。此时，蜂鸣器如发出"哔、哔哔哔哔"的鸣叫，则表示无法进行零位调整。可能是某些气体存在，请在洁净空气中进行零位调整。机器长时间不使用或周围环境发生变化时，也会发生传感器不稳定的情况。届时，气体浓度数值会闪烁。闪烁时，必须进行零位调整后才能使用，否则无法正确测量，如图 6-2-7 所示。

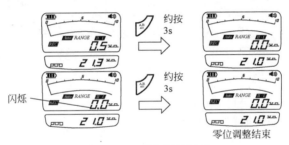

图 6-2-7　零位调整画面

（6）范围：在气体浓度画面中，按"POWER"键，可切换 LCD 画面的条线图的范围。电源接通时，为自动（AUTO），按 AUTO—H 范围—L 范围—AUTO 的顺序切换，如图 6-2-8 所示。

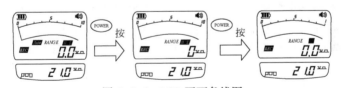

图 6-2-8　LCD 画面条线图

（7）AUTO 范围：如检测气体，数字数值上升，同时 LCD 主画面的条线图的条线也会增加。条线图如果超出最大量程，会自动从 L 范围切换至 H 范围，条线图的量程也会发生变化，如果气体浓度下降，便会自动返回到 L 范围，如图 6-2-9 所示。

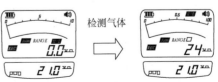

图 6-2-9　LCD 主画面的条线图

（8）切断电源：按"POWER"键约3s，同时蜂鸣器发出"哔、哔、哔——"的声音，电源切断。

（9）气体警报：如果气体浓度达到报警等级，会发出气体警报。警报灯闪烁，"GAS1"或"GAS2"闪烁。气体浓度降至报警等级时，气体警报自动解除。气体报警过程中，按"BZ STOP"键，只能停止气体警报蜂鸣器。

（10）检测高浓度气体，超出显示范围时，则会显示"OL"。高浓度气体可能会对传感器产生不好影响，所以要尽快吸入洁净空气。确认气体浓度下降，气体抽空后切断电源。氧气浓度工作范围为25.1%VOL～50.0%VOL。如果浓度在50%VOL以上，则会显示"OL"。

3. 报错显示

报错显示如图6-2-10所示。

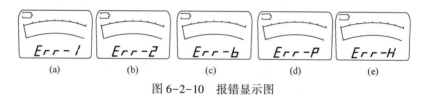

| (a) | (b) | (c) | (d) | (e) |

图6-2-10　报错显示图

（1）接通电源时，可能有某些气体存在。请在洁净空气中再一次接通电源。数次接电后仍无法复原时，可能是传感器异常，请报修，如图6-2-10（a）所示。

（2）即使多次接通电源后，仍无法修复时，可能是传感器发生故障或传感器到达使用寿命，请报修，如图6-2-10（b）所示。

（3）电池电压低，剩余电量变少时，显示图6-2-10（c）所示信息。如果电池电压低，将无法使用，请更换电池或进行充电。

（4）若显示图6-2-10（d）所示信息，可能气体导管折断，或吸入了水，或者是吸口前端堵塞。请进行清除水等处理操作。再次接通电源后，仍显示同样的信息时，可能是泵发生了故障。请进行复位。无法复位时，以及水被吸入气体导管或气体检测器内部时，请报修。

（5）若显示图6-2-10（e）所示信息，可能是主机发生故障，请报修。

第四节　MSA空气呼吸器

空气呼吸器包括负压式和正压式两种。压缩空气由气瓶经导管和调节器进入面罩，呼出气体则经呼气阀排入大气。调节器和呼气阀均为单向的，使气流按规定方向流动。负压式空气呼吸器在使用者吸气时，面罩内呈负压；正压式空气呼吸器则在使用者无论吸气或呼气状态下，面罩内压力均为正压，因此使用时更安全。MSA空气呼吸器就是正压式空气呼吸器。

一、工作原理

MSA空气呼吸器是使用压缩空气的正压式自给开放式呼吸器，30MPa的压缩空气经减压器减压后通过中压导管输送至供给阀（空气压力为0.65MPa），供给阀与面罩相接，当佩戴者吸气时，供给阀根据吸气要求，输出适量的空气供佩戴者使用，当佩戴者呼气时，供给阀的压力敏感部件对呼气时腔室内压力增大作出反应，使膜片抬高，导致供给阀停止输出，呼出的气体通过面罩上的排气阀排到大气。在这个呼吸循环过程中，由于吸气阀和排气阀的控制，气流始终沿着一个方向流动，在整个呼吸循环过程中，面罩内压力始终保持大于外界大气压力，因而保证了佩戴者的安全。

二、结构

MSA正压式空气呼吸器主要由呼吸面罩、气瓶、压供式减压阀、导气管、背架、荧光压力表、低压报警器、腰带、泄压安全阀、气瓶阀门、肩带、头带组成（图6-2-11）。

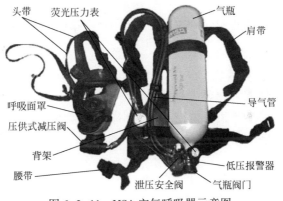

图6-2-11 MSA空气呼吸器示意图

三、使用方法

（一）呼吸器的检查

1. 面罩的检查

（1）面罩视窗清晰无划痕。

（2）呼吸口清洁无堵塞。

（3）头带完好。

（4）颈带完好。

2. 气瓶的连接

（1）腰带完好。

（2）肩带完好。

（3）背架完好。

（4）气瓶与背架连接紧固。

（5）气瓶表面光滑无缺陷。

（6）气瓶减压阀手轮旋紧。

（7）中高压输气管完好。

（8）压力表完好。

3. 压力检查

（1）打开气瓶阀 3 圈以上。

（2）观察压力不低于 27000kPa。

（3）关闭气瓶阀。

4. 泄漏试验

观察 30s 压力下降值不大于 1000kPa。

5. 报警检查

缓慢按下压供式减压阀红色按钮，观察压力下降至（5500±500）kPa 是否发出音响报警。

（二）呼吸器的佩戴

（1）放长肩带，把呼吸器背在背部。

（2）收紧肩带，直至背架与背部完全吻合舒适为止。

（3）扣上腰带插口，腰带插口凸面朝身体一面。

（4）拉紧腰带。

（5）调节肩带。

（6）将面罩挂在颈部，双手拉开头带，把面罩套在下巴上。再把头带拉向脑后，抚平头带，依次收紧头带（颈部、两侧、前额）。

（7）用手掌遮住接头入口，检查面罩的密封性。

（8）打开气瓶阀至少两圈。

（9）将减压阀连接到面罩上（旋转，听到"咔嚓"声），打开减压阀。

（三）脱卸空气呼吸器

（1）断开面罩与减压阀。

（2）松开面罩卡扣，取下面罩并扣于地面。

（3）松开腰带、肩带，取下空气呼吸器。

（4）关闭气瓶阀手轮。

（5）观察压力后放尽管内余气。

（6）对空气呼吸器进行整理，压力不足时及时进行充压，对面罩进行清洗消毒后装入专用袋内。

（四）操作注意事项

在使用期间经常检查减压阀与面罩之间的连接牢固度以及压力表所指示的气瓶压力，如果气瓶压力减小到报警器的触发压力时，报警器就会响起，并一直持续到气瓶压力减小到大约为1000kPa为止。当哨声响起时，使用者必须立即返回到空气新鲜处去。如要求提前撤离，那么阅读压力表能确定比规定时间更长的撤离时间。

四、常见故障原因及排除方法

空气呼吸器常见故障及排除方法见表6-2-3。

表6-2-3 常见故障及排除方法

故障现象	可能的原因	排除方法
面罩内有持续气流出现	脸和面罩之间不密封，有泄漏	重新佩戴面罩，并调节头带
吸气时没有空气或阻力过大	气瓶阀未开足	完全打开气瓶阀
	减压阀故障、减压器故障	返厂维修
呼吸时阻力过大	呼气阀膜片发黏失灵	检查并清洗呼气阀组件
气瓶关闭时，气瓶内空气流失	瓶阀泄漏	返厂维修
	瓶颈处泄漏	
系统泄漏	减压器与瓶阀接口处泄漏	检查连接处平面是否有异物
	低压管与减压器连接处泄漏	用扳手旋下螺纹接头，检查接头上橡胶垫圈是否完好
	报警器与减压器连接处泄漏	返厂维修
报警器报警压力不正确	压力表与压力表管内泄漏	
	报警器坏	

参 考 文 献

［1］　王遇冬.天然气处理原理与工艺.北京：中国石化出版社，2007.
［2］　李莲明，洪鸿.天然气开发常用阀门手册.北京：石油工业出版社，2011.